Webデザイナー養成講座

改訂第3版

WordPress

仕事の現場でサッと使える！デザイン教科書

最新
WordPress
6.X
対応版

中島真洋 [著]　ロクナナワークショップ [監修]

技術評論社

はじめに

WordPressは2003年に誕生し、2023年に20周年を迎えました。20年の歴史の中で、WordPressは世界中のWebサイトの43%で利用されるまでに普及しました。個人のブログから大規模なニュースサイト、ECサイト、業務システムまでその用途は幅広く、Web制作の現場でも大きな存在感を示しています。

本書は、Webデザイナーやフロントエンドエンジニアなど、WordPressを仕事で使う人々がさまざまな要望に応えられる技術力を身につけるための1冊です。基本的な仕組みを学び、現場ですぐに活かせるスキルを習得できるような構成になっています。

インターネットの進化により、Web制作の手法も多様化しています。ノーコードやAIを活用した手法など、新しいアプローチも登場してきました。WordPress自体も同様に進化しており、バージョン5.9からはフルサイト編集（FSE）機能が追加され、カスタマイズの幅が広がりました。

Web制作の手段は今後も変化し続け、新しい手法が生まれるでしょう。しかし、すべての手法を完全にマスターする必要はありませんし、不可能でもあります。重要なのは、「要件に合わせて、現場の制約の中で対応できる知識とアイデアを持つこと」です。たとえば、他のシステムで問題が発生した場合には、データの動きを想像し、迅速に解決できる能力が必要になります。

本書では、WordPressを用いたWebサイト制作手法だけでなく、WordPressがどのようにデータベースへデータを保存しているかなど、知識や考え方、想像力に関するヒントも提供しています。WordPressを使ったWeb制作を習得することで、あなたの知識はさまざまな現場で応用が効く力へと変わるでしょう。

Web制作のプロとしてWordPressの技術を習得することは、キャリアにおいて大きな強みとなります。本書を通じて、皆さんが確かな技術と考え方を身につけ、周りに信頼されるプロフェッショナルへと成長する一端を担えればと思っています。また、仕事の現場だけでなくクリエイターとしての力となり、新たなチャレンジやアイデアを実現する一助になることを願います。

2023年5月

中島 真洋

本書の構成

　本書は、クライアントワークで使われる基本的なWordPressのノウハウを解説した内容となっています。書籍の前半では、WebデザイナーやフロントエンドエンジニアがHTMLで作られた静的サイトにWordPressを適切に組み込んでいくための手順を、後半では運用・管理のための高度な機能やカスタマイズ方法などを解説しています。本書は次のような流れになっています。

● CHAPTER 1 ～ CHAPTER 3

　HTMLで作られた静的サイトに、どのようにWordPressを組み込んでいくか、順を追って解説しています。投稿された記事を表示するための「WordPressループ」や、どのようにファイルを構成するかを決める「テンプレート階層」などは、本書でもとくに重要な項目となっています。

● CHAPTER 4 ～ CHAPTER 5

　作成したWebサイトに、機能を追加・調整していきます。実際にクライアントワークでの要望が多い機能に焦点を当てて解説しています。

　また、WordPressをCMSとして使うときに重要な機能である「カスタム投稿タイプ」「カスタムフィールド」「カスタムタクソノミー」の使い方も解説しています。これらの機能が使えるようになると、WordPressで作れるWebサイトの幅が広がるでしょう。

● CHAPTER 6

　WordPressバージョン5から追加されたブロックエディターについて解説しています。ブロックの使い方、オリジナルのブロックの作り方などを覚え、ブロックエディターの知識を深められます。

● CHAPTER 7 ～ CHAPTER 8

　Webサイトの運用において、管理画面は大事な要素です。ここでは、WordPressの運用を手助けするための管理画面のカスタマイズ方法を解説しています。また、SEO対策の基本、複数のサイトを運用・管理するためのマルチサイト機能についても取り上げます。

● CHAPTER 9

　Webサイトを公開したあと、効率的な運用をどのように行うかを解説しています。また、セキュリティを高める方法や高速化なども紹介しています。

　このように、本書はWebデザイナーが実用レベルでWordPressを使いこなせるようになることを目指し、内容を構成しました。巻末の「APPENDIX」にも情報をまとめてあるので、作業中に確認できます。

本書の使い方

SECTION

各CHAPTERごとのSECTION番号です。本書では、たとえばCHAPTER 7のSECTION 03の場合、「7-03」といった表記を使用しています。

学習用素材

サンプルファイル（学習用素材）の該当フォルダーを示しています。フォルダーの中のどのファイルを利用するかは、本文中で具体的に解説しています。

■ SECTION

06 WordPressループを作成する

CHAPTER 2 基本的なテーマを作成する

サンプルサイトのトップページには、投稿の一覧が表示されています。このような、管理画面から入力した投稿を表示する方法を「WordPressループ」といいます。WordPressループは、WordPressの最も重要な機能です。しっかりと理解しましょう。

投稿が1つずつループして表示される

クリックして投稿ページに移動する

学習用素材 「WP_sample」→「Chap2」→「Sec06」

▶ WordPressループとは

◉ WordPressループの基本

まずは、WordPressループの基本の形を見てみましょう。基本的な構造は次のようになっています。

リスト WordPressループの基本構造 ●━━━━━━━━━━━━━━

```php
<?php
if (have_posts()):
    while (have_posts()): the_post();
?>
```

ここに投稿された情報がループされます。

```php
<?php
    endwhile;
endif;
?>
```

全体の処理の流れは次の通りです。

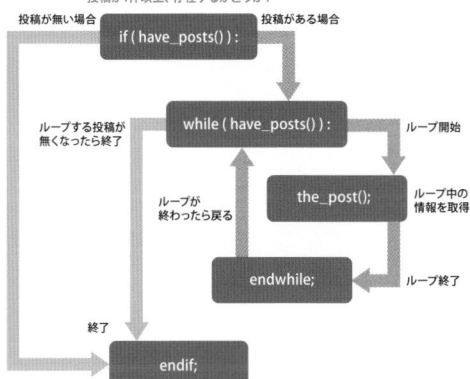

投稿が1件以上、存在するかどうか?

投稿が無い場合　if (have_posts()):　投稿がある場合

ループする投稿が　while (have_posts()):　ループ開始
無くなったら終了

ループが　the_post();　ループ中の
終わったら戻る　　　　　　　　情報を取得

endwhile;　ループ終了

終了　endif;

1つずつ見ていきましょう。まず1つ目のif (have_posts()):ですが、「have_posts()」で投稿があるかどうかをチェックしています。もし投稿があれば次の行に移ります。

次はwhile (have_posts()): the_post();の行です。while文は、条件が当てはまる間は処理を繰り返すという文です。ここではwhile (have_posts()):となっているので、投稿が存在する限りループを続けます。

WordPress関数 have_posts() ●━━━━━━━━━━━━━━

have_posts()	
機能	現在のWordPressクエリにループできる投稿があるかどうかをチェックする
主なパラメータ	なし

続くthe_post();では、whileで繰り返しているループの投稿情報を取得しています。このとき内部では、「global $post」というグローバル変数に投稿の情報が保存されます。最後のendwhile;とendif;は、先ほどのwhileとifを終了します。

リスト

テンプレートファイルやHTML、CSSなどのコードです。赤字の箇所は、変更されていることを示しています。また、誌面の1行に収まらない場合は、次の行に続くマークを入れた上で、2行にして掲載しています。

関数書式

WordPress関数、テンプレートタグなどの使い方を解説しています。1行目に書式を記載しています。「機能」では、その関数やタグが何をするものなのかを説明します。「主なパラメータ」では、その関数で指定するパラメータ（引数）について説明します。

CHAPTER
2
基本的なテーマを作成する

CONTENTS

CHAPTER 1 WordPress の準備と基本設定

CHAPTER 2 基本的なテーマを作成する

WordPress を効率的に運用する

APPENDIX

サンプルファイルのダウンロード

　本書で紹介しているサンプルファイル（学習用の素材を含みます）は、以下のサポートページよりダウンロードできます。

● **サポートページ**
　https://gihyo.jp/book/2023/978-4-297-13577-5/support

　ダウンロードしたファイルはZIP形式で圧縮されていますので、展開してから使用してください。展開すると、「html」という名前のフォルダーが1つと、各CHAPTER（章）ごとのフォルダーが「Chap1」「Chap2」のように表示されます。

● **「html」フォルダー**
　WordPressのテンプレートファイルの元になる、静的なHTMLファイルを含みます。本書では、このフォルダーの中に含まれるHTMLファイルなどをコピーして名前を変え、WordPressのテンプレートファイルにする流れを解説しています。

● **「Chap1」～「Chap6」フォルダー**
　それぞれの中には、「Sec01」「Sec02」のような各SECTION（節）ごとのフォルダーが入っています（SECTIONの解説内容によっては、フォルダーが無い場合もあります）。各SECTIONのフォルダーの中には、学習に使うテキストファイルや画像ファイルなどの素材が入っています。

　どのフォルダーのどのファイルを利用するかは、本文内で具体的に解説していますので、指示に従って操作をしてください。
　なお、サンプルに含まれるWordPressのテンプレートファイル、HTMLファイル、CSSファイルなどは、文字コードが「UTF-8（BOMなし）」、改行コードが「LF」（macOS用）または「CRLF」（Windows用）で保存されています。お使いのエディターによっては、正しく開くことができない場合もありますので、これらの文字コードや改行コードに対応したソフトウェアをご用意ください。

　WordPressは、ホスティングサービス／レンタルサーバーなどの環境や、ローカルサーバーにインストールしたWebサーバーの上で動作します。WordPressが動作する環境を用意していない場合、ダウンロードしたサンプルファイルの動作を確認することはできませんので、ご注意ください。

CHAPTER

1

WordPress の準備と 基本設定

◎ *SECTION*

▶01 | WordPressを インストールする

このSECTIONでは、WordPressを使うための準備をします。WordPressをインストール後、管理画面にログインして、WordPressが動いているのを確認します。

▶ WordPressをダウンロードする

WordPressのファイル一式をダウンロードします。ファイルは「WordPress日本語版公式サイト」（https://ja.wordpress.org/download/）から最新版のWordPressをダウンロード可能です。

WordPressの公式サイトには、過去のバージョンをダウンロードできるページがあります。しかし、最もセキュリティが考慮されているのは最新版です。実務で使う場合には必ず最新版を選ぶようにしましょう。

▶ WordPressのインストール

WordPressのインストール方法を解説します。以下の手順は、どのバージョンであっても基本的には同じです。

サーバーを準備する

WordPressを使うには、PHPが動作するWebサーバーとMySQLデータベースサーバーが必要です。本稿執筆時点の最新版（WordPress 6.2.2）では、PHP 7.4以上、MySQL 5.7（またはMariaDBバージョン10.3以上）のサーバーを推奨環境としています。

PHPやMySQLの導入方法は本書では解説しません。レンタルサーバーであれば、WordPressのインストール方法を説明しているページが用意されています。クライアントワークの場合でサーバーがすでに用意されている場合は、管理者に問い合わせましょう。

WordPressは、MySQLの中に投稿記事やユーザー情報を保存します。インストールする前に、WordPressで利用するMySQLのデータベースとユーザーをあらかじめ作成しておきます。

MySQLのデータベースとユーザーを確認（または新規作成）したら、「データベース名」「ユーザー名」「パスワード」「データベースのホスト名」をメモしておきましょう。このあと、WordPressをインストールする際に、これらの情報を入力する必要があります。

WordPressをサーバーにアップロードする

ダウンロードしたWordPressのzipファイルを解凍すると、index.phpや、wp-xxxx.phpのように「wp-」が先頭に付いたファイルが展開されます。このすべてのファイルをサーバーにアップロードします。たとえば、インストールするサーバーのURLが「https://example.com」の場合は、「https://example.com/index.php」となるようにアップロードしてください。専用ディレクトリにインストールする場合は、9-01を参照してください。

●解凍されるWordPressのファイル一式

ファイル／ディレクトリ名	概要
index.php	Webサイトにアクセスがあったとき、最初に読み込まれるファイル
license.txt	ライセンスについての説明などを記載したファイル。このファイルはサーバーにアップロードをしなくても問題ない
readme.html	WordPressについての説明などを記載したファイル。このファイルはサーバーにアップロードをしなくても問題ない
wp-activate.php	ユーザーのアカウントに関するファイル
wp-admin（ディレクトリ）	管理画面に関するファイルを格納するディレクトリ
wp-blog-header.php	WordPressの環境に関するファイルをロードするファイル
wp-comments-post.php	コメント投稿に関するファイル
wp-config-sample.php	インストール時に、このファイルを元に設定ファイルを作成する
wp-content（ディレクトリ）	テーマやプラグインなどに関するファイルを格納するディレクトリ。このディレクトリの中のファイルを使って作業する
wp-cron.php	PHPによる擬似cronジョブを実現するファイル
wp-includes（ディレクトリ）	WordPressのシステム全般に関するファイルを格納するディレクトリ
wp-links-opml.php	リンクのXML出力に関するファイル
wp-load.php	WordPressの動作に必要なプログラムをロードするファイル
wp-login.php	管理画面のログインに関するファイル
wp-mail.php	メールによるブログ投稿用のファイル
wp-settings.php	WordPressを動かすための変数・関数・クラスの基本設定
wp-signup.php	ブログ名・ユーザー名などの設定を行うファイル
wp-trackback.php	トラックバックとping送信用のファイル
xmlrpc.php	WordPressのXML-RPC通信に関するファイル

◉ WordPressをインストールする

次にWordPressのインストールを実行します。先ほど、アップロードしたサーバーにアクセスすると、次の画面のようなメッセージが表示されるので、「さあ、始めましょう！」（❶）をクリックします。

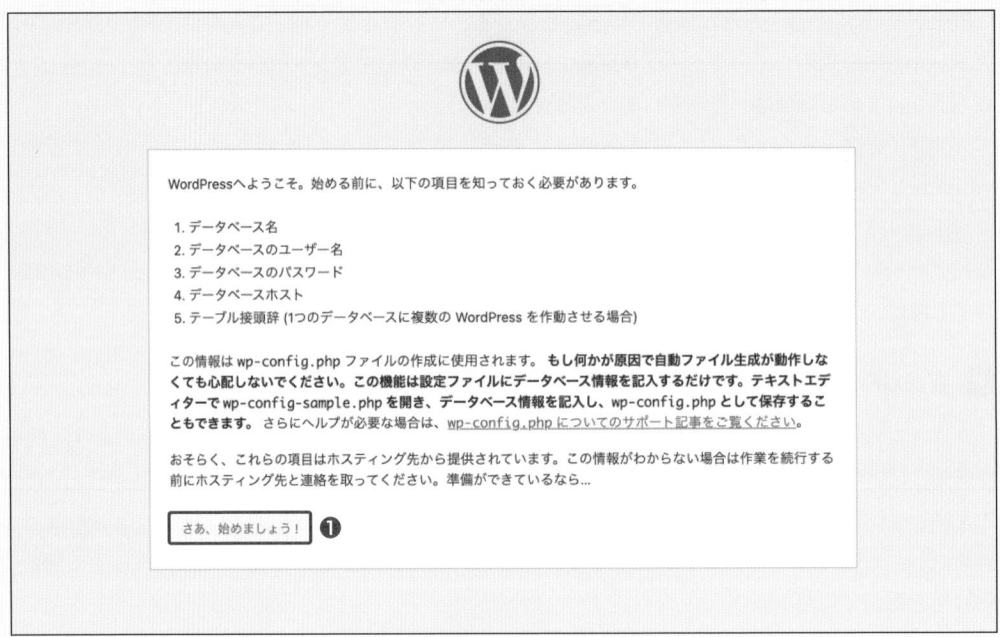

その後、表示される画面に従って、必要な情報を入力しながら進んでください。これらの情報が正しく入力されれば、「成功しました！」というインストール完了画面が表示されます。

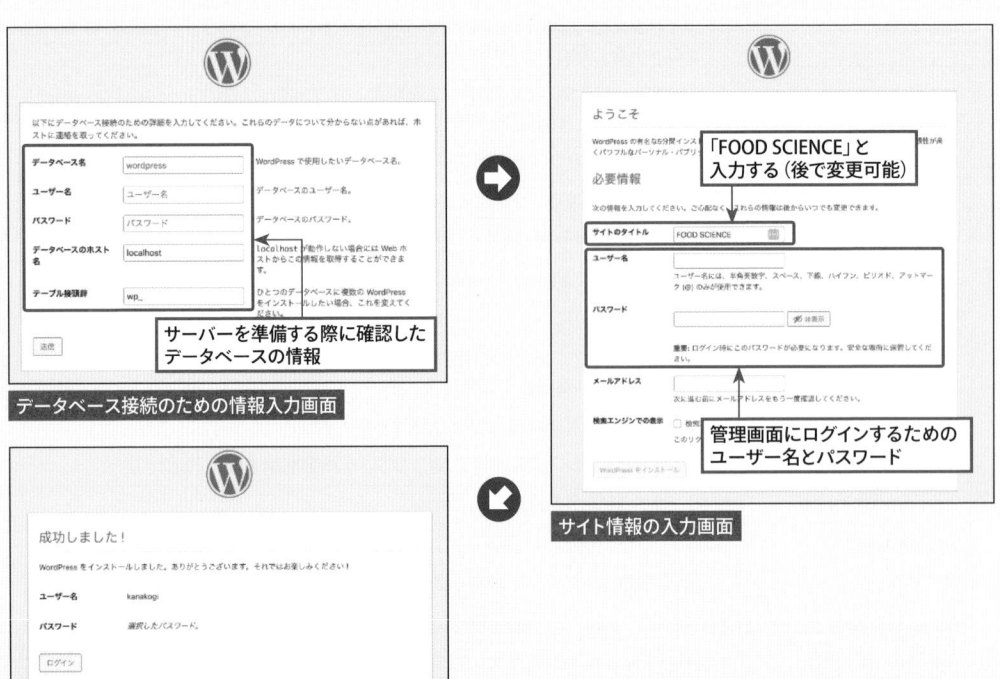

データベース接続のための情報入力画面

サイト情報の入力画面

インストール完了画面

▶ 管理画面にログインする

　インストールが完了したら、WordPressの管理画面にログインしてみましょう。管理画面のURLは、インストールしたURLの末尾に「wp-login.php」を加えたものです。たとえば「https://example.com」の場合は、「https://example.com/wp-login.php」となります。

　ログイン画面が表示されたら、インストール時に入力した「ユーザー名またはメールアドレス」「パスワード」（❶）を入力して、［ログイン］（❷）をクリックします。下記の画面が表示されれば成功です。これでWordPressを使うための準備が整いました。

◉ SECTION

02 管理画面の使い方と初期設定

WordPressのインストールが完了したら、作成するWebサイトの設定を行います。設定の変更はいつでも可能です。まずは、設定の必要がある最低限の項目だけを確認します。

▶ 管理画面の基本操作

WordPressの管理画面にログインすると「ダッシュボード」が表示されます。WordPressの管理画面は、左側の「メインナビゲーションメニュー」と画面中央の「ワークエリア」、ページ上部の「管理バー」から構成されています。

● メインナビゲーションメニュー

ここから各機能ページにアクセスできます。メニューのリンクをクリックすると、画面中央のワークエリアが切り替わります。

● 管理バー

主要機能へのリンクが用意されています。表示しているページの内容に合わせて、管理バーのリンクも変更されます。サイト名の箇所をクリックすると、管理画面にいる場合はWebサイト側に移動でき、Webサイトにいる場合は管理画面に移動できます。作業中はWebサイトと管理画面を頻繁に行き来す

るので、このリンクを使用すると便利です。

管理画面にいる場合

Webサイトにいる場合

● ワークエリア

管理画面で作業する際のメインエリアです。現在アクセスしているページの内容が表示されます。

▶ サイトの基本情報を設定する

はじめにWebサイトの基本設定を行います。メインナビゲーションメニューの[設定]→[一般]を選択すると、「一般設定」画面が表示されます。

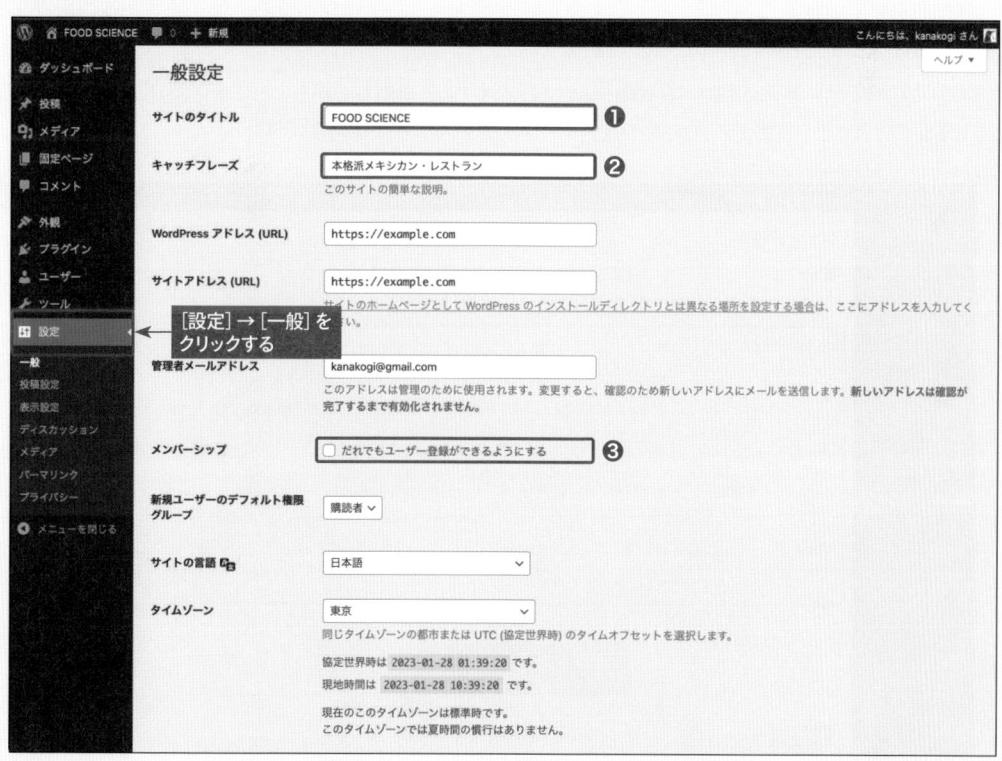

❶ サイトのタイトル

インストール時に入力したサイト名が表示されています。サイト名はSEOにも関わってくるので、よく考えて適切な名前を入力しましょう。ここでは、本書が作成するWebサイト名「FOOD SCIENCE」と入力します。

❷ キャッチフレーズ

インストール時には「Just another WordPress site」と表示されています。この項目には、サイトの内容を表す説明文を入力します。ここでは、Webサイトのキャッチフレーズとして「本格派メキシカン・レストラン」と入力します。

❸ メンバーシップ

登録フォームからユーザー登録ができるかどうかを設定します。この機能を活用するとコミュニティサイトのようなものを作ることもできます。本書では、チェックを外した状態で解説を進めます。

設定したら［変更を保存］をクリックします。

▶ 画像のサイズを設定する

管理画面から画像をアップロードしたときに、リサイズされた画像を自動生成できます。投稿のサムネイル画像などを自動的に作ることが可能です。

メインナビゲーションメニューの［設定］→［メディア］を選択します。「メディア設定」画面では、「サムネイルのサイズ」「中サイズ」「大サイズ」の3つのサイズから設定可能です。

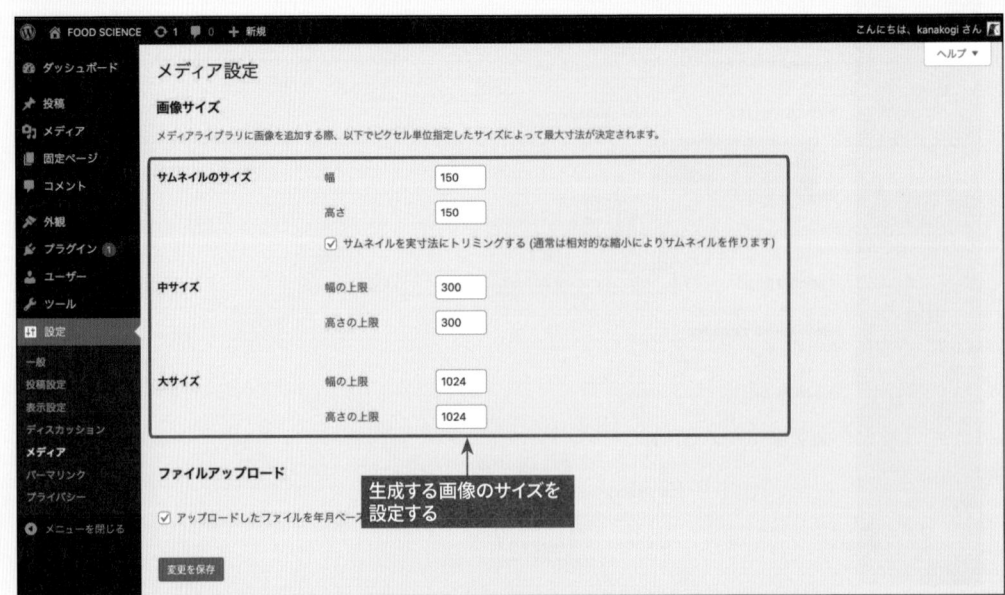

管理画面で画像をアップロードした際に、ここで設定した幅と高さのサイズを上限として相対的に縮小した画像が生成されます。

たとえば「幅600px、高さ400px」の画像をアップロードした場合、「大サイズ」で設定された幅の上限よりも元画像が小さいので、大サイズは生成されません。「中サイズ」の設定は幅の上限が300pxなので、「幅300px、高さ200px」の画像が自動作成されます。サムネイル画像については、［サムネイルを実寸法にトリミングする］にチェックを付けた状態では、設定したサイズに合わせて生成されます。

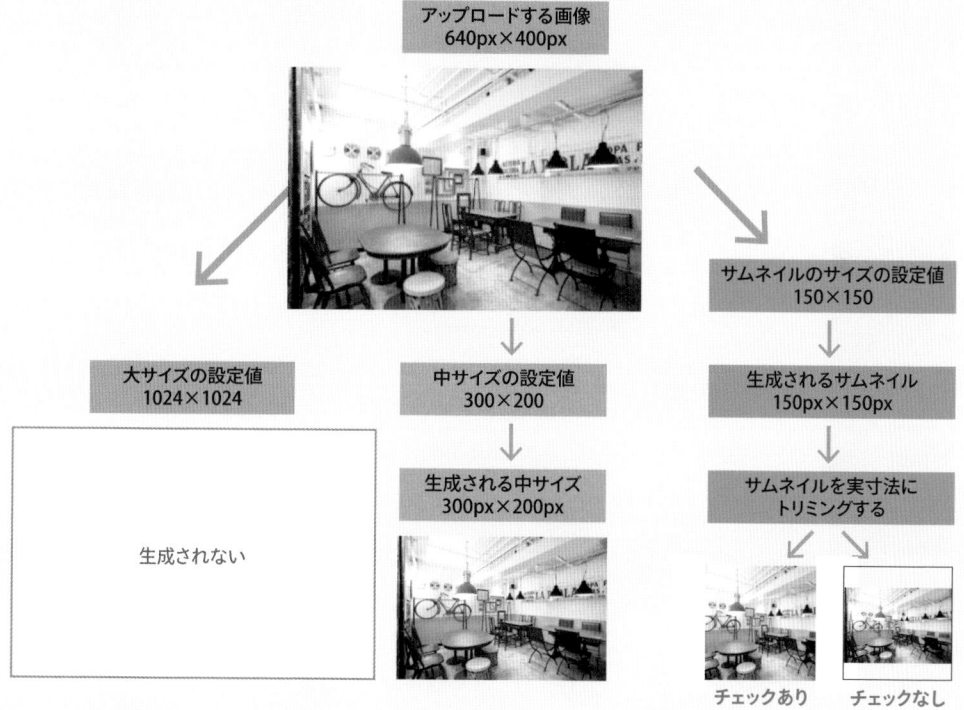

画像を自動生成したくない場合は、設定する値をすべて0にします。ここでは、CHAPTER 2から作業する学習用サイトに合わせて中サイズを「幅600、高さ400」に設定し、［変更を保存］をクリックしてください。サムネイルのサイズ、大サイズは初期状態の値のまま変更しないでください。

●ここで変更する内容

サイズ	項目	設定内容
中サイズ	幅の上限	600
	高さの上限	400

▶ サイトのURL構造を設定する

パーマリンク設定では、投稿ページのURLをどのようにするか設定できます。メインナビゲーションメニューの［設定］→［パーマリンク設定］を選択します。

● パーマリンクの共通設定

初期設定では「基本」が選択され、「https://example.com/?p=123」（example.comの部分はインストールしたサーバーのドメイン名）のように表示されています。これは投稿ページのURLが「https://

example.com/?p={投稿のID}」というルールで表示される状態になっています。

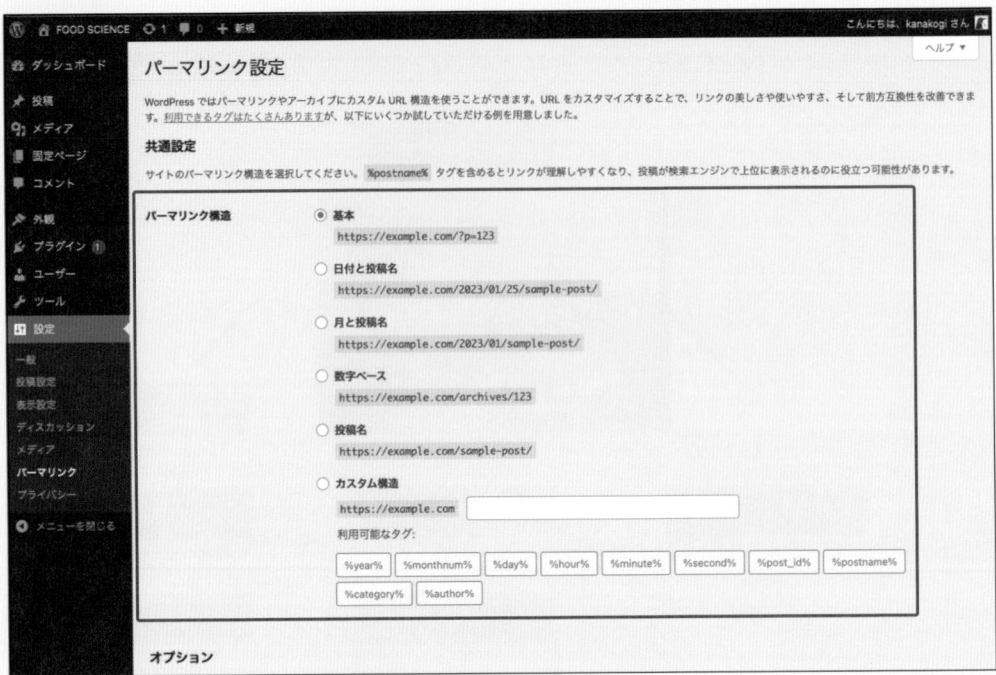

ためしに、インストール時に投稿されている「Hello world!」の投稿ページを開いてみましょう。管理バーのサイト名にマウスカーソルを移動して[サイトを表示]を選択します。すると、「Hello world!」という投稿タイトルが表示されるので、クリックして投稿ページに移動します。

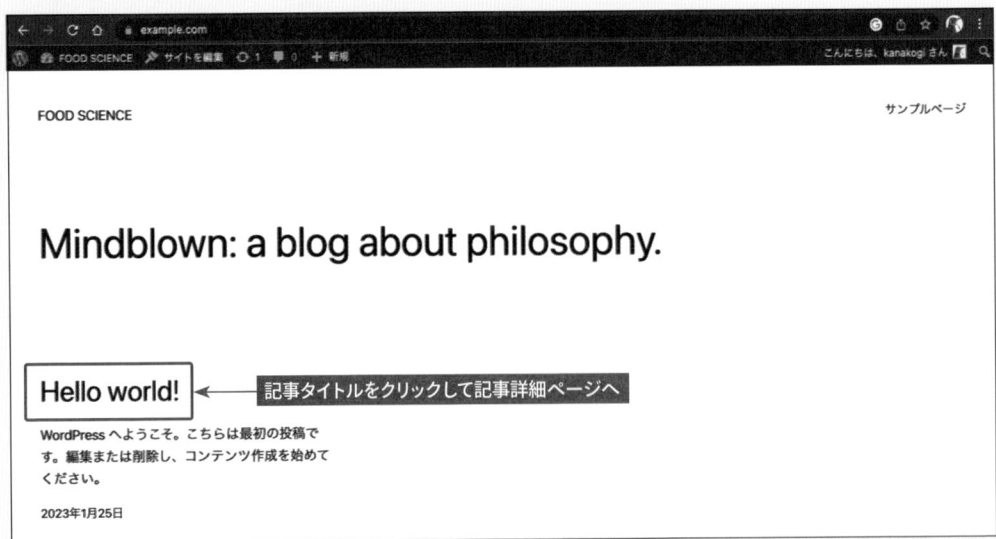

投稿ページを開いたら、WebブラウザのURL欄を見てみましょう。「https://example.com/?p=1」のように表示されているのが確認できます。

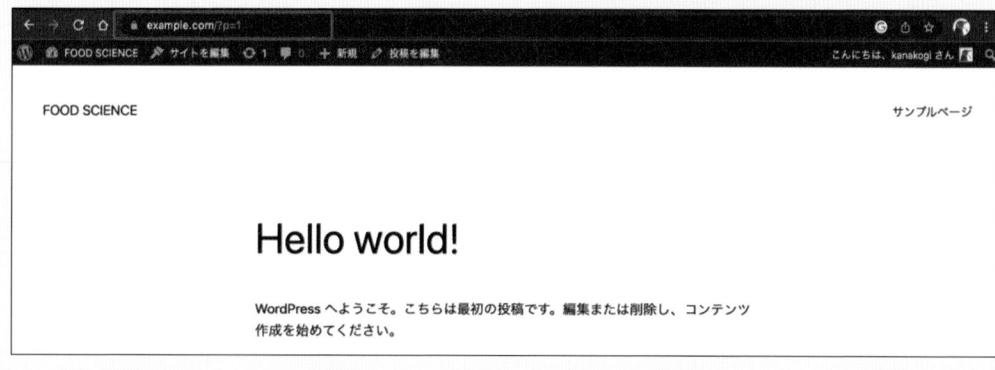

それでは、管理画面に戻って、パーマリンク設定を「投稿名」に変更してみましょう。「投稿名」の箇所には「https://example.com/sample-post/」と表示されています。これは、投稿ページのURLが「https://example.com/{投稿のタイトル}/」と表示されるルールです。

［投稿名］をクリックして変更したら、先ほど表示した「Hello world!」の投稿ページをリロードします。すると、「https://example.com/hello-world/」というURLに変更されたことを確認できます。

このように、WordPressではさまざまなルールでURLを設定できます。

● カスタム構造

本書では「投稿名」のルールで解説を進めますが、URLを独自のルールで表示するための「カスタム構造」についても解説しておきます。カスタム構造を選択すると、直前まで選択されていたルールが表示されます。たとえば、変更前に「投稿名」が選択されていた場合は、「/%postname%/」と表示されます。

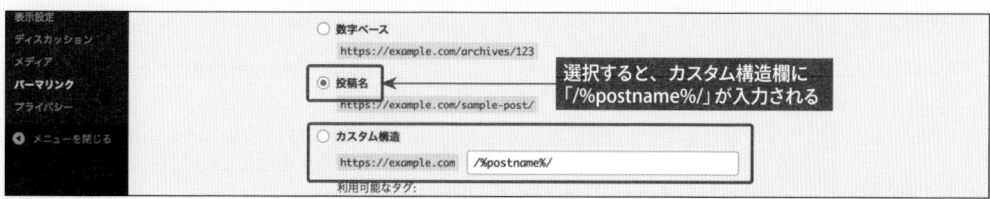

つまり「投稿名」というルールは、カスタム構造で「https://example.com/%postname%/」と設定した場合と同じであるということです。この「%postname%」のことを「構造タグ」と呼び、「利用可能なタグ」の箇所に表示されているボタンを使って自由にURLを設定できます。

●ここで設定する内容

項目	設定内容
パーマリンク構造	投稿名

たとえば「https://example.com/%category%/%postname%/」に設定すると、投稿ページは「https://example.com/カテゴリー名/投稿のタイトル/」となり、カテゴリーで構造化されたURLを生成できます。ただし、投稿のカテゴリーを変更した場合は、投稿ページのURLも変わってしまうので注意が必要です。パーマリンク設定は、Webサイトの性質をよく考えて行う必要があります。

●構造タグ

構造タグ	概要
%year%	投稿された年を4桁で表示する（例：2023）
%monthnum%	投稿された月を表示する（例：07）
%day%	投稿された日を表示する（例：18）
%hour%	投稿された時（時間）を表示する（例：13）
%minute%	投稿された分を表示する（例：35）
%second%	投稿された秒を表示する（例：48）
%post_id%	投稿の固有IDを表示する（例：28）
%postname%	投稿の投稿名を表示する （例：前ページのように、Hello world!という記事の場合はhello-world）
%category%	投稿のカテゴリーを表示する。サブカテゴリーは入れ子にされたディレクトリとして表示される
%author%	投稿の作成者を表示する

▶ プラグインの有効化

WordPressでは、「プラグイン」と呼ばれる、機能を拡張するためのツールを利用できます。メインナビゲーションメニューの［プラグイン］→［インストール済みプラグイン］を選択します。

プラグインページでは、WordPressに現在インストールされているプラグインが表示されます。デフォルトでは「Akismet Anti-Spam」「Hello Dolly」の2つがインストールされていますが、このままでは使用できません。プラグインは、有効化すると使用できます。

●デフォルトでインストールされているプラグイン

プラグイン名	概要
Akismet Anti-Spam	コメントスパム対策のプラグイン。利用するには、AkismetのAPIキーを取得する必要がある（商用で利用する場合は有償）
Hello Dolly	有効化すると、管理画面の右上にルイ・アームストロングのHello, Dollyの歌詞が表示される。ちょっとしたジョークプラグインなので、削除しても問題ない

「Hello Dolly」を有効化してみましょう。プラグイン名の下にある［有効化］をクリックすると、このプラグインが薄い青色に変わります。これで「Hello Dolly」が有効化されました。管理画面の右上に注目してください。「Hello Doly」プラグインが有効になったので、ルイ・アームストロングの「Hello,

Dolly」の歌詞が表示されるようになりました。

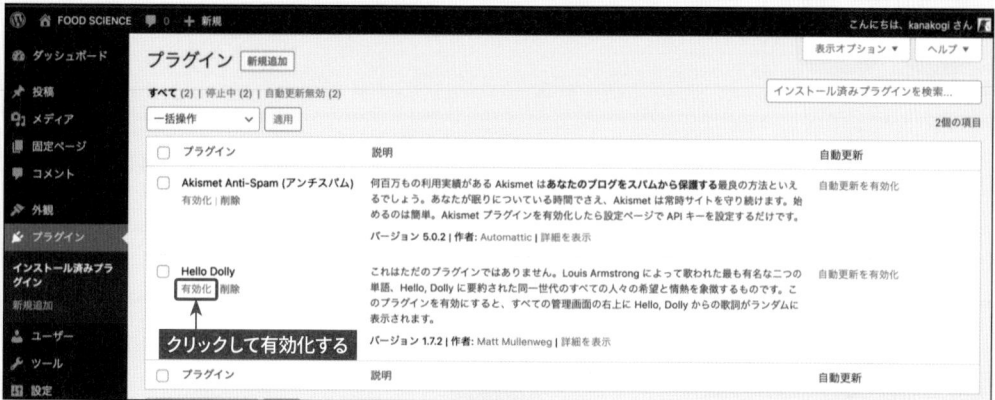

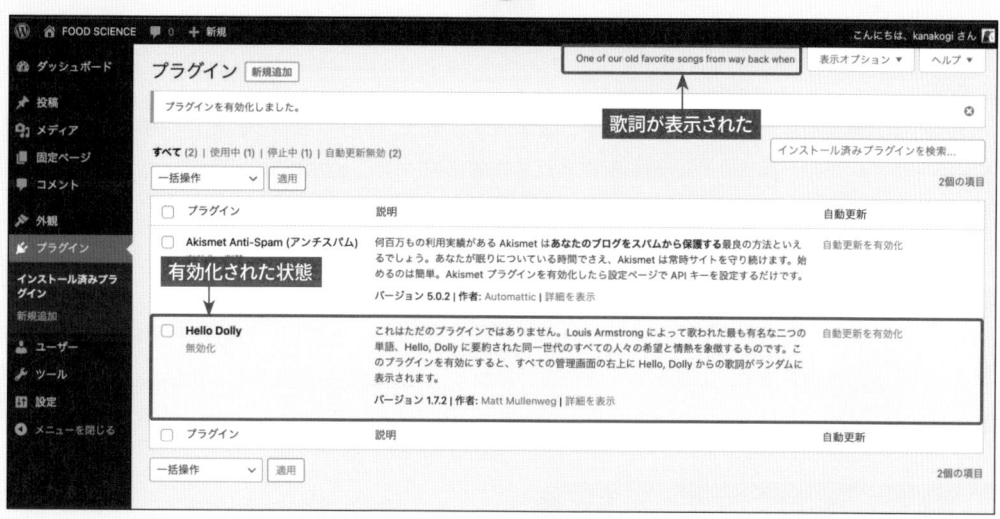

■ *SECTION*

▶ 03 投稿する

このSECTIONでは、WordPressのメイン機能である投稿について解説します。実際に投稿して、ページが表示されるのを確認しましょう。

学習用素材 「WP_sample」→「Chap1」→「Sec03」

▶ 投稿と固定ページ

WordPressの投稿形式には、デフォルトでは「投稿」と「固定ページ」の2種類があります。作成するページの性質によって、この2つの形式を使い分けます。

● 投稿

「投稿」は、時間軸で表示させるときに使います。たとえば、トップページに新着記事を5件表示させるといった、記事が公開された時間が重視される新着情報やブログのようなコンテンツが該当します。カテゴリーページや、公開された月ごとに表示するアーカイブページなども作れます。

● 固定ページ

「固定ページ」は、時間軸にとらわれないページを作れます。たとえば、会社概要やお問い合わせのようなページが該当します。固定ページは投稿と異なり、カテゴリーを設定できません。代わりに、固定ページ同士で親子関係を設定できます。この機能により、ツリー構造を持ったWebサイトを作れます。

▶ 「未分類」カテゴリーを変更する

投稿には、属性を設定するための「カテゴリー」を作れます。投稿を追加する前に、カテゴリーを設定しておきましょう。メインナビゲーションメニューの[投稿]→[カテゴリー]を選択すると、カテゴリーの編集画面が表示されます。❶の箇所に、現時点で登録されているカテゴリーが一覧表示されます。

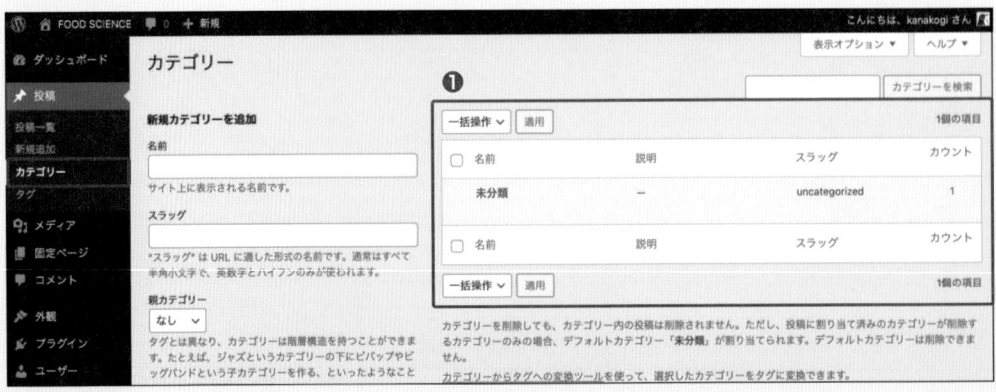

WordPress インストール時には、「未分類」というカテゴリーだけが登録されています。「未分類」という カテゴリー名称はわかりにくいので、この「未分類」を変更しましょう。[未分類]をクリックすると、 カテゴリーの編集画面が表示されます。❷の名前を「お知らせ」に、スラッグを「news」に変更したら、 ❸の［更新］ボタンをクリックします。

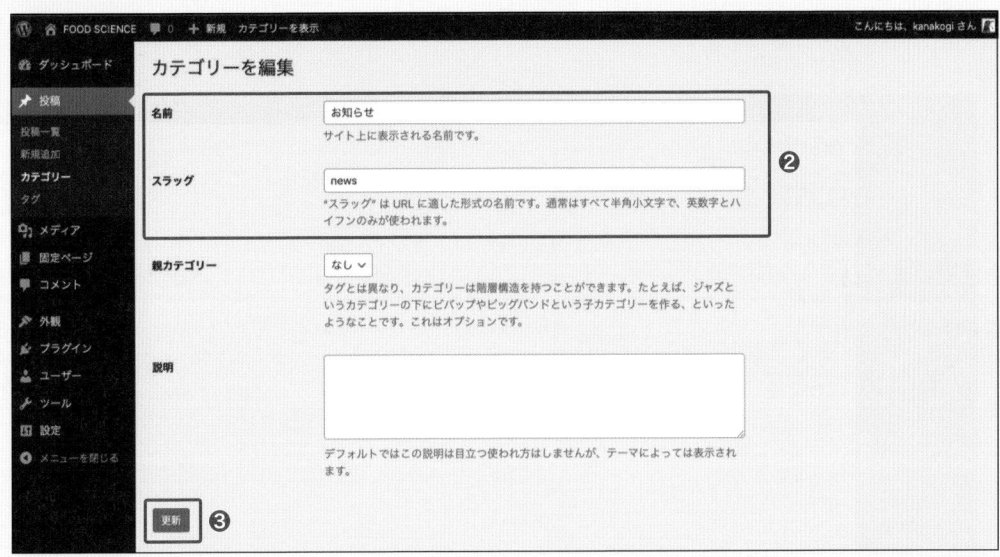

●入力する内容

項目	設定内容
名前	お知らせ
スラッグ	news

ページの上部に「カテゴリーを更新しました。」と表示され、「未分類」が「お知らせ」に変われば完了 です。

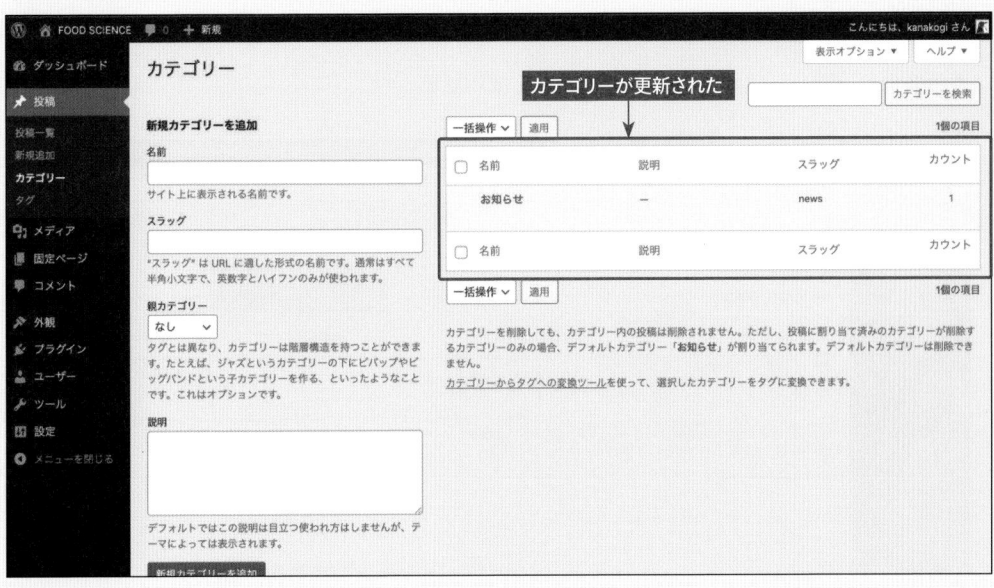

▶ カテゴリーを新規登録する

　次は、新しく「コラム」というカテゴリーを登録してみましょう。カテゴリーは、❶の［新規カテゴリー
を追加］で追加できます。

　名前に「コラム」、スラッグに「column」と入力してください。入力できたら、❷の［新規カテゴリー
を追加］ボタンをクリックします。

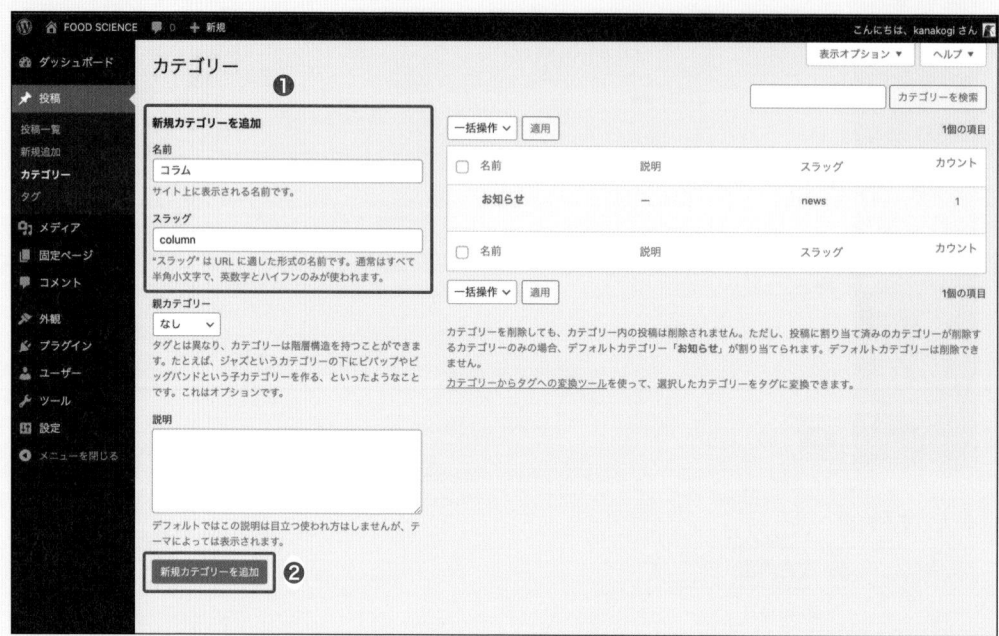

●入力する内容

項目	設定内容
名前	コラム
スラッグ	column

カテゴリー一覧に、「コラム」が追加されたなら成功です。

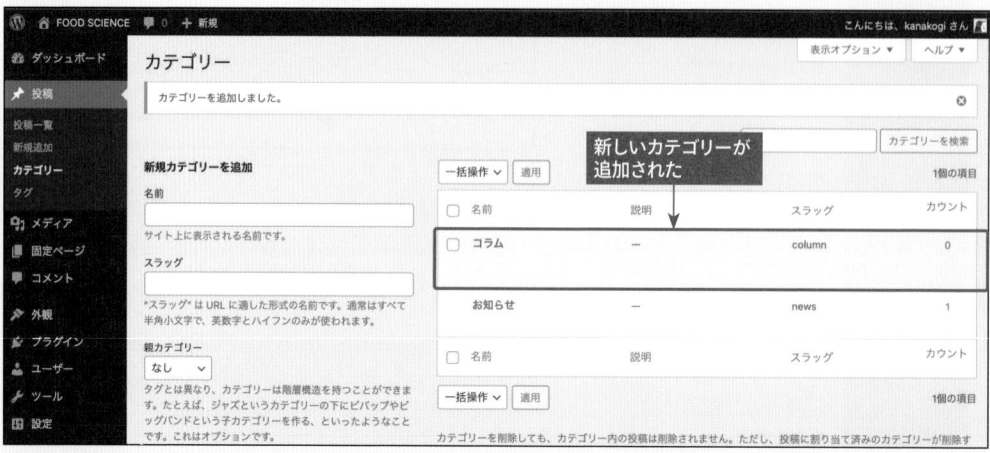

スラッグとは

カテゴリーを追加するときに、名前以外に「スラッグ」という項目を入力しました。スラッグとは、投稿された情報をWordPressが判別するために必要な文字列のことです。スラッグは一意の文字列となるため、他のスラッグと重複することはできません。

スラッグは、ページのURLにも関係します。たとえば、先ほど追加した「コラム」のスラッグは「column」にしているので、「コラム」カテゴリーページのURLは次のようになります。

```
https://example.com/category/column/
```

カテゴリー以外にも、投稿、固定ページやタグなど、さまざまな情報にスラッグが存在します。スラッグが「hello」と入力された投稿のページのURLは次のようになります。

```
https://example.com/hello/
```

スラッグが入力されていない場合は、WordPressが自動的にスラッグを生成します。整理されたWebサイトを構築するためには、スラッグを意識的に入力することが必要です。

▶ 投稿画面を表示する

カテゴリーの準備ができたので、新しく投稿を追加してみましょう。メインナビゲーションメニューの[投稿]→[投稿一覧]を選択します。

投稿一覧画面には、WordPressをインストールした時点では「Hello world!」が投稿されているのが確認できます。新しく追加するには、❶の[新規追加]ボタンをクリックして投稿画面を表示します。

● 表示オプションを調整する

　投稿画面には、本文を入力する欄以外にも、「公開」「カテゴリー」といったさまざまなボックスが表示されています（表示されていない場合は、右上の［設定］をクリックします）。

　投稿画面は、有効化されているテーマによって画面が変わります。ここでは、WordPress 6.2のデフォルトテーマである「Twenty Twenty-Three」の画面になっています。テーマについては後述します。

　これらのボックスは、投稿に対してさまざまな情報を付加するためのものです。しかしながら、あまりにも入力する内容が多いのは大変です。そこで、必要最小限のボックスだけ表示するよう設定を変更しましょう。

　画面の右上にある［オプション］（❶）―［設定］（❷）をクリックすると、表示するボックスを設定するための「設定」ウィンドウが表示されます。

　設定ウィンドウの「パネル」を選択して「文書設定」を表示します。❸でONにしたボックスのみが表示されます。ここでは「カテゴリー」「アイキャッチ画像」のみをONにしてください。

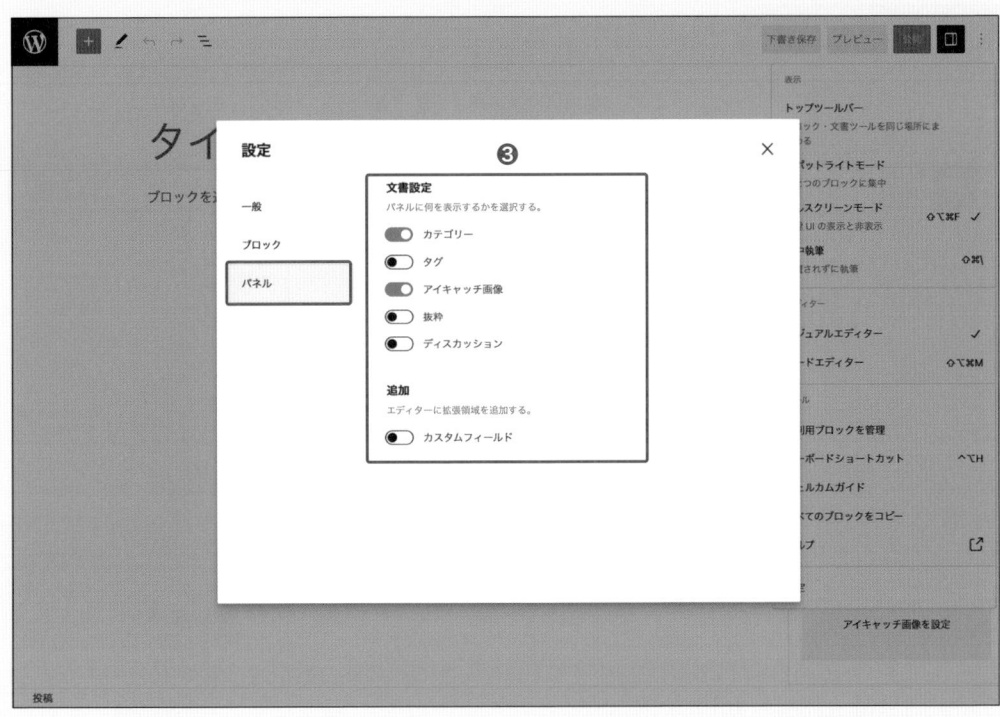

設定ウィンドウを閉じると、最低限のボックスだけが表示されたシンプルな投稿画面になりました。

　このように、投稿画面に表示するボックスをコントロールできます。オプションの中には、表示の設定以外にも、使い方のヒントなどもあります。使いたい機能が見つからないときは、「オプション」を確認してみましょう。

▶ 投稿を追加する

それでは投稿を追加してみましょう。各項目を確認しながらテキストを入力してください。

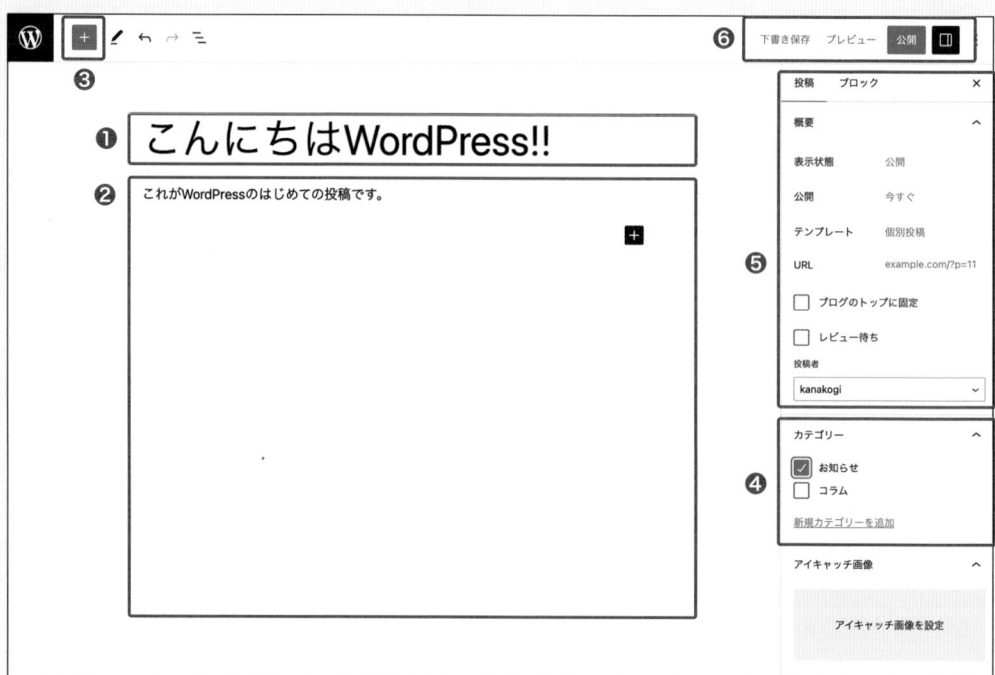

❶ タイトルを入力します。

❷ このエリアにブロックを追加して本文を作ります。「段落」と記載されたブロックがあるので、クリックして適当なテキストを入力してください。❷と❸の詳しい使い方は後述します。

❸ ブロックの追加ボタンです。ここから選択したブロックは、❷のブロックエリアに追加されます。

❹ この投稿が属するカテゴリーを選択します。ここでは「お知らせ」にチェックを付けてください。

❺ 投稿の公開設定を行います。書きかけの投稿を下書き状態で保存したり、公開時間の予約指定などが可能です。

❻ 投稿ができたらここのボタンで状態を保存します。❶～❺までの入力を終えたら［公開］ボタンをクリックします。

▶ 公開された投稿を確認する

　［公開］ボタンをクリック後、ページの下部に「投稿を公開しました。」と表示されれば成功です。

　SECTION 02でパーマリンク設定を「投稿名」にしたので、現在は「https://example.com/%postname%/」というルールになっています。この「%postname%」の部分で、タイトルからパーマリンクが自動生成されています。

　パーマリンクを変更することもできます。URL（❶）に投稿のURLが表示されており、この箇所をクリックするとURLウィンドウ（❷）が表示されます。「パーマリンク」の文字列を変更することで、投稿のURLを変更することが可能です。

　URLにアクセスして、入力した内容が表示されていれば成功です。この投稿の編集画面に戻りたい場合は、ページ上部に表示されたツールバーの［投稿を編集］をクリックします。

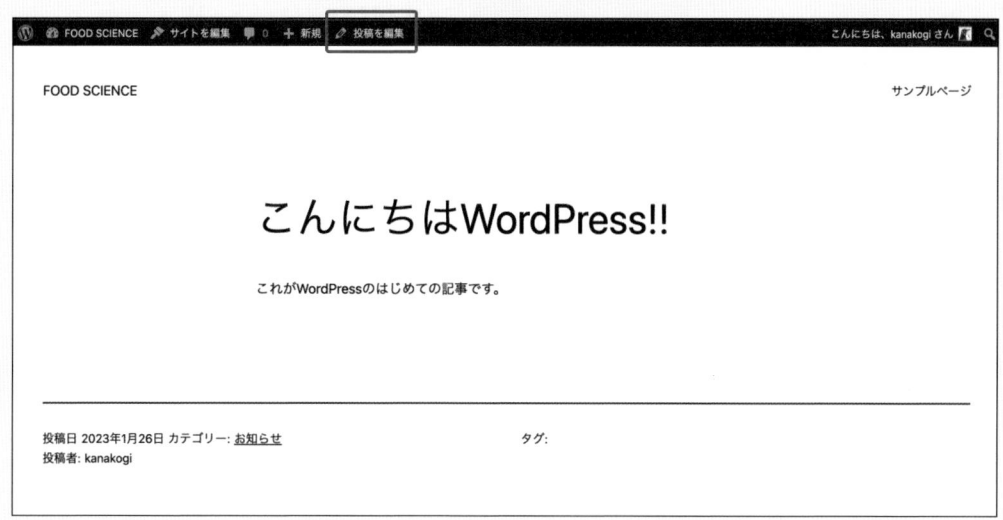

▶ ブロックエディターの使い方

WordPress 6.0以降、投稿するときのエディターが変わりました。詳しい使い方は「CHAPTER 6　ブロックエディターを使いこなす」で解説しています。ここでは基本的な使い方を解説します。

◉ ブロックエディターの考え方

ブロックエディターでは、次の図のようにさまざまな機能を持ったブロックを積み上げることで1つの本文を作成します。

◉ 画像ブロックの使い方

投稿画面の左上に［ブロック挿入ツールを切り替え］ボタンが表示されています。このボタンをクリックするとブロックのカテゴリーが表示されます。「メディア」カテゴリーの中から画像を選択してみます。

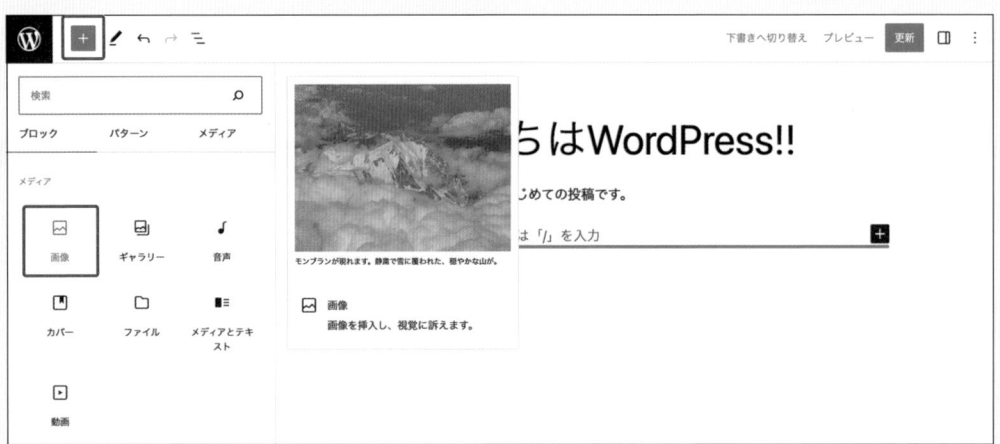

画像ブロックが挿入されました。［アップロード］ボタンを押すと画像が選択できるので、学習用素材「Chap1」→「Sec03」フォルダーの中にある「sample.jpg」を使用してください。ファイルのアップロードが始まります。

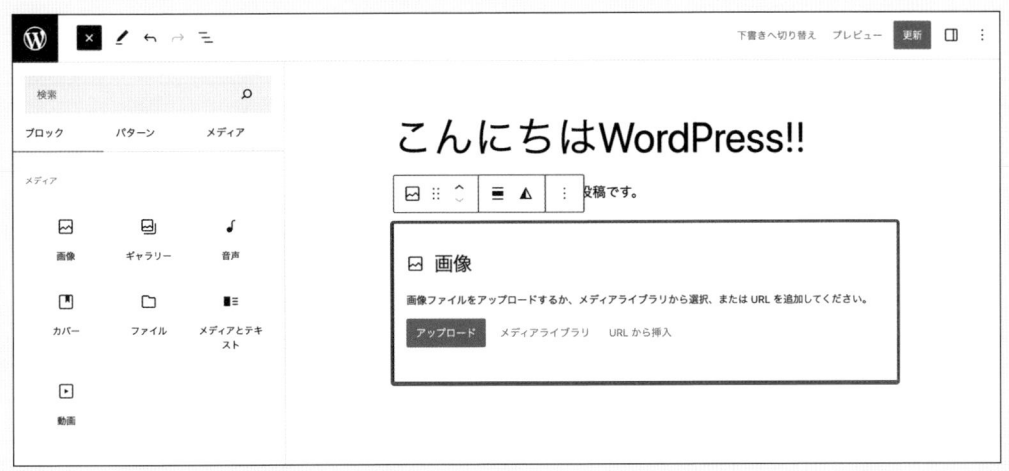

ファイルのアップロードが完了すると、画像が挿入されます。このときブロックエディターの右側の
サイドバーに画像の設定が表示されます。もし表示されていない場合は、右上の[設定]ボタンを押し
たあとに、エディター上で画像を選択してください。

ブロックエディターでは選択しているブロックの状況に合わせて、サイドバーが変化します。挿入し
た画像のスタイルやサイズなどを設定できます。

ブロックエディターの操作

ブロックを追加するたびに、画面の左上の[ブロック挿入ツールを切り替え]ボタンを押すのは面倒
です。画像ブロックの下を確認してみましょう。段落ブロックとして文章を入力するときは、この箇所
に直接入力できます。

また、右側には[+]ボタンが表示されています。この[+]ボタンを押すとブロックを追加できるウィ
ンドウが表示されます。

次の図は、見出しブロックを挿入した状態です。ブロックにカーソルを合わせると、ブロックに変化をつけられるウィンドウが表示されます。また、ハンドル部分をドラッグ＆ドロップすることで、このブロックを移動させることが可能です。

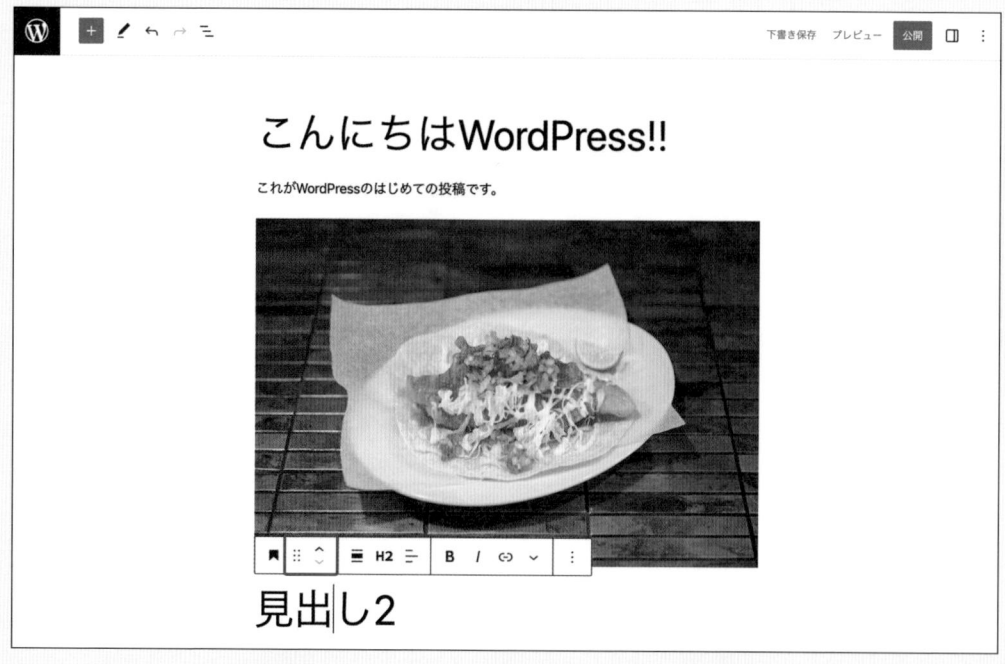

ブロックを選択したときにブロックのツールバーが表示され、選択中のブロックの設定を変えられます。またツールバー右側の［オプション］ボタンを押すと、ブロックの複製、移動、削除などが可能です。

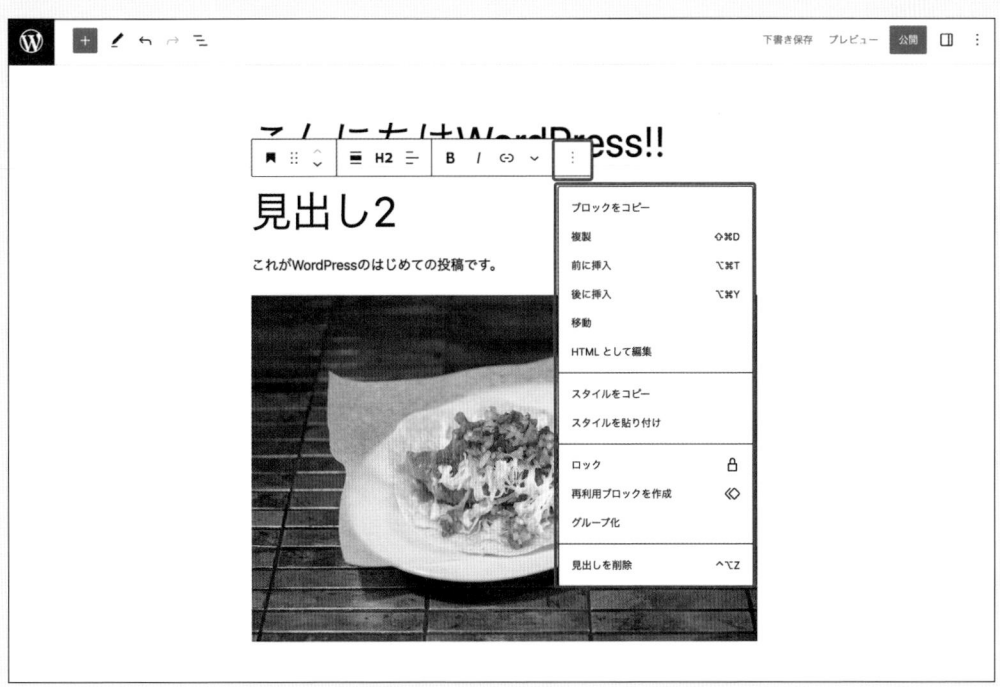

このようにブロックを操作して本文を作成します。慣れると簡単な操作でリッチなコンテンツを作れます。ブロックエディターについては、CHAPTER 6でも解説しています。

◉ SECTION

▶ 04 | 新規ユーザーの登録と WordPressの権限

WordPressでは、それぞれのユーザーに対して「このユーザーはどこまでの機能を使えるか」を決めるための「権限」を設定できます。

▶ WordPressの権限

WordPressは権限をグループ化しており、「管理者」「編集者」「投稿者」「寄稿者」「購読者」という5つの権限グループが用意されています。ユーザーは、設定された権限グループに応じて使える機能が制限されます。

WordPressインストール時に登録したユーザーの権限グループは「管理者」です。「管理者」は、すべての権限を備えているので、Webサイトに関するあらゆる設定が可能です。WordPressが用意している5つの権限グループと、それぞれに備わっている権限は次の通りです。

●WordPressの権限

権限	管理者	編集者	投稿者	寄稿者	購読者
テーマの変更	○	–	–	–	–
テーマの編集	○	–	–	–	–
プラグインの有効化	○	–	–	–	–
プラグインの編集	○	–	–	–	–
ユーザーの編集	○	–	–	–	–
ファイルの編集	○	–	–	–	–
設定の管理	○	–	–	–	–
インポート	○	–	–	–	–
コメントの承認	○	○	–	–	–
カテゴリーの管理	○	○	–	–	–
リンクの管理	○	○	–	–	–
フィルターなしのHTML	○	○	–	–	–
投稿の編集	○	○	–	–	–
別ユーザーの投稿の編集	○	○	–	–	–
ページの編集	○	○	–	–	–
ファイルアップロード	○	○	○	–	–
新規投稿	○	○	○	–	–
投稿の編集	○	○	○	○	–
投稿の閲覧	○	○	○	○	○

▶ 新規ユーザーを登録する

　ユーザーを新しく追加するときは、メインナビゲーションメニューの［ユーザー］→［新規追加］を選択します。新規ユーザーの追加画面が表示されたら、「ユーザー名」「メールアドレス」「パスワード」を入力します。最後の項目で、このユーザーの権限グループを設定できます。［新規ユーザーを追加］ボタンをクリックすると、ユーザーが追加されます。

　登録したユーザーは、メインナビゲーションメニューの［ユーザー］→［ユーザー一覧］から確認可能です。この画面では、各ユーザーの権限グループも確認できます。
　ユーザー名をクリックするとユーザー情報を編集できます。この画面では、権限グループを変更可能です。

◉ COLUMN

Webサイト制作のワークフロー

　本書では、クライアントワークでWordPressを使ったWebサイト制作を想定して解説しています。Web制作会社がクライアントワークでWordPressを使用する場合、一般的なワークフローは以下の通りです。

1) クライアントがWeb制作会社に依頼・発注を行います。ディレクターは要望をまとめて、ワイヤーフレームと呼ばれるWebサイトの設計を行います。
2) 次にデザイナーがワイヤーフレームを基にデザインを作成し、HTMLコーダー（またはフロントエンドエンジニア）がHTMLを作成します。
3) 最後に、WordPressのテーマ制作者がHTMLをもとにテーマを制作し、Webサイトを公開します。

　このような流れは、Webサイト制作の現場でよく見られます。もちろん、サイトの規模によってはHTMLコーダーがWordPressのテーマ制作を担当する、デザイン制作を兼ねるといったこともあります。
　この流れを意識して、次のCHAPTERからは、サンプルHTMLファイルからテーマ制作を行います。

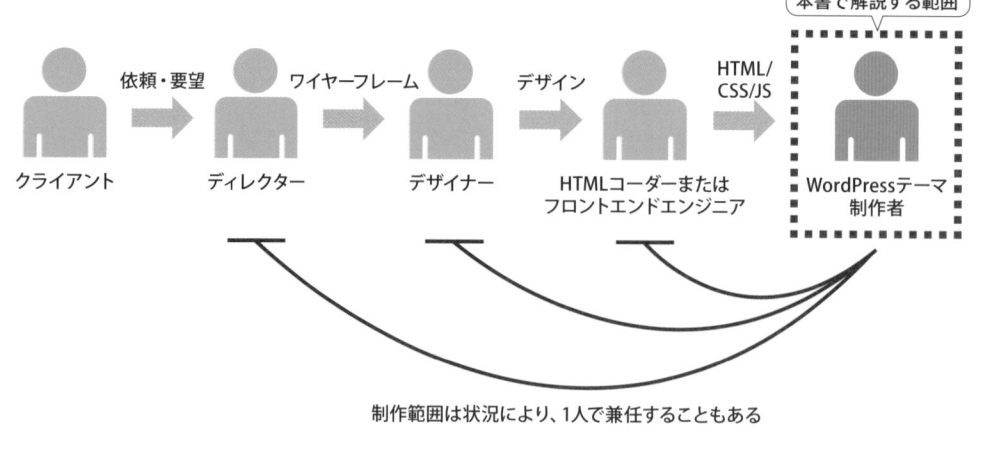

制作範囲は状況により、1人で兼任することもある

基本的なテーマを作成する

SECTION 01 ｜ WordPress のテーマ

WordPress では、「テーマ」と呼ばれるファイル群を使って Web サイトを表示しています。ここでは、簡単なテーマを作成しながら、WordPress のテーマとはどういうものなのかを解説します。

本書で作成するテーマ

学習用素材 「WP_sample」→「html」

▶ テーマとは

WordPress のテーマには、画像、CSS、JavaScript ファイルや、ページをどのように表示するのかを決めるテンプレートファイルなど、Web サイトを表示するために必要なファイル一式がまとまっています。使用しているテーマを別のテーマに変更すれば、まったく違うデザインの Web サイトに切り替わります。

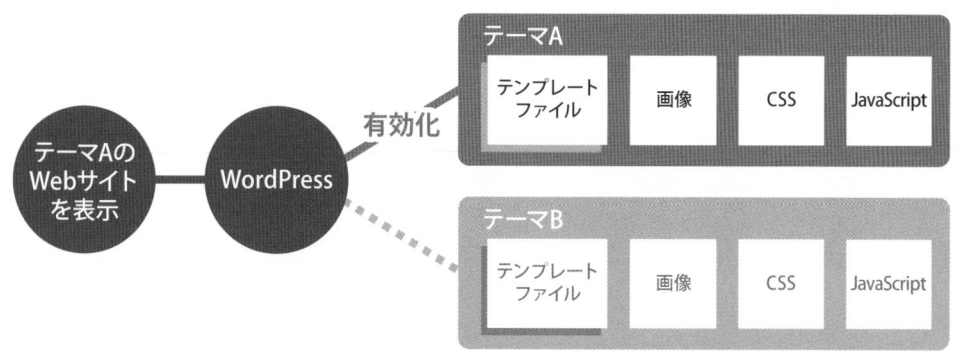

有効化されているテーマに合わせてWebサイトを表示

WordPressを使ってWebサイトを作成するということは、基本的にはテーマを作成する作業になります。まずは、WordPressのテーマとはどのようなものか見ていきましょう。

WordPressをインストールした直後でも、サイトにアクセスすればデザインされたWebサイトが表示されます。これは、WordPressのデフォルトのテーマが有効な状態になっているためです。

管理画面のメインナビゲーションメニューで、［外観］→［テーマ］を選択してみましょう。現在インストールされているテーマが表示されます。

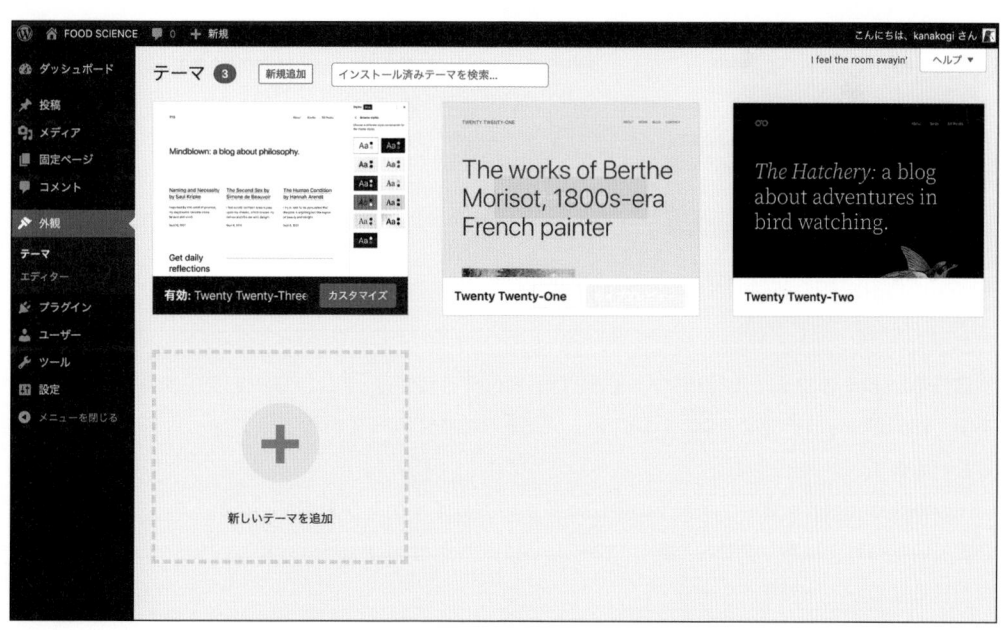

用意されているテーマを利用できるのはもちろんですが、WordPressで定められたルールに沿ってファイルを作成することで、オリジナルのテーマを作ることもできます。

▶ テーマの構造

テーマの中身を実際に見てみましょう。WordPressにインストールされているテーマは、WordPressをインストールしたディレクトリの「wp-content/themes/〜」の中にあります。

● themes ディレクトリの内容

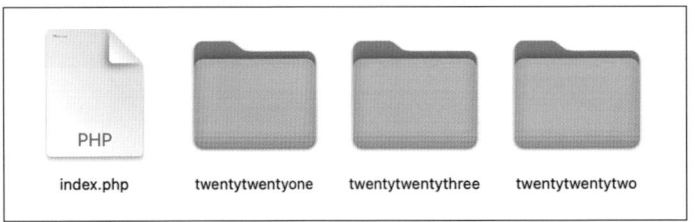

index.php　　twentytwentyone　　twentytwentythree　　twentytwentytwo

　ここに表示される「twentytwentyone」「twentytwentytwo」「twentytwentythree」それぞれのディレクトリがテーマです。先ほど管理画面に表示されたテーマの数と同じことがわかります。

　twentytwentythreeのディレクトリの中を覗いてみましょう。次のようにPHPやCSSなど、多くのファイルが入っています。

● twentytwentythree ディレクトリの内容

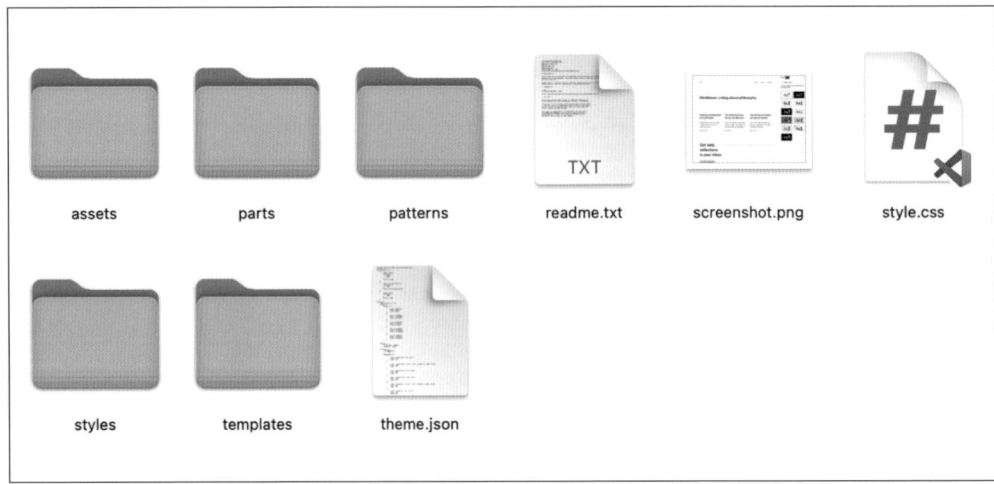

assets　　　parts　　　patterns　　　readme.txt　　　screenshot.png　　　style.css

styles　　　templates　　　theme.json

　拡張子が.phpのファイル（PHPファイル）は、WordPressでは「テンプレートファイル」と呼ばれています。WordPressのテーマとは、1つのディレクトリの中に入っているテンプレートファイルの集まりともいえます。

　twentytwentythreeディレクトリの中には多くのファイルがありますが、これらのファイルがすべて必要というわけではありません。最小の構成ならば、「index.php」「style.css」の2つのファイルだけでテーマを作ることも可能です。

> ● 簡単なテーマを作成する

　まずは、簡単なテーマを作成していきます。ダウンロードした学習用素材の中に「html」フォルダーがあります。この中に、サンプルサイトのトップページだけのファイルが入っています。まずは、「html」フォルダーの中の「index.html」をブラウザで表示してください。

●index.htmlをブラウザで表示した状態

index.htmlは静的なWebページなので、Webブラウザで開いただけで表示できます。それでは、このページをWordPressのテーマに変換します。

◉ ディレクトリ名を変更する

はじめに、テーマのディレクトリ名を決める必要があります。このディレクトリ名は、任意の名前で問題ありません。サンプルはFOOD SCIENCEというレストランのサイトなので、「food-science」というディレクトリ名にします。

ダウンロードした学習用素材の中にある「html」フォルダーがテーマのもとになります。「デスクトップ」など、ご自身が作業を行う好きな場所に「food-science」という名前でフォルダーを作ってください。本書では、このフォルダー内にファイルを作成・修正し、作業が完了したらサーバーにアップロードしてWebサイトを作成します。以降、このフォルダーを「作業フォルダー」と表記します。

● assetsフォルダー一式をコピーする

　学習用素材の「html」フォルダーの中にある「assets」フォルダー一式には、画像やCSSなど必要なファイルが入っています。先ほど作った「food-science」フォルダーの中に、「assets」フォルダーごとすべてのファイルをコピーします。

● style.cssを作成する

　次に、テーマの必須ファイルである「style.css」を作成します。先ほど作成した作業フォルダーの中に、新しくstyle.cssという名前のCSSファイルを作成してください。このstyle.cssの冒頭に、次のルールでコメントを記述することで、WordPressのテーマとして認識されます。

●style.cssの記述項目

項目	概要
Theme Name:	テーマの名前（必須）
Theme URI:	テーマのURL
Description:	テーマの説明
Version:	テーマのバージョン
Author:	テーマの作者名
Author URI:	作者のURL

　ここでは次のように記述しました。Authorの作者名などは適宜変更してください。

　なお、以降の解説でファイルを作成・修正する際は、必ず文字コードを「UTF-8（BOMなし）」にして保存してください。また、Windows標準の「メモ帳」は、UTF-8には対応しているのですがあまり高機能とはいえません。Visual Studio Codeなどのエディターを用意することをお勧めします。

リスト style.css

```
/*
Theme Name: FOOD SCIENCE
Theme URI: https://example.com
Description: FOOD SCIENCEのテーマです。
Version: 1.0
Author: Nakashima
Author URI: https://gihyo.jp
*/
```

● 拡張子を変更する

　テーマには、style.css以外にindex.phpが必要です。テンプレートファイルはPHPファイルである必要があります。学習用素材の「html」フォルダーの中にあるindex.htmlを作業フォルダーにコピーし、ファイルの拡張子をhtmlからphpに変更してください。

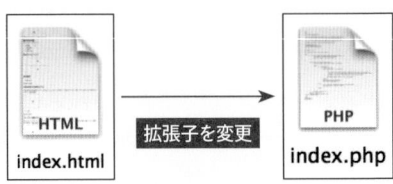

画像とCSSファイルへのパスを修正する

テーマファイルは、WordPressの「wp-content/themes/～」に置かれることになります。そのため、現在の設定では相対パスで記述された画像やCSSファイルへのパスが切れてしまいます。Webサイトを表示するために、これらのパスを修正しましょう。

エディターを使ってindex.phpファイルを開きます。まず、CSSファイルへのパスを修正しましょう。<head>タグ内にある次のCSSファイルへのパスに、<?php echo get_template_directory_uri(); ?>/の記述を追加します。

リスト index.php（抜粋）

●修正前

```
<link rel="stylesheet" href="assets/css/app.css" type="text/css" />
```

●修正後

```
<link rel="stylesheet" href="<?php echo get_template_directory_uri(); ?>/assets/
css/app.css" type="text/css" />
```

同様にして画像ファイルとJSファイルへのパスも修正します。<img src="assets/～となっているすべての<img>タグと<script>タグのパスにも、先ほどと同じように<?php echo get_template_directory_uri(); ?>/を追加してください。少し数が多いので、置換すると早いでしょう。

リスト index.php（抜粋）

●修正前

```
<img src="assets/～ alt="">
```

●修正後（<img>タグの箇所）

```
<img src="<?php echo get_template_directory_uri(); ?>/assets/img/～" alt="">
```

●修正後（<script>タグの箇所、HTML上部）

```
<script type="text/JavaScript" src="<?php echo get_template_directory_uri(); ?>/
assets/js/main.js"></script>
```

●修正後（<script>タグの箇所、HTML下部）

```
<script type="text/JavaScript" src="<?php echo get_template_directory_uri(); ?>/
assets/js/home.js"></script>
```

●修正後（背景画像の箇所）

```
<div class="kv_sliderItem" style="background-image: url('<?php echo get_template_
directory_uri(); ?>/assets/img/home/kv-01@2x.jpg');"></div>
```

<?php echo get_template_directory_uri(); ?>という記述は、WordPressがあらかじめ用意している、「テーマのディレクトリまでのURL」を表示するための関数です。実際にWebブラウザ上で表示されるときは、次のようなHTMLが表示され、画像のパスが繋がります。

```
<img src="https://example.com/wp-content/themes/food-science/assets/img/～" >
```

Webサイトのタイトルを表示する

サンプルサイトの<title>タグも、CHAPTER 1で設定したサイト名が表示されるように変更しましょ

う。<title> タグの中を「<?php bloginfo('name'); ?>」に置き換えます。

リスト index.php（抜粋）

●修正前

```
<title>サンプルサイト</title>
```

●修正後

```
<title><?php bloginfo('name'); ?></title>
```

▶ テーマをインストールする

それでは作成したテーマをインストールしましょう。作成したテーマの作業フォルダー（「food-science」フォルダー）一式を、WordPressの「themes」ディレクトリの中にアップロードします（サーバーへのアップロードはFTPソフトなどを使います）。次のような形になります。

```
/wp-content/themes/food-science/index.php
/wp-content/themes/food-science/style.css
/wp-content/themes/food-science/assets/～
```

次に、管理画面から［外観］→［テーマ］を選択して、WordPressにインストールされているテーマの一覧を表示します。すると、style.cssの「Theme Name」に記述したテーマ名の透明なボックスが増えているのが確認できます。

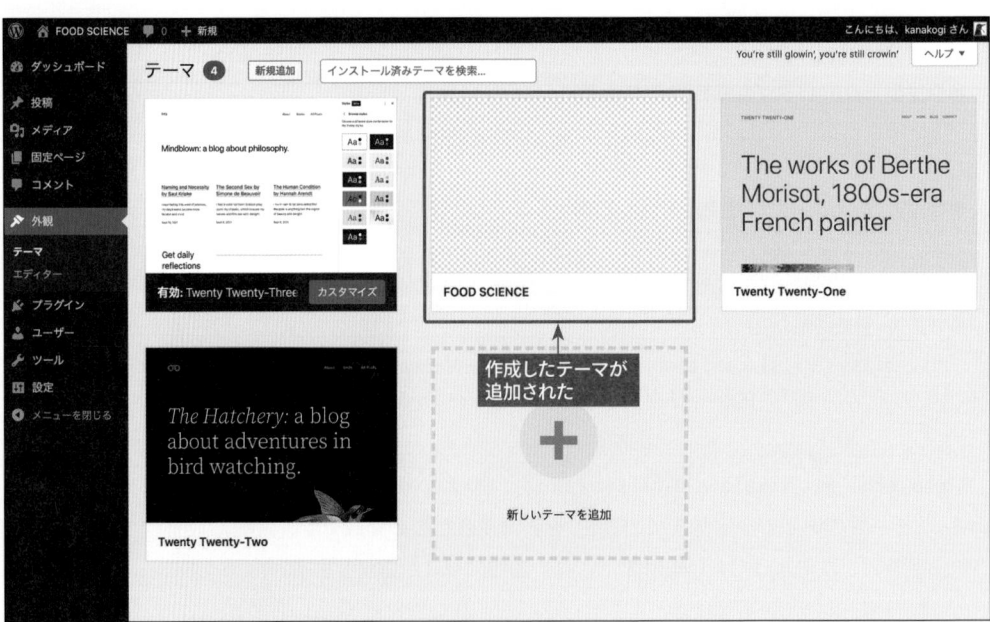

このボックスにカーソルを重ねると、［有効化］ボタンが表示されるのでクリックします。これで、作成したテーマが適用されます。Webサイトのトップページにアクセスしてみましょう。Webサイトのデザインが変わっていれば完了です。

●テーマの変更前

●テーマの変更後

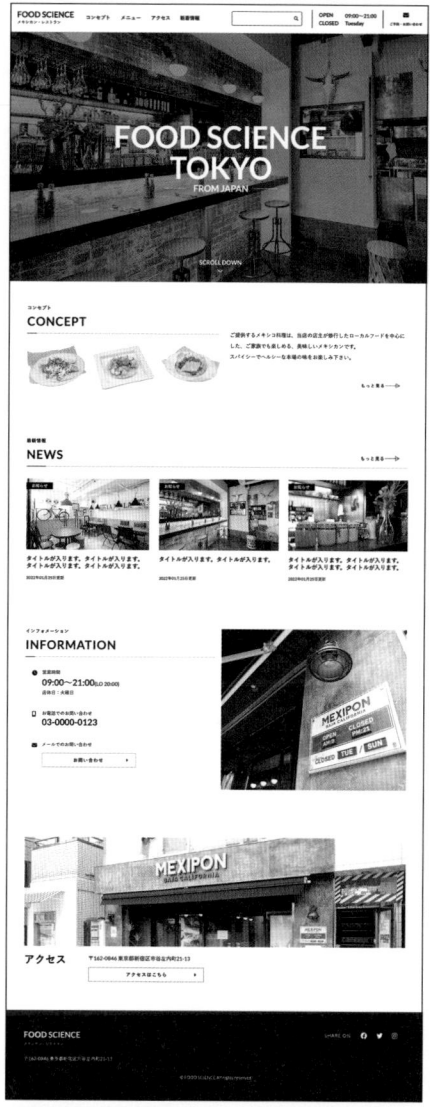

　ブラウザの「ページのソースを表示」機能などを使い、WebサイトのHTMLファイルを確認してみましょう。CSSファイルを読み込んでいる箇所には、アップロードしたテーマディレクトリまでのURLが記述されています。

```
<link rel="stylesheet" href="https://example.com/wp-content/themes/food-science/↵
assets/css/app.css" type="text/css" />
```

titleタグには、管理画面で設定したサイト名が記述されています。

```
<title>FOOD SCIENCE</title>
```

　これで、最小構成のWordPressのテーマを作ることができました。

2-01では、テーマとはテンプレートファイルの集まりであることを学びました。ここでは、テンプレートファイルについて詳しく解説します。

▶ テンプレートファイルとは

前のSECTIONでは、トップページを表示するためにindex.phpファイルを作成しました。このような、WordPressのルールに沿って作られたPHPファイルを「テンプレートファイル」と呼びます。

Webサイトはページごとにデザインが違います。たとえば「トップページ」と「投稿ページ」ではデザインが違います。WordPressでは、投稿ページのデザインだけを変えたい場合は、「single.php」という名前でテーマ内にテンプレートファイルを作ります。すると、投稿ページにアクセスがあったときには、single.phpが表示されるようになります。

このようにWordPressは、アクセスされたページに合わせて、表示するテンプレートファイルを自動的に変更します。テンプレートファイルは他にもたくさんあります。主なテンプレートファイルは、次の表の通りです。

●主なテンプレートファイル

テンプレートファイル名	概要
front-page.php	Webサイトのトップページを表示
single.php	投稿ページを表示
page.php	固定ページを表示
category.php	カテゴリーページを表示
search.php	検索結果ページを表示
archive.php	投稿一覧を表示
404.php	404エラーページを表示

▶ テンプレート階層とは

先ほどの表で、front-page.phpに「Webサイトのトップページを表示」とあります。ところが、SECTION 01で作った「food-science」テーマでは、index.phpしか存在しないにも関わらず、正しくトップページが表示されました。これはいったいどういうことでしょう。

実はWordPressでは、テンプレートファイルの優先順位が決まっています。WordPressは、アクセスされたページによって優先順位が高いテンプレートファイルを探します。そして、該当するテンプレートファイルがあれば、そのファイルを表示する仕組みになっています。

つまり、food-scienceテーマにはfront-page.phpが存在しなかったので、代わりに、次に優先順位の高いindex.phpが表示されたということです。

トップページにアクセスがあった場合

優先順位

front-page.phpがあれば表示、無ければ次の優先順位のテンプレートが表示される

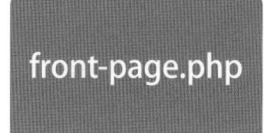

front-page.php

優先順位1

index.php

優先順位2

WordPressがテンプレートファイルを表示するルールを「テンプレート階層」と呼びます。テンプレート階層は、WordPressのテーマを作るうえでとても大切な要素です。

テンプレート階層では、各ページで優先順位が最も低いファイルは、すべてindex.phpになっています。つまり、すべてのページが同じデザインで良いのであれば、index.phpだけですべてのページを表示することが可能です。逆にいえば、テーマにはindex.phpが最低限必要ということになります。

▶ テンプレート階層を考える

すべてのページのデザインが同じであれば、index.phpのみで良いのですが、実際のWebサイトはページによってデザインが異なることがほとんどです。

たとえば、次のように「トップページ」「個別投稿ページ」「カテゴリー別投稿一覧ページ」「月別投稿一覧ページ」というページを備えたWebサイトのテンプレート階層を考えてみましょう。

トップページ

個別投稿ページ

カテゴリー別
投稿一覧ページ

月別
投稿一覧ページ

トップページは、他のどのページともデザインが異なります。トップページを表示するテンプレート階層では、優先順位が最も高いのは「front-page.php」です。そこで、トップページのテンプレートファイルをfront-page.phpにすることが考えられます。

● トップページのテンプレート階層

優先順位	テンプレートファイル名	備考
1	front-page.php	－
2	固定ページ表示ルール	［設定］→［表示設定］の［フロントページの表示］が「固定ページ」に設定されている場合
3	home.php	－
4	index.php	－

投稿ページのデザインも違います。個別投稿ページでは、優先順位が最も高いのは「single-{post_type}.php」です。

しかしながら、詳しくはCHAPTER 5で解説しますが、これはカスタム投稿タイプを使用したときに必要なファイルです。「投稿」を使った通常のWordPressでは、個別投稿ページのテンプレートファイルは「single.php」または「singular.php」にすると覚えておきましょう。

● 個別投稿ページのテンプレート階層

優先順位	テンプレートファイル名	備考
1	single-{post_type}.php	例：投稿タイプがvideoの場合はsingle-video.php
2	single.php	投稿ページ
3	singular.php	投稿や固定ページ、カスタム投稿タイプページ
4	index.php	－

カテゴリー別、および月別投稿一覧ページのデザインは似ています。デザインが似ているのであれば、1つのテンプレートファイルにすることを検討しましょう。次のテンプレート階層の表を確認すると、共通するテンプレートファイル名に「archive.php」「index.php」があります。

● カテゴリー別投稿一覧ページのテンプレート構造

優先順位	テンプレートファイル名	備考
1	category-{slug}.php	例：カテゴリーのスラッグが"news"の場合はcategory-news.php
2	category-{ID}.php	例：カテゴリーIDが6用のテンプレートはcategory-6.php
3	category.php	－
4	archive.php	－
5	index.php	－

●月別投稿一覧ページのテンプレート構造

優先順位	テンプレートファイル名	備考
1	date.php	―
2	archive.php	―
3	index.php	―

つまり、「archive.php」「index.php」のどちらかのテンプレートファイルを用意すれば、各投稿一覧ページを1つのテンプレートファイルで作ることが可能です。そこで、投稿一覧ページはindex.phpにします。

ここまでで、先ほどのWebサイトのテンプレートファイル構成は次のようになりました。

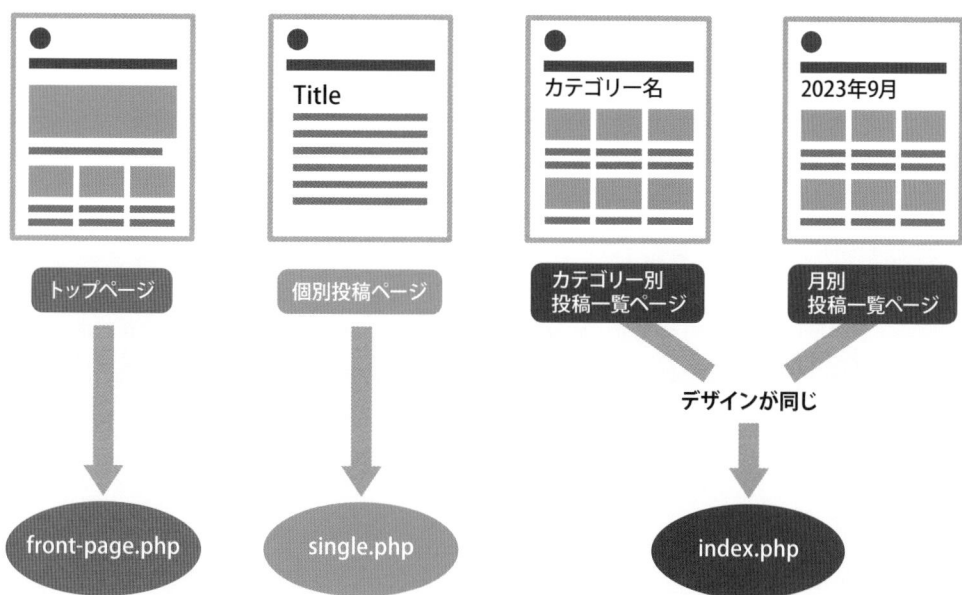

WordPressでWebサイトを構築していくうえで、テンプレート階層の設計はとても重要です。すべてのテンプレートで優先順位が一番低いファイルはindex.phpになっているので、index.phpだけがあれば、テーマは成り立ちます。また、index.phpだけでも、テンプレートによって表示を切り替えることも可能です。しかし、それではテンプレートファイルのコードが複雑になってしまいますので、Webサイトの設計に合わせて、適切なテンプレート階層の設計をすることが必要になってきます。

あらかじめすべてのテンプレートファイルを設計することは慣れと経験が必要です。そこで、最初は最低限必要なテンプレートファイルを作り、徐々に増やしていく方針でWebサイトを制作するのが良いでしょう。

その他のテンプレート階層は、巻末の「テンプレート階層」にまとめています。Webサイト構築の途中であっても、つねにテンプレート階層を考えながら、柔軟にテンプレートファイル名を変更しながら作業を進めましょう。

このSECTIONから、本格的にWordPressのテーマを作成する作業に入ります。ここではテンプレートタグについて学びながら、2-01で作成したindex.phpにテンプレートタグを追加して、動きのあるテンプレートファイルを作ります。

▶ テンプレートタグとは

CHAPTER 2のSECTION 01で、HTMLファイルからfood-scienceテーマを作成したとき、<title>タグの中を<?php bloginfo('name'); ?>に置き換える作業を行いました。この記述により、管理画面で設定したサイト名が<title>タグに表示されます。このときに使用した、bloginfo('name')のような記述を「テンプレートタグ」と呼びます。

WordPressはPHPというプログラミング言語で作られており、テンプレートタグも、実際はWordPressが定義した関数の1つです。WordPressが定義した関数にはさまざまな種類がありますが、その中でもテンプレートファイルの表示に関わる関数をテンプレートタグといいます。

テンプレートタグを使うには、PHPの知識も必要です。PHPに関しては、巻末に「PHPの基礎」としてまとめていますので、そちらにも目を通しておくと理解が早くなるでしょう。

▶ PHPを使うための <?php 〜 ?>

HTMLファイルの途中にPHPを記述するには、ここからここまでがPHPだと明確に区別する必要があります。そこで、PHPを使うときは「<?php」と「?>」の間に記述します。前述した例でも、HTMLファイルの途中で使う必要があったため、<?php bloginfo('name'); ?>と記述しています。

▶ テンプレートタグのパラメータ

bloginfo('name')の中の'name'の箇所を、「パラメータ」といいます。テンプレートタグにはパラメータが用意されているものがあり、パラメータによって表示内容を変更できます。

<?php bloginfo('name'); ?>

テンプレートタグ　　パラメータ
（関数）　　　　　　（引数）

bloginfo('name')はサイト名を表示するものでした。これをbloginfo('description')とすると、管理画面の［設定］→［一般］で設定したキャッチフレーズを表示します。

テンプレートタグによっては、複数のパラメータを用意しているものがあります。複数のパラメータ

を指定するときは「,」(カンマ) で区切って指定します。テンプレートタグは、この先に何度も出てくるので徐々に慣れていきましょう。

> **テンプレートタグ** bloginfo()

```
bloginfo($show)
```
機能	サイトの情報を表示する	
主なパラメータ	$show name	サイトのタイトル
	description	サイトのキャッチフレーズ

▶ パラメータを変更してみる

　food-scienceテーマに、さらにテンプレートタグを追加してみましょう。ヘッダーの<h1 class="logo"><a href="#">FOOD SCIENCEメキシカン・レストラン</a></h1>のテキスト部分を「<?php bloginfo('description'); ?>」に置き換えます。

> **リスト** index.php (抜粋)

●修正前
```
<h1 class="logo"><a href="#">FOOD SCIENCE<span>メキシカン・レストラン</span></a></h1>
```

●修正後
```
<h1 class="logo"><a href="#">FOOD SCIENCE<span><?php bloginfo('description'); ?> ↵
</span></a></h1>
```

　index.phpを修正したら、アップロードして表示を確認してみましょう。トップページにアクセスして、ロゴの横のテキストが変わっているのを確認してください。CHAPTER 1のSECTION 02の管理画面で、[設定] → [一般] の [キャッチフレーズ] に入力した内容が表示されているはずです。

設定したキャッチフレーズが表示される

▶ トップページへのリンクを貼る

他のテンプレートタグも使ってみましょう。ヘッダーのロゴにリンクを貼って、どのページからもトップページに戻れるようにします。トップページへのURLは「home_url()」テンプレートタグを使って取得します。

テンプレートタグ home_url

```
home_url($path, $scheme)
```
　機能　　　　トップページのURLを返す。最後のスラッシュは付かない（例：https://example.com）
　主なパラメータ　$path　　ホームURLからの相対パス（省略可）
　　　　　　　　$scheme　ホームURLに使うスキーム。現在利用できるのはhttp、https、relative（相対パス）

このテンプレートタグを使い、aタグのリンクを次のように修正します。

リスト index.php（抜粋）

● 修正前

```
<h1 class="logo"><a href="#">FOOD SCIENCE<span><?php bloginfo('description');
 ?></span></a></h1>
```

● 修正後

```
<h1 class="logo"><a href="<?php echo home_url(); ?>">FOOD SCIENCE<span><?php
bloginfo('description'); ?></span></a></h1>
```

ここで、少し気を付けるべき点があります。home_url()の前に「echo」という記述がありますが、echoは後に続く文字列を表示するためのPHPの記述です。<?php echo home_url( ); ?>という記述は、「home_url()」と「echo」の2つを組み合わせています。つまり、home_url()でURLを取得後、それをechoで表示しているのです。

index.phpが修正できたらアップロードし、トップページにアクセスしてHTMLを確認してみましょう。次のように、<a>タグのhref属性に「https://example.com」が表示されていれば完了です。

リスト 表示されるHTML（index.php修正後）

```
<h1 class="logo"><a href="https://example.com">FOOD SCIENCE<span>
本格派メキシカン・レストラン</span></a></h1>
```

ロゴにカーソルを合わせると、
トップページのURLが表示される

https://example.com

▶ body_class()テンプレートタグで＜body＞タグのクラスを動的に出力する

　もう1つテンプレートタグを使ってみましょう。WordPressは、トップページ、投稿ページ、固定ページなどさまざまなページを動的に出力します。しかし、ページによってはCSSを使ってデザインを変えたいときがあります。このような場合は、「body_class()」テンプレートタグを使うと便利です。

テンプレートタグ body_class()

body_class($class)

| 機能 | bodyタグのclass属性を表示する |
| 主なパラメータ | $class class属性として追加するクラス名の文字列またはその配列（省略可） |

body_class()は、ページに合わせて動的に＜body＞タグ用の文字列を表示します。

●body_class()が出力する文字列

対象	出力文字列
トップページ	＜body class="home …など"＞
個別投稿ページ	＜body class="single postid-{記事ID} …など"＞
固定ページ	＜body class="page-id-{記事ID} …など"＞

body_class()は、次のようにbodyタグに記述します。

リスト index.php（抜粋）
● 修正前

```
<body>
```

● 修正後

```
<body <?php body_class(); ?>>
```

index.phpが修正できたらアップロードし、HTMLを確認してみましょう。body_class()は、アクセスしているユーザーの状況によっても表示する文字列が異なります。たとえば、ユーザーがログインしているかどうかによって変わってくるのです。管理画面からログアウトした状態でも見比べてください。

リスト 表示されるHTML（index.php修正後）
● ログイン前

```
<body class="home blog">
```

● ログイン後（設定状態によっても異なる）

```
<body class="home blog logged-in admin-bar no-customize-support">
```

たとえば、ログインユーザーにだけ表示したい箇所があれば、次のようなHTMLとCSSを考えることができます。

リスト HTML

```
<div class="adminOnly">ログインユーザーにのみ表示</div>
```

リスト CSS

```
body .adminOnly{
    display:none;
}
body.logged-in .adminOnly{
    display:block;
}
```

この例は、HTMLのソース上には表示されるので、あくまで簡易的な方法です。しかし、body_class()を使うと、このように柔軟にデザインの幅を広げることが可能になります。

SECTION 04 | テンプレートを分割する

Webサイトのヘッダーやフッターは、トップページ以外のページでも同様に表示されます。共通部分は「テンプレートパーツ」として別のファイルに分離でき、index.phpを複数のテンプレートパーツに分割することで管理がしやすくなります。

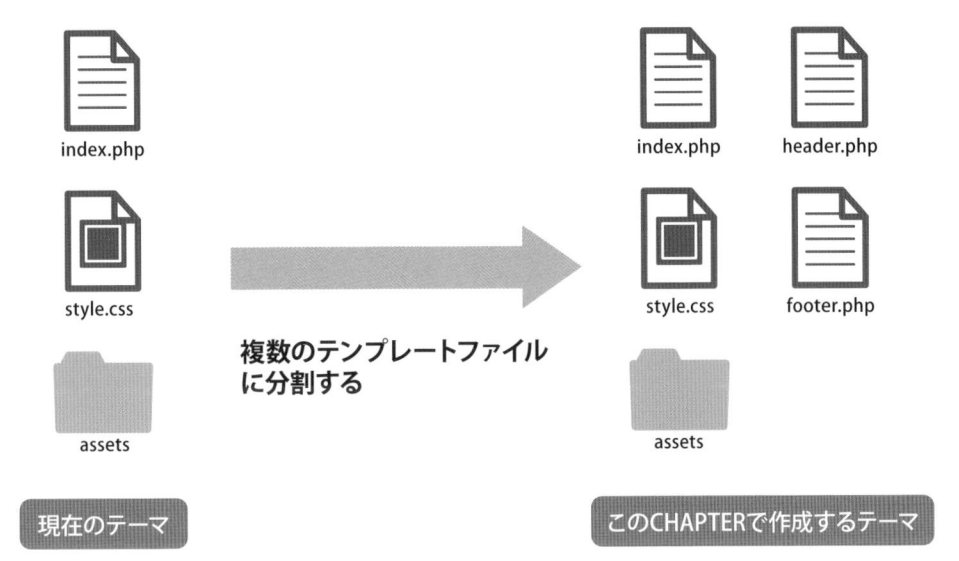

▶ ヘッダー、フッターを共通パーツとして管理しやすくする

　最初に、どの部分を別のテンプレートパーツにするかを決めなければなりません。ここでは、次ページの画像のように、ヘッダーとフッターの2つをそれぞれ別のファイルに分離することにします。それでは、実際に作っていきましょう。

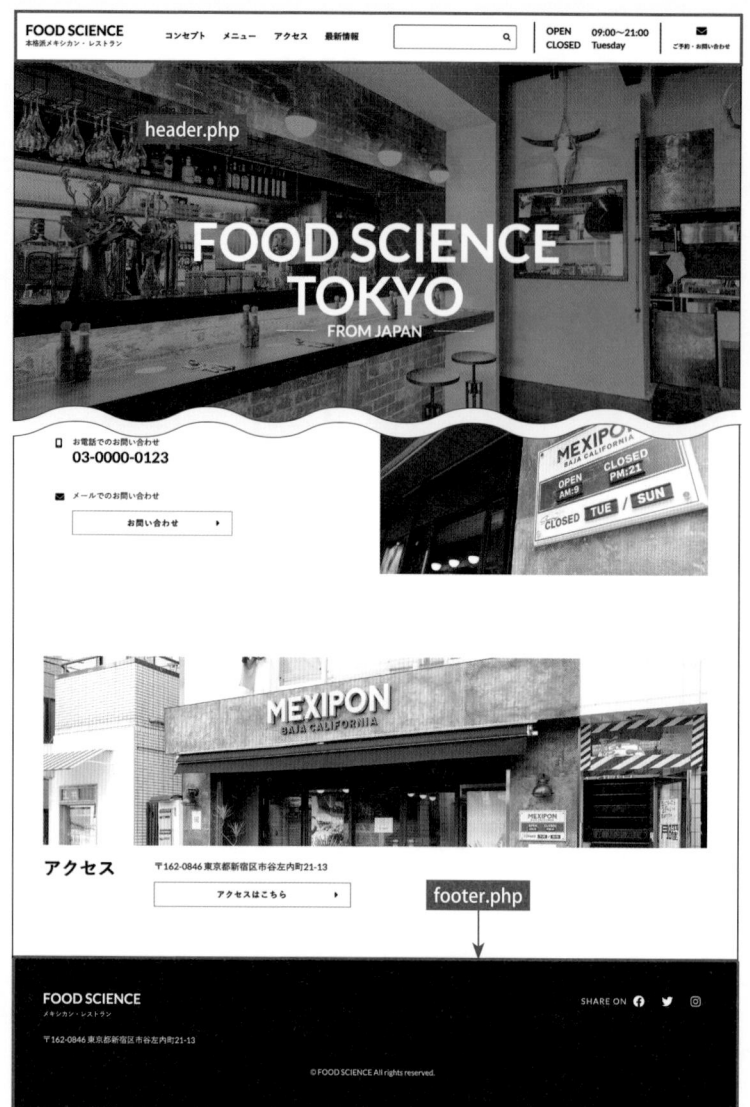

ヘッダーをテンプレートパーツとして分離する

　ヘッダー部分をテンプレートパーツとして分離してみましょう。WordPressでは、ヘッダーのテンプレートパーツは「header.php」というファイル名にします。

header.phpを作成する

　作業フォルダー（「food-science」フォルダー）内にheader.phpという名前で空のファイルを作成してください。続いてfood-scienceテーマのindex.phpファイルをエディターで開き、最初の<!DOCTYPE html>から、グローバルナビゲーションの</header>までの記述を、header.phpにカット＆ペーストして保存してください。

リスト index.php（以下をheader.phpにカット＆ペーストして保存）

```
<!DOCTYPE html>
<html lang="ja">
省略
    </div>
  </header>
```

● get_header() インクルードタグで header.php を読み込む

次に、index.phpからheader.phpを読み込みます。header.phpは「get_header()」インクルードタグで読み込めます。インクルードタグとは、テンプレートと同じようにWordPressが定義している関数の一種で、テンプレートファイルを読み込むときに使う関数群のことです。

インクルードタグ get_header()

```
get_header($name)
```
機能	現在のテーマディレクトリからヘッダーファイルを読み込む
主なパラメータ	$name　パラメータがあった場合は、header-'パラメータ'.php ファイルを読み込む

index.php内の先ほどカットした箇所に、<?php get_header(); ?>を追加しましょう。

リスト index.php（抜粋）

```
<?php get_header(); ?>
  <section class="kv">
以下省略
```

その後、変更したテンプレートファイルをアップロードします。トップページを表示して確認し、エラーが出なければ完了です。これでヘッダー部分を分離できました。

▶ フッターをテンプレートパーツとして分離する

ヘッダーと同じように、フッター部分もテンプレートパーツとして分離しましょう。WordPressでは、フッターのテンプレートパーツは「footer.php」というファイル名で作ります。

● footer.php を作成する

header.phpのときと手順は同じです。作業フォルダーに、footer.phpという名前で空のファイルを作成してください。続いて、food-scienceテーマのindex.phpファイルを開き、後半の<footer class="footer">から最後の</html>までの記述を、footer.phpにカット＆ペーストして保存してください。

リスト index.php（以下をfooter.phpにカット＆ペーストして保存）

```
<footer class="footer">
    <div class="footer_inner">
省略
</body>
</html>
```

get_footer()インクルードタグでfooter.phpを読み込む

index.phpからfooter.phpを読み込む必要があります。footer.phpは「get_footer()」インクルードタグで読み込みます。

インクルードタグ get_footer()

```
get_footer($name)
```
機能　　　　　現在のテーマディレクトリからフッターファイルを読み込む
主なパラメータ　$name　　パラメータがあった場合は、footer-'パラメータ'.phpファイルを読み込む

index.phpの先ほどカットした箇所に、「<?php get_footer(); ?>」を追加しましょう。

リスト index.php（抜粋）

省略
```
    </div>
  </section>
<?php get_footer(); ?>
```

変更したテンプレートファイルをアップロードし、トップページを表示して確認します。エラーが出なければ完了です。これでフッター部分も分離できました。

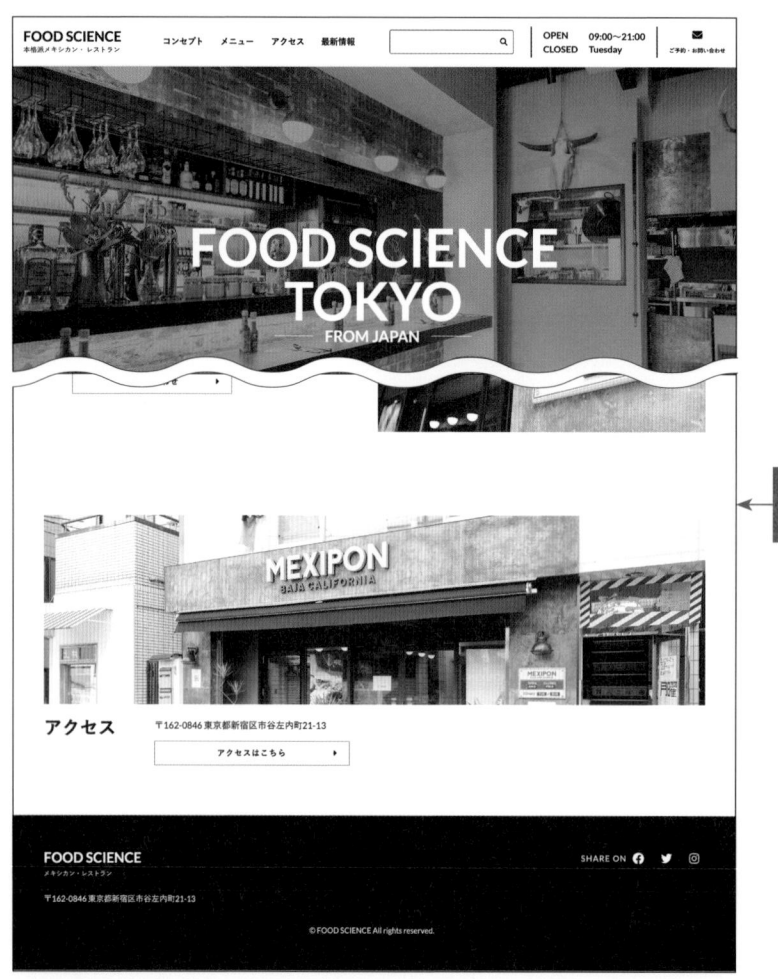

見た目は変わらないが、実際にはテンプレートが分割されている

SECTION

05 | 分割したテンプレートを作り込む

2-04で作成したheader.phpはまだ完成していません。このSECTIONでは、WordPressにおけるルールともいえる、ヘッダーとフッターのテンプレートファイルの作成方法について解説します。

▶ wp_head()関数／wp_footer()関数／wp_body_open()関数

◉ head内にwp_head()関数を記述する

WordPressでは、<head>～</head>タグ内に「wp_head()」関数を記述することが必要です。wp_head()は、</head>タグの直前に記述します。wp_head()が記述されていないと、プラグインやWordPressの機能が正常に動作しません。このルールはWordPressのテーマを作成するうえで必ず覚えておきましょう。

リスト header.php（抜粋）

```
途中省略
   <title><?php bloginfo('name'); ?></title>
   <?php wp_head(); ?>
</head>
<body <?php body_class(); ?>>
```

WordPress関数 wp_head()

```
wp_head()
   機能          wp_headアクションを実行する
   主なパラメータ  なし
```

◉ footer.phpにwp_footer()関数を記述する

同じように、footer.phpにも「wp_footer()」関数を記述する必要があります。こちらも記述を忘れると、プラグインやWordPressの機能が正常に動作しません。wp_footer()関数は、</body>の直前に記述します。

リスト footer.php（抜粋）

```
途中省略
<?php wp_footer(); ?>
</body>
</html>
```

wp_footer()	
機能	wp_footerアクションを実行する
主なパラメータ	なし

● <body>直後にwp_body_open()関数を記述する

<body>タグ直後に記述を追加するために「wp_body_open()」関数が用意されています。この関数の使用は任意ですが、記述することが推奨されます。

WordPress関数 wp_body_open()

wp_body_open()	
機能	body要素の直後に何かを挿入する際に使用するwp_body_openアクションを実行する
主なパラメータ	なし

次のように<body>直後に記述します。

リスト header.php (抜粋)

```
省略
</head>
<body <?php body_class(); ?>>
  <?php wp_body_open(); ?>
```

wp_body_open()関数はfunctions.php (後述) に次のように記述すると、<body>タグの直後にソースコードを挿入できます。アクセス解析のコードなど、<body>タグ直下に記述したいときに利用します。

リスト functions.php (例)

```
<?php
add_action( 'wp_body_open', function() {
?>
ここに挿入したいソースコードなどを記述
<?php
});
?>
```

▶ jQueryを読み込む

近年のWebサイトでは、動きを加えるためにJavaScriptを使うことが一般的になっています。有名なJavaScriptライブラリにjQueryがあります。もしかすると一度は聞いたことがあるかもしれません。jQueryを使うには、HTML内に次のようにscriptタグを記述します。

リスト HTML

```
<script type="text/JavaScript" src="https://code.jquery.com/jquery-3.6.3.min.js"> ⏎
</script>
```

※CDNに設置されたjQueryのversion 3.6.3を使う場合

WordPressを使用したWebサイトでは、多数のプラグインが利用されます。これらのプラグインの中には、jQueryを読み込むものもあります。

しかし、テーマ内ですでにjQueryが読み込まれている場合、プラグインも同じjQueryを読み込んでいるため、読み込みが重複する可能性があります。このようなJavaScriptの読み込みの重複問題を解決するために、WordPressには「wp_enqueue_script()」関数が用意されています。

CHAPTER 2 基本的なテーマを作成する

WordPress関数 wp_enqueue_script()

wp_enqueue_script($handle, $src, $deps, $ver, $in_footer)	
機能	JavaScriptファイルの重複出力を回避し、適切なタイミングで読み込む
主なパラメータ $handle	スクリプトのハンドル名（独自のファイルのときは任意のユニークな文字列）
$src	スクリプトのパス（省略可）
$deps	関連するスクリプトのハンドル名を配列で指定（省略可）
$ver	スクリプトのバージョン（省略可）
$in_footer	wp_footerで出力する場合はtrueを指定（省略可）

wp_enqueue_script()は、読み込むライブラリ名をパラメータで渡します。jQueryの場合は「wp_enqueue_script('jquery')」と記述するだけで、jQueryを重複せず一度だけ読み込めるようになります。

リスト header.php（抜粋）

```php
<?php
wp_enqueue_script('jquery');
wp_head();
?>
</head>
```

● 独自のJavaScriptを読み込む

wp_enqueue_script()関数を使えば、独自のJavaScriptファイルを読み込むことも可能です。

HTMLの<head>内では、main.jsを読み込んでいます。これをテンプレートファイルから読み込んでみましょう。次のようにして読み込めます。

```
wp_enqueue_script('任意の文字列（ハンドル名）', 'jsファイルまでのパス')
```

「任意の文字列」は、他の読み込みと重複しないユニークな文字列にしてください。ここでは「food-science-main」とします。また、2つめのパラメータ（jsファイルまでのパス）は、get_template_directory_uri()を使って取得します。次のようにheader.phpに記述します。

リスト header.php（抜粋）

```php
<?php
wp_enqueue_script('jquery');
wp_enqueue_script('food-science-main', get_template_directory_uri() . '/assets/
js/main.js');
wp_head();
?>
</head>
```

wp_enqueue_script()でjQueryを読み込むようにしたので <head>内の次の記述は不要になりました。
削除しておきましょう。

リスト 削除する箇所（header.php）

```
<script type="text/JavaScript" src="https://code.jquery.com/jquery-3.6.3.min.js"> ⏎
</script>
<script type="text/JavaScript" src="<?php echo get_template_directory_uri(); ?>/ ⏎
assets/js/main.js"></script>
```

修正したファイルをアップロードし、出力されたHTMLも確認してみましょう。次のようにjquery.js
とmain.jsが読み込まれていれば完了です。

リスト 出力されたHTML

```
<script type='text/javascript' src='https://example.com/wp-includes/js/jquery/jqu ⏎
ery.min.js?ver=3.6.4' id='jquery-core-js'></script>
<script type='text/javascript' src='https://example.com/wp-includes/js/jquery/jqu ⏎
ery-migrate.min.js?ver=3.4.0' id='jquery-migrate-js'></script>
<script type='text/javascript' src='https://example.com/wp-content/themes/food-sc ⏎
ience/assets/js/main.js?ver=6.2.2' id='food-science-main-js'></script>
```

上記のHTMLを見ると、「jquery-migrate.min.js」というJavaScriptファイルも同時に読み込まれてい
ます。このファイルは、過去に作成されたWordPressプラグインとの互換性を保つためのファイルです。
wp_enqueue_script()を使ってjQueryを読み込むと、このファイルも自動的に読み込まれます。

▶ 外部のスタイルシートを読み込む

先ほどのwp_enqueue_script()はJavaScriptを読み込むときの関数でしたが、同じようにCSSファイ
ルを読み込むときには「wp_enqueue_style()」関数を使います。

WordPress関数 wp_enqueue_style()

wp_enqueue_style($handle, $src, $deps, $ver, $media)	
機能	CSSファイルを安全に読み込める
主なパラメータ $handle	スタイルシートのハンドル名（独自のファイルのときは任意のユニークな文字列）
$src	スタイルシートのパス（省略可）
$deps	このスタイルシートより前に読み込まれるべきハンドル名の配列（省略可）
$ver	スタイルシートのバージョン（省略可）
$media	「all」「screen」「handheld」「print」のような、スタイルシートが定義されているメディアを指定する文字列（省略可）

このHTMLでは、アイコンを表示するための「Font Awesome」と、Webフォントを利用するための
CSSファイルが読み込まれています。<head>内にあるこのスタイルシートの記述を、wp_enqueue_
style()に変更します。

リスト header.php（抜粋）

●修正後

```php
<?php
wp_enqueue_style('font-awesome', 'https://cdnjs.cloudflare.com/ajax/libs/font-
awesome/6.1.2/css/all.min.css');
wp_enqueue_style('google-web-fonts', 'https://fonts.googleapis.com/css2?family=
Lato:wght@400;700&display=swap');
wp_enqueue_script('jquery');
wp_enqueue_script('food-science-main', get_template_directory_uri() . '/assets/
js/main.js');
wp_head();
?>
```

●削除

```html
<link rel="stylesheet" href="https://cdnjs.cloudflare.com/ajax/libs/font-
awesome/6.1.2/css/all.min.css" type="text/css" />
<link href="https://fonts.googleapis.com/css2?family=Lato:wght@400;700&display=sw
ap" rel="stylesheet">
```

▶ 条件分岐タグを使ってトップページだけ表示を変更する

ここまでで、ヘッダー箇所をheader.phpに分離し、別のテンプレートファイルでも共通して使用できるようになりました。ところが、この後に作成する「コンセプトページ」「記事ページ」は、トップページと異なり、キービジュアル画像が存在しません。つまり、キービジュアル画像のHTMLは、トップページのときだけ必要ということです。

これは、テンプレートファイル内で「条件分岐タグ」を使用することで実現できます。

トップページ

コンセプトページ

● is_home タグを利用する

トップページのときだけ表示したい場合は「is_home()」条件分岐タグを使います。該当するHTMLを、PHPのif文と組み合わせて<?php if (is_home()): ?> ～<?php endif; ?>のように囲みます。

条件分岐タグ	is__home()

is_home()

機能	トップページかどうか調べる
主なパラメータ	なし

index.phpの「<section class="kv">〜</section>」の部分でキービジュアル画像を表示しています。この部分のHTMLを、is_home()を使って次のように囲みます。

リスト index.php（抜粋）

●修正前

```
<section class="kv">
    省略
</section>
```

●修正後

```
<?php if ( is_home() ): ?>
<section class="kv">
    省略
</section>
<?php endif; ?>
```

また、スライドショーのような動作を実現するために、footer.phpでCSSとJavaScriptを読み込んでいます。これらはwp_enqueue_style()とwp_enqueue_script()関数を使って読み込みます。このとき、HTMLの代わりにPHPのコードを使う場合、if文をブラケット{}を使って記述するとわかりやすく書けます。

リスト footer.php（抜粋）

●修正前

```
<link rel="stylesheet" type="text/css" href="https://cdn.jsdelivr.net/npm/slick-↵
carousel@1.8.1/slick/slick.css" />
<script type="text/javascript" src="https://cdn.jsdelivr.net/npm/slick-carousel@1↵
.01.8.1/slick/slick.min.js"></script>
<script type="text/JavaScript" src="<?php echo get_template_directory_uri(); ?>/↵
assets/js/home.js"></script>
```

●修正後

```
<?php
if( is_home() ){
    wp_enqueue_style( 'slick-carousel', 'https://cdn.jsdelivr.net/npm/slick-carou↵
sel@1.8.1/slick/slick.css' );
    wp_enqueue_script('slick-carousel', 'https://cdn.jsdelivr.net/npm/slick-carou↵
sel@1.8.1/slick/slick.min.js');
    wp_enqueue_script('food-science-home', get_template_directory_uri() . '/asset↵
s/js/home.js');}
?>
```

これでトップページのときだけキービジュアルが表示されるようになりました。

● is_home() 以外の条件分岐タグ

WordPressには、is_home()以外にも非常に多くの条件分岐タグが用意されています。これ以降の解説でも条件分岐タグを紹介していますが、すべてを網羅することはできません。その他のテンプレートタグは、「https://developer.wordpress.org/themes/basics/conditional-tags/」をご覧ください。

● WordPressの条件分岐タグ

条件分岐タグ	内容
is_home()	トップページかどうかを判定
is_single('パラメータ')	投稿ページかどうかを判定。パラメータに投稿のID、タイトル、スラッグなどを渡すことで、さらに細かく指定が可能 例：is_single(2)、is_single('oshirashi')
is_page('パラメータ')	固定ページかどうかを判定。パラメータにID、タイトル、スラッグなどを渡すことで、さらに細かく指定が可能 例：is_page(4)、is_page('access')
is_category('パラメータ')	カテゴリーページかどうかを判定。パラメータにカテゴリーID、カテゴリー名、スラッグなどを渡すことで、さらに細かく指定が可能 例：is_category(2)、is_category('news')など

▶ <title>タグを適切な表示に調整する

● タイトルの表示を有効にする

2-03では、次のようにして<title>タグにサイト名が表示されるようにしました。

```
<title><?php bloginfo('name'); ?></title>
```

ところが、ヘッダーを共通化しているため、このままではすべてのページに同じ<title>タグが表示されてしまい、SEO的にも問題があります。そのため、各ページで適切な<title>タグが表示されるように調整する必要があります。

投稿した記事に合わせてタイトルを表示するには、まず「functions.php」ファイルを記述します。functions.phpとは、使用する機能を有効にしたり、独自のPHP関数を定義したりできるファイルです。テーマのディレクトリ内に「functions.php」という名前で作成します。functions.phpは、テーマをカスタマイズするうえで非常に重要なファイルです。

● functions.phpを準備する

はじめに、作業フォルダーの中にfunctions.phpという空のファイルを作成します。使用したい機能を有効にするには、「add_theme_support()」関数を使用します。

WordPress関数 add_theme_support()

```
add_theme_support($feature, $params)
```

機能		テーマの機能を設定する
主なパラメータ	$feature	設定する機能名を指定する。指定できる機能名は'post-thumbnails'、'menus'など
	$params	機能のパラメータを指定する

add_theme_support()の引数に機能名を渡すことで、その機能が有効になります。<title>タグを出力する場合は、「title-tag」を指定します。functions.phpに次のように記述します。

リスト functions.php（追加する内容）

```php
<?php
/**
 * <title>タグを出力する
 */
add_theme_support('title-tag');
```

functions.phpを作成したら、テーマディレクトリ内にアップロードします。アップロードする場所は、header.phpなどの他のテンプレートファイルと同じように、テーマディレクトリ直下です。

WordPressが自動的に<title>タグを出力するようにできたので、header.phpの<title>タグは削除します。

リスト header.php

●削除

```php
<title><?php bloginfo('name'); ?></title>
```

この設定により、WordPressがページに適切なタイトルを出力します。画面の表示を確認してみましょう。ブラウザのタブに「サイトのタイトル - キャッチフレーズ」の形で表示されるようになりました。

●表示される内容

表示するページ	<title>タグの例
トップページ	サイトのタイトル - キャッチフレーズ
トップページ以外	表示しているページのタイトル - サイトのタイトル

● タイトルの区切り文字を変更する

トップページの \<title\> タグの HTML は、次のように表示されるようになりました。

```
<title>FOOD SCIENCE &#8211; 本格派メキシカン・レストラン</title>
```

「–」は、ハイフンによく似たエン・ダッシュ（en-dash）という記号を表示する Unicode です。この区切り文字を変更するには、WordPress のフィルター機能を使う必要があります。

WordPress は、ブラウザに表示されるまでにさまざまな関数を実行しています。フィルターフック機能を利用すると、指定した関数を実行したときに変更を加えられます。フィルターフックを使うには、functions.php に「add_filter()」関数を記述します。

CHAPTER

2

基本的なテーマを作成する

WordPress関数 add_filter ()

```
add_filter($tag, $function_to_add, $priority, $accepted_args)
```

機能	フィルターフックを使う	
主なパラメータ	$tag	フックするフィルター名
	$function_to_add	フィルターが適用されたときに呼び出される関数名
	$priority	特定のアクションを実行する関数の順序
	$accepted_args	関数が受け取る引数の数

\<title\> タグが表示されるときには、「document_title_separator」フィルターを通ります。add_filter の第1引数に「document_title_separator」を指定、第2引数に変更を加えるために定義した関数名を指定します。

タイトルの区切り文字をエン・ダッシュから「|（縦線）」に変えてみましょう。functions.php に次のように追記します。

リスト functions.php（追加する内容）

```php
/**
 * <title>の区切り文字を変更する
 */
add_filter('document_title_separator', 'my_document_title_separator');
function my_document_title_separator($separator)
{
    $separator = '|';
    return $separator;
}
```

トップページの \<title\> タグの内容が変わっているか確認しましょう。\<title\> タグの文字列は、タブブラウザの場合はタブの上に表示されます。

```
<title>FOOD SCIENCE | 本格派メキシカン・レストラン</title>
```

06

WordPress ループを
作成する

サンプルサイトのトップページには、投稿の一覧が表示されています。このような、管理画面から入力した投稿を表示する方法を「WordPressループ」といいます。WordPressループは、WordPressの最も重要な機能です。しっかりと理解しましょう。

投稿が1つずつループして
表示される

クリックして投稿ページに
移動する

学習用素材　「WP_sample」→「Chap2」→「Sec06」

▶ WordPress ループとは

◉ WordPress ループの基本

まずは、WordPressループの基本の形を見てみましょう。基本的な構造は次のようになっています。

リスト WordPressループの基本構造

```php
<?php
if (have_posts()):
    while (have_posts()): the_post();
?>
```

ここに投稿された情報がループされます。

```php
<?php
    endwhile;
endif;
?>
```

全体の処理の流れは次の通りです。

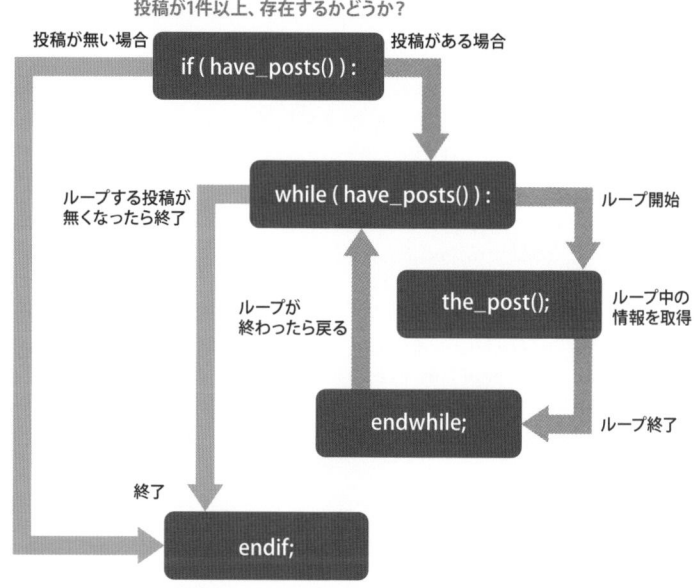

1つずつ見ていきましょう。まず1つ目のif (have_posts()): ですが、「have_posts()」で投稿があるかどうかをチェックしています。もし投稿があれば次の行に移ります。

次はwhile (have_posts()): the_post();の行です。while文は、条件が当てはまる間は処理を繰り返すという文です。ここではwhile (have_posts()):となっているので、投稿が存在する限りループを続けます。

WordPress関数 have_posts()

have_posts()	
機能	現在のWordPressクエリにループできる投稿があるかどうかをチェックする
主なパラメータ	なし

続くthe_post();では、whileで繰り返しているループの投稿情報を取得しています。このとき内部では、「global $post」というグローバル変数に投稿の情報が保存されます。最後のendwhile;とendif;は、先ほどのwhileとifを終了します。

the_post()	
機能	ループ中の投稿情報をグローバル変数の$postにロードし、関連するグローバル変数を設定する
主なパラメータ	なし

while (have_posts()): the_post();は1行で2つのことを記載しています。次のように改行すると読みやすくなります。

```php
<?php
if (have_posts()):
    while (have_posts()):
        the_post();
?>
```

しかし、ほとんどの場合はセットで記述するために、1行でまとめて記述することが多いです。

● WordPressループの例：投稿記事のタイトルをリスト表示する

もう少し実践的なコードを示します。たとえば、WordPressループで投稿のタイトルを、<li>タグを使って表示すると次のようになります。

```php
<?php if (have_posts()): ?>
    <ul>
        <?php while (have_posts()): the_post(); ?>
            <li><?php the_title(); ?></li>
        <?php endwhile; ?>
    </ul>
<?php endif; ?>
```

1行めの<?php if (have_posts()): ?>で、投稿があるか確認しています。投稿があれば<ul>タグを表示します。もし<ul>タグをifの外に記述してしまうと、投稿がないときに「<ul></ul>」とだけ表示されてしまいます。

投稿があった場合は、投稿の数だけ、whileで<li>タグをループします。<?php the_title(); ?>は、投稿のタイトルを表示するテンプレートタグです。

the_title($before, $after, $echo)		
機能	現在の投稿のタイトルを表示、または取得する。必ずループの中で使用する	
主なパラメータ	$before	タイトルの前に置くテキスト（省略可）
	$after	タイトルの後ろに置くテキスト（省略可）
	$echo	タイトルを表示するかどうか。trueなら表示（初期値はtrue）

このコードが実際に動作すると、次のように表示されます。

```
<ul>
<li>1件めの記事のタイトル</li>
<li>2件めの記事のタイトル</li>
<li>3件めの記事のタイトル</li>
</ul>
```

WordPressループが動くイメージはつかめてきたでしょうか。基本的には、ループしたい外側の HTMLをif文とwhile文で囲って、ループの内側のHTMLをテンプレートタグで置き換えていく作業になります。

▶ WordPressループを使って投稿一覧を表示する

それでは、実際にfood-scienceテーマにもWordPressループを組み込んでいきましょう。トップページにはNEWSブロックがあります。ここでは投稿がループしています。1つ1つの投稿は、次のように組み合わさっています。

現時点でのindex.phpには、3件分のダミー投稿が表示されています。しかし、これはHTMLを3回記述しているだけです。これをWordPressループに変更します。

● WordPressループを実装する

まず、投稿1件分のHTMLである<section class="cardList_item">〜</section>の記述を1つだけ残し、後の2回分は削除してしまいましょう。

リスト　index.php（抜粋）

省略
```
<section class="section">
    <div class="section_inner">
        <header class="section_header">
```

続く

```
            <h2 class="heading heading-primary"><span>最新情報</span>NEWS</h2>
            <div class="section_headerBtn"><a href="" class="btn btn-more">もっと見る</
a></div>
        </header>
        <div class="section_body">
            <div class="cardList cardList-1row">

                <section class="cardList_item">
                    <a href="#" class="card">
                        <div class="card_label"><span class="label label-black">お知らせ</sp
an></div>
                        <div class="card_pic">
                            <img src="<?php echo get_template_directory_uri(); ?>/assets/img/
home/news_img01@2x.png" alt="">
                        </div>
                        <div class="card_body">
                            <h2 class="card_title">タイトルが入ります。タイトルが入ります。タイトルが入
ります。タイトルが入ります。</h2>
                            <time datetime="2022-01-25">2022年01月25日更新</time>
                        </div>
                    </a>
                </section>

                <section class="cardList_item">
                    省略
                </section>

                <section class="cardList_item">
                    省略
                </section>

            </div>
        </div>
    </div>
</section>
    省略
```

この2件分の記述を削除する

削除したら、残った投稿1件分のHTMLをWordPressループで次のように囲んでください。

リスト index.php（抜粋）

```php
<?php if ( have_posts() ) : ?>
  <section class="section">
    <div class="section_inner">
      <header class="section_header">
        <h2 class="heading heading-primary"><span>最新情報</span>NEWS</h2>
        <div class="section_headerBtn"><a href="" class="btn btn-more">もっと見る</
a></div>
      </header>
      <div class="section_body">
        <div class="cardList cardList-1row">

          <?php while ( have_posts() ) : the_post(); ?>
          <section class="cardList_item">
            <a href="#" class="card">
```

↗続く

```
                <div class="card_label"><span class="label label-black">お知らせ</sp ⏎
an></div>
                <div class="card_pic">
                    <img src="<?php echo get_template_directory_uri(); ?>/assets/img/ ⏎
home/news_img01@2x.png" alt="">
                </div>
                <div class="card_body">
                    <h2 class="card_title">タイトルが入ります。タイトルが入ります。タイトルが入 ⏎
ります。タイトルが入ります。</h2>
                    <time datetime="2022-01-25">2022年01月25日更新</time>
                </div>
              </a>
            </section>
            <?php endwhile; ?>

        </div>
      </div>
    </div>
  </section>
<?php endif; ?>
```

　NEWSブロックを<?php if (have_posts()) : ?>で囲ったので、投稿が1つもないときは、この
ブロック自体を表示しないようにしています。
　これでWordPressループの準備ができました。ここからは各要素のHTMLをテンプレートタグに置き
換えていきます。

● 各投稿のIDとclassを表示する

　続いて、投稿を囲んでいる<section>タグに、「the_ID()」と「post_class()」テンプレートタグを使って、
各投稿の固有IDとclassを表示します。必須の作業ではありませんが、CSSを使って装飾したくなった
ときに役立ちます。
　the_ID()は、投稿の固有IDを表示できます。id属性の先頭には数字は使えないので、id="post-
<?php the_ID(); ?>"のようにします。

テンプレートタグ　the_ID()

the_ID()	
機能	ループ中の現在の投稿のIDを表示する
主なパラメータ	なし

　post_class()は、<body>タグに使ったbody_class()と同じように、class属性を自動的に表示します。
パラメータを指定することによって、任意のclassも追加表示できます。

テンプレートタグ　post_class()

post_class($class, $post_id)	
機能	ループ中の現在の投稿の種別に応じたクラス属性を表示する
主なパラメータ	$class　別途追加するクラス名
	$post_id　表示される投稿のID（省略時は現在の投稿）

この2つのタグを使って、次のように変更します。<section>タグのclass属性には、元々「cardList_item」が記述されているので、post_class()のパラメータにも「cardList_item」を指定します。

リスト index.php（抜粋）

●修正前

```php
<?php while ( have_posts() ) : the_post(); ?>
<section class="cardList_item">
  <a href="#" class="card">
  [省略]
  </a>
</section>
<?php endwhile; ?>
```

●修正後

```php
<?php while ( have_posts() ) : the_post(); ?>
  <section id="post-<?php the_ID(); ?>" <?php post_class('cardList_item' ↵
); ?>>
    <a href="#" class="card">
    [省略]
    </a>
  </section>
<?php endwhile; ?>
```

HTMLを見ると、次のように出力されます。

リスト 出力されるHTML（例）

```html
<section id="post-1" class="cardList_item post-1 post type-post status-publish fo ↵
rmat-standard hentry category-news">
  <a href="#" class="card">
    <div class="card_label"><span class="label label-black">お知らせ</span></div>
    <div class="card_pic">
      <img src="https://example.com/wp-content/themes/food-science/assets/img/hom ↵
e/news_img01@2x.png" alt="">
    </div>
    <div class="card_body">
      <h2 class="card_title">タイトルが入ります。タイトルが入ります。タイトルが入ります。タイト ↵
ルが入ります。</h2>
      <time datetime="2022-01-25">2022年01月25日更新</time>
    </div>
  </a>
</section>
```

個別投稿ページへのリンク・タイトルを表示する

続いて、「個別投稿ページへのリンク」「投稿のタイトル」の2箇所について作業します。

個別投稿ページへのリンクを表示するテンプレートタグは「the_permalink()」です。投稿のタイトルは、前の作業で使用した「the_title()」を使って記述します。

テンプレートタグ the_permalink()

```
the_permalink($post_id)
```

機能　　　　　　投稿の個別ページのURL（パーマリンク）を表示する

主なパラメータ　$post_id　　表示される投稿のID（省略時は現在の投稿）

リスト index.php（抜粋）

●修正前

```
<section id="post-<?php the_ID(); ?>" <?php post_class('cardList_item'); ?>>
  <a href="#" class="card">
    <div class="card_label"><span class="label label-black">お知らせ</span></div>
    <div class="card_pic">
      <img src="<?php echo get_template_directory_uri(); ?>/assets/img/home/new ↵
s_img01@2x.png" alt="">
    </div>
    <div class="card_body">
      <h2 class="card_title">タイトルが入ります。タイトルが入ります。タイトルが入ります。タ ↵
イトルが入ります。</h2>
      <time datetime="2022-01-25">2022年01月25日更新</time>
    </div>
  </a>
</section>
```

●修正後

```
<section id="post-<?php the_ID(); ?>" <?php post_class('cardList_item'); ?>>
  <a href="<?php the_permalink(); ?>" class="card">
    <div class="card_label"><span class="label label-black">お知らせ</span></div>
    <div class="card_pic">
      <img src="<?php echo get_template_directory_uri(); ?>/assets/img/home/new ↵
s_img01@2x.png" alt="">
    </div>
    <div class="card_body">
      <h2 class="card_title"><?php the_title(); ?></h2>
      <time datetime="2022-01-25">2022年01月25日更新</time>
    </div>
  </a>
</section>
```

● 投稿時刻を表示する

投稿された時刻を表示します。この箇所は、<time>タグでマークアップされています。

<time>タグには、「YYYY-MM-DD」形式でdatetime属性を指定することが推奨されています。しかし、Webブラウザに表示される箇所は「年月日」「曜日」のように日本語になっており、表示形式が違います。この2箇所とも「the_time()」テンプレートタグを使うことで記述できます。

テンプレートタグ the_time()

```
the_time($d);
```
機能 パラメータで指定したフォーマットで投稿時刻を表示する

主なパラメータ $d フォーマットを指定する文字列。省略時は管理画面の［設定］→［一般設定］のフォーマットが適用される。巻末の「日付と時刻の書式」参照

the_time()はパラメータによって、表示する形式を自由に変更できます。たとえば「<?php the_time("Y年m月d日"); ?>」とすると、次のように表示されます。

2023年08月23日

パラメータを変更して、2箇所の表示形式を記述します。

リスト index.php（抜粋）

●修正前

```
<time datetime="2022-01-25">2022年01月25日更新</time>
```

●修正後

```
<time datetime="<?php the_time('Y-m-d'); ?>"><?php the_time('Y年m月d日'); ?>
更新</time>
```

ここで使用できる文字列は、巻末の「日付と時刻の書式」にまとめてあります。

▶ アイキャッチ画像を使用可能にする

アイキャッチ画像を設定できるようにします。WordPressでアイキャッチ画像を使用するには、先にfunctions.phpに記述する必要があります。

アイキャッチ画像機能を有効にするには、P.057で紹介した「add_theme_support()」関数を使用します。今回はアイキャッチ画像を有効にするため、パラメータとして「'post-thumbnails'」を指定します。functions.phpに次のように追記します。

リスト functions.php（追加する内容）

```
/**
 * アイキャッチ画像を使用可能にする
 */
add_theme_support('post-thumbnails');
```

functions.phpを作成したら、テーマディレクトリ内にアップロードします。アップロードする場所は、他のテンプレートファイルと同じように、テーマディレクトリ直下です。

functions.phpをアップロードしたら、管理画面の新規投稿画面を表示してみましょう。アイキャッチ画像のボックスが表示されているのが確認できます。これで、food-scienceテーマでもアイキャッチ画像が使えるようになりました。

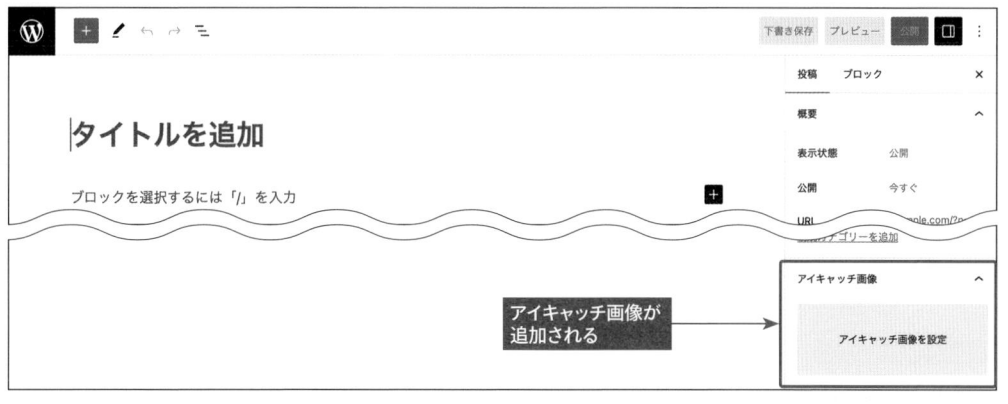

右側の吹き出し: アイキャッチ画像が追加される

● 投稿にアイキャッチ画像を表示する

WordPressループで、アイキャッチ画像を表示するには、「the_post_thumbnail」テンプレートタグを使用します。

テンプレートタグ the_post_thumbnail()

```
the_post_thumbnail($size, $attr)
```
機能	現在の投稿のアイキャッチ画像を表示する
主なパラメータ	$size　画像のサイズ
	$attr　アイキャッチ画像取得時の属性。文字列、または連想配列で指定する

●the_post_thumbnail()で指定できるサイズ

サイズ	概要
thumbnail	サムネイル（デフォルト150px × 150px：最大値）
medium	中サイズ（デフォルト300px × 300px：最大値）
large	大サイズ（デフォルト640px × 640px：最大値）
full	フルサイズ（アップロードした画像の元サイズ）
[100, 100]	配列で他のサイズを指定

WordPressは、画像が追加された際に管理画面の［設定］→［メディア］で設定された、いくつかのサイズの画像を自動的に作成します。どのサイズの画像を表示するかは、the_post_thumbnail()のパラメータで指定可能です。また、管理画面で設定していないサイズも、パラメータに縦横のサイズを配列で渡すことで自由に指定できます。

ここではCHAPTER 1の1-02で設定した「幅600px、高さ400px」のサイズが表示されるように、中サイズの「medium」を指定します。

リスト index.php（抜粋）

●修正前

```
<div class="card_pic">
  <img src="<?php echo get_template_directory_uri(); ?>/assets/img/home/news_img 
01@2x.png" alt="">
</div>
```

●修正後
```
<div class="card_pic">
  <?php the_post_thumbnail('medium'); ?>
</div>
```

　アイキャッチ画像がなかった場合も想定しておきましょう。ここでは、投稿にアイキャッチ画像がない場合は「No Image」画像を表示するようにします。

　投稿にアイキャッチ画像が存在するかどうかは、「has_post_thumbnail()」関数を使います。

WordPress関数 has_post_thumbnail()

> has_post_thumbnail($post_id)
>
> **機能** 投稿にアイキャッチ画像が設定されているかを調べる
> **主なパラメータ** $post_id 表示される投稿のID（省略時は現在の投稿）

　先ほどのthe_post_thumbnail()とスペルが似ているので注意してください。アイキャッチ画像がない場合は用意したNo Image画像を表示するよう、if文と組み合わせて次のように記述します。

リスト index.php（抜粋）
●修正前
```
<div class="card_pic">
  <?php the_post_thumbnail('medium'); ?>
</div>
```

●修正後
```
<div class="card_pic">
  <?php if ( has_post_thumbnail() ): ?>
    <?php the_post_thumbnail('medium'); ?>
  <?php else: ?>
    <img src="<?php echo get_template_directory_uri(); ?>/assets/img/common/ ⏎
noimage.png" alt="">
  <?php endif; ?>
</div>
```

● 記事が属するカテゴリーを表示する

　記事が属するカテゴリーは、「get_the_category()」テンプレートタグで取得できます。

テンプレートタグ get_the_category()

> get_the_category($post_id)
>
> **機能** ループ中の現在の記事が属するカテゴリーへのリンクを表示する
> **主なパラメータ** $post_id 表示される投稿のID（省略時は現在の投稿）

　get_the_category()を使うと、カテゴリー情報が格納された配列データが取得できます。カテゴリーは複数選択されている場合もあるので、PHPのforeach構文を利用します。次のように修正します。

リスト index.php（抜粋）
●修正前
```
<div class="card_label"><span class="label label-black">お知らせ</span></div>
```

●修正後

```php
<?php
$categories = get_the_category();
if($categories):
?>
<div class="card_label">
  <?php foreach ($categories as $category): ?>
    <span class="label label-black"><?php echo $category->name; ?></span>
  <?php endforeach; ?>
</div>
<?php endif; ?>
```

　上記のコードについて解説します。はじめに $categories = get_the_category(); で現在の投稿の
カテゴリー情報を取得しています。もしも、投稿がカテゴリー情報を持っていなかったときは、HTML
を出力する必要がないので if($categories): を記述しています。

　次に設定されたカテゴリーの数だけ、foreach構文でループさせています。カテゴリー名は
$category->name に格納されているので、echo $category->name; とすることで出力しています。

　ここは少し難しかったかもしれません。巻末に「PHPの基礎」があるので、そちらを読んで理解を深
めてください。

▶ 作成したWordPressループを確認する

　ここで置き換えたテンプレートタグは、次の通りです。

　これでトップページの新着情報一覧が完成しました。完成したコードを確認しましょう。WordPress
ループを作る作業は、基本的にはif文とwhile文でループを作成し、表示したい内容に合わせてテンプレー
トタグに置き換えていくという流れになります。

リスト 完成したコード（index.phpのループ部分を抜粋）

```php
<?php if ( have_posts() ) : ?>
  <section class="section">
    省略
    <?php while ( have_posts() ) : the_post(); ?>
    <section id="post-<?php the_ID(); ?>" <?php post_class('cardList_item'); ?>>
      <a href="<?php the_permalink(); ?>" class="card">
        <?php
        $categories = get_the_category();
        if($categories):
        ?>
        <div class="card_label">
          <?php foreach ($categories as $category): ?>
            <span class="label label-black"><?php echo $category->name; ?></span>
          <?php endforeach; ?>
        </div>
        <?php endif; ?>
        <div class="card_pic">
          <?php if ( has_post_thumbnail() ): ?>
            <?php the_post_thumbnail('medium'); ?>
          <?php else: ?>
            <img src="<?php echo get_template_directory_uri(); ?>/assets/img/comm
on/noimage.png" alt="">
          <?php endif; ?>
        </div>
        <div class="card_body">
          <h2 class="card_title"><?php the_title(); ?></h2>
          <time datetime="<?php the_time('Y-m-d'); ?>"><?php the_time('Y年m月d日')
; ?>更新</time>
        </div>
      </a>
    </section>
    <?php endwhile; ?>
    省略
  </section>
<?php endif; ?>
```

▶ 次の解説に進む前に～投稿を入力する

ここまでの作業でWordPressループができたので、投稿を表示できるようになりました。本書では、次の内容で投稿を3つ入力しています。投稿に使用するテキストと画像は、学習用素材「Chap2」→「Sec06」の中の「投稿素材」フォルダーの中に入っています。これらを参考にして、次の解説に進む前に投稿しておきましょう。

●ここで投稿する内容

タイトル	本文	アイキャッチ画像	カテゴリー	URL
店休日のお知らせ	店休日のお知らせ.txt	pic-01.png	お知らせ	closed
新メニューを準備しています	新メニューを準備しています.txt	pic-02.png	コラム	new-menu
ゴールデンウィーク営業日のお知らせ	ゴールデンウィーク営業日のお知らせ.txt	pic-03.png	お知らせ	golden-week

SECTION 07 | 個別投稿ページを作成する

WordPressループを作成した際に、投稿ページへのリンクをthe_permalink()で表示しました。
このSECTIONでは、そのリンク先となる個別投稿ページを作成していきます。

トップページ

個別投稿ページ

学習用素材 「WP_sample」→「html」

▶ single.phpを準備する

　個別投稿ページのテンプレートファイルは「single.php」です。ダウンロードした学習用素材の「html」
フォルダーの中に、HTMLでコーディングされた「single.html」があるので、作業フォルダーにファイル
をコピーします。

　コピーしたら、single.htmlの拡張子を.phpに変更して、single.phpにリネームしてください。

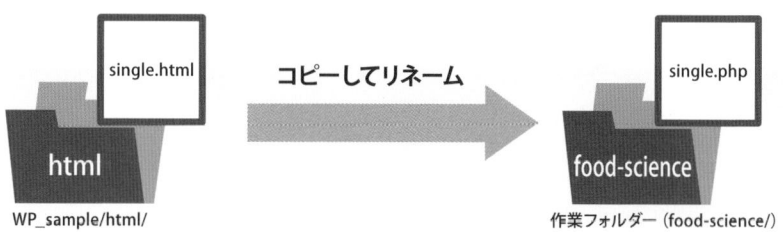

リネームができたらヘッダー、フッターのテンプレートファイルを読み込みましょう。index.php と同じように、`<?php get_header(); ?>`と`<?php get_footer(); ?>`に置き換えます。また、画像ファイルへのパスも修正しておきます（ただし、後ほど再び変更します）。変更を加えたsingle.phpは次の通りです。

リスト single.php

```php
<?php get_header(); ?>
  <main>
    <div class="section">
      <div class="section_inner">
        <article class="post">
          <header class="section_header">
            <h1 class="heading heading-primary">お知らせ詳細のタイトル</h1>
          </header>
          <div class="post_content">
            <time datetime="2022-01-25">2022年01月25日</time>
            <div class="content">
              <img src="<?php echo get_template_directory_uri(); ?>/assets/img/
dummy/01.jpg" alt="">
            省略
            </div>
          <footer class="post_footer">
            省略
          </footer>
        </article>
      </div>
    </div>
  </main>
<?php get_footer(); ?>
```

single.phpを変更したら、テンプレートをアップロードしましょう。トップページの個別記事ページへのリンクをクリックして、ページが表示されるのを確認します。

▶ WordPressループで本文を表示する

次にWordPressループを作成します。メインコンテンツの箇所は「<article class="post">〜</article>」でマークアップされています。この箇所を、トップページと同じようにif文とwhile文を使ってWordPressループにします。

リスト single.php（ループ部分を抜粋）

```php
<?php if ( have_posts() ) : ?>
  <?php while ( have_posts() ) : the_post(); ?>
  <article class="post">
    <header class="section_header">
      <h1 class="heading heading-primary">お知らせ詳細のタイトル</h1>
    </header>
    省略
  </article>
  <?php endwhile; ?>
<?php endif; ?>
```

● WordPressのメインクエリとは

このページは個別投稿ページですから、1件の投稿だけを表示すれば良いはずです。それなのになぜ、ループを作成する必要があるのでしょうか？　それにはまず、WordPressの「メインクエリ」と呼ばれる概念を理解する必要があります。

クエリとは、WordPressループを行う方法を指定する命令のようなものです。クエリがなければ、WordPressループを実行することはできません。

ところが、トップページではクエリを定義する記述をしていないのにWordPressループが実行できました。これは、たとえばカテゴリーページの場合、「投稿されているカテゴリーの投稿だけをループする」といったように、表示しているページに合わせてWordPressが自動的にクエリを定義しているからです。このように、WordPressが最初から自動的に用意しているものがメインクエリです。

個別投稿ページの場合、表示している投稿を「1回だけループする」というメインクエリが用意されています。ここで作成するsingle.phpでも、このメインクエリを使ってWordPressループを利用します。

WordPressのメインクエリ
メインクエリは表示しているページに合わせて変化する

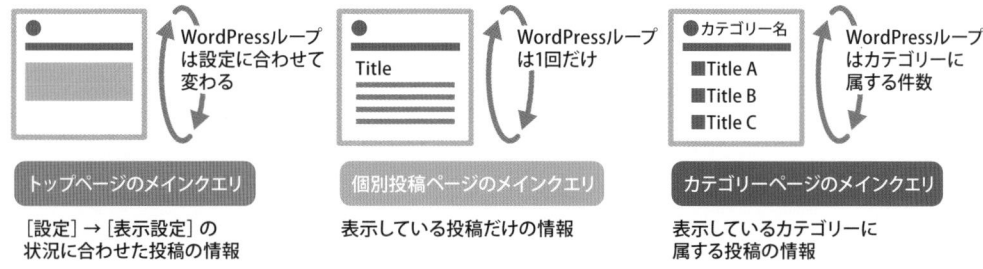

WordPressループは設定に合わせて変わる

トップページのメインクエリ
［設定］→［表示設定］の状況に合わせた投稿の情報

WordPressループは1回だけ

個別投稿ページのメインクエリ
表示している投稿だけの情報

●カテゴリー名
■Title A
■Title B
■Title C

WordPressループはカテゴリーに属する件数

カテゴリーページのメインクエリ
表示しているカテゴリーに属する投稿の情報

● 本文以外をテンプレートファイルで置き換える

タイトル、投稿時間をテンプレートタグで置き換えます。使用するテンプレートタグはトップページのときと同じです。post_class()には、表示されるclass属性に「post」という文字列を追加したいので、パラメータで渡しています。該当箇所のコードは、次のようになります。

リスト single.php（抜粋）

```php
<?php if ( have_posts() ) : ?>
  <?php while ( have_posts() ) : the_post(); ?>
    <article id="post-<?php the_ID(); ?>" <?php post_class('post'); ?>>
      <header class="section_header">
        <h1 class="heading heading-primary"><?php the_title(); ?></h1>
      </header>
      <div class="post_content">
        <time datetime="<?php the_time('Y-m-d'); ?>"><?php the_time('Y年m月d日'); ?> ⏎
</time>
        <div class="content">
          省略
        </div>
      </div>
      <footer class="post_footer">
        省略
      </footer>
    </article>
  <?php endwhile; ?>
<?php endif; ?>
```

● 投稿の本文を表示する

本文を表示するために`<div class="content">` ～ `</div>`でマークアップされた部分をテンプレートタグに置き換えます。投稿の本文を表示するには、「the_content()」テンプレートタグを使用します。

テンプレートタグ the_content()

the_content($more_link_text, $strip_teaser)	
機能	記事の本文のすべて、または一部を表示する
主なパラメータ	$more_link_text　ページを分割したときに表示される区切り文字。省略時は(more...) が表示される
	$strip_teaser　ページを分割するかどうか。trueで分割、falseで分割しない（省略時はfalse）

投稿の本文には、`<p>`タグなどマークアップされたテキストが表示されます。`<div class="content">` ～ `</div>`の中をthe_content()で置き換えてしまいましょう。これでメインコンテンツ部分のテンプレートができました。

リスト single.php（抜粋）

```php
<?php if ( have_posts() ) : ?>
  <?php while ( have_posts() ) : the_post(); ?>
    <article id="post-<?php the_ID(); ?>" <?php post_class('post'); ?>>
      <header class="section_header">
```

↗続く

```
      <h1 class="heading heading-primary"><?php the_title(); ?></h1>
    </header>
    <div class="post_content">
      <time datetime="<?php the_time('Y-m-d'); ?>"><?php the_time('Y年m月d日'); ?> ↵
</time>
      <div class="content">
        <?php the_content(); ?>
      </div>
    </div>
    <footer class="post_footer">
    省略
    </footer>
  </article>
  <?php endwhile; ?>
<?php endif; ?>
```

リンク付きのカテゴリー一覧を表示する

フッター部分には、投稿が属するカテゴリーのラベルが表示されています。トップページと違う点は、このラベルはリンクになっています。このラベルをクリックするとカテゴリーページに行けるようにします。

まずはカテゴリーの一覧を表示します。投稿が属するカテゴリーを取得するには、「get_the_category()」を利用します。トップページと同じように次のように修正します。

コード single.php（抜粋）

```php
<?php if ( have_posts() ) : ?>
  <?php while ( have_posts() ) : the_post(); ?>
  <article id="post-<?php the_ID(); ?>" <?php post_class('post'); ?>>
    <header class="section_header">
      <h1 class="heading heading-primary"><?php the_title(); ?></h1>
    </header>
    省略
    <footer class="post_footer">
      <?php
      $categories = get_the_category();
      if ($categories):
      ?>
      <div class="category">
        <div class="category_list">
          <?php foreach ($categories as $category): ?>
            <div class="category_item"><a href="" class="btn btn-sm is-active"> ↵
<?php echo $category->name; ?></a></div>
          <?php endforeach; ?>
        </div>
      </div>
      <?php endif; ?>

    省略
    </footer>
  </article>
  <?php endwhile; ?>
<?php endif; ?>
```

カテゴリーページへのリンクは、「get_category_link()」で取得できます。

テンプレートタグ get_category_link()

```
get_category_link($category)
```
機能	カテゴリーページへのURLを返す
主なパラメータ	$category	リンクを返すカテゴリーのオブジェクト、またはterm_id

foreachでループしているカテゴリーをパラメーターにして、get_category_link()でURLを出力します。次のように修正します。

リスト single.php（抜粋）

```php
<?php if ( have_posts() ) : ?>
  <?php while ( have_posts() ) : the_post(); ?>
  <article id="post-<?php the_ID(); ?>" <?php post_class('post'); ?>>
    <header class="section_header">
      <h1 class="heading heading-primary"><?php the_title(); ?></h1>
    </header>
    省略
    <footer class="post_footer">
      <?php
      $categories = get_the_category();
      if($categories):
      ?>
      <div class="category">
        <div class="category_list">
          <?php foreach ($categories as $category): ?>
            <div class="category_item"><a href="<?php echo get_category_link($ca ⏎
tegory); ?>" class="btn btn-sm is-active"><?php echo $category->name; ?></a></div>
          <?php endforeach; ?>
        </div>
      </div>
      <?php endif; ?>

      省略
    </footer>
  </article>
  <?php endwhile; ?>
<?php endif; ?>
```

▶ 前後の投稿ページへのリンクを表示する

　本文の最後には、前後の個別投稿へのリンクを設置します。これには「get_previous_post()」「get_next_post()」テンプレートタグを使います。

テンプレートタグ get_previous_post()／get_next_post()

```
get_previous_post( $in_same_term, $excluded_terms, $taxonomy )
get_next_post( $in_same_term, $excluded_terms, $taxonomy )
```

機能		前後の投稿のデータを取得する
主なパラメータ	$in_same_term	同じカテゴリの投稿かどうか（初期値：false）
	$excluded_terms	除外するカテゴリーID
	$taxonomy	タクソノミー、$in_same_termがtrueの場合に有効（初期値：category）

get_previous_post()、またはget_next_post()を使用すると、現在の投稿の前後の投稿データが取得できます。取得した投稿データへのリンクはthe_permalink()の第1パラメータを利用して表示します。

　タイトル部分は、the_title()を使用したいところですが、the_title()は投稿を指定するパラメータが存在しません。そこで「get_the_title()」テンプレートタグを使用します。

テンプレートタグ get_the_title()

```
get_the_title( $post )
```

機能		投稿のデータを取得する
主なパラメータ	$post	投稿データ、もしくは投稿ID

the_title()と名前が似ていますが、パラメータは違います。また、get_the_title()はタイトルを取得するだけなので、echoを使って出力する必要があります。コードは次のようになります。

リスト single.php（抜粋）

```php
<?php if ( have_posts() ) : ?>
  <?php while ( have_posts() ) : the_post(); ?>
  <article id="post-<?php the_ID(); ?>" <?php post_class('post'); ?>>
    <header class="section_header">
      <h1 class="heading heading-primary"><?php the_title(); ?></h1>
    </header>
    省略
    <footer class="post_footer">
      省略

      <div class="prevNext">
        <?php
        $previous_post = get_previous_post();
        if ($previous_post):
        ?>
        <div class="prevNext_item prevNext_item-prev">
          <a href="<?php the_permalink($previous_post); ?>">
            <svg width="20" height="38" viewBox="0 0 20 38"><path d="M0,0,19,19,0 ⏎
,38" transform="translate(20 38) rotate(180)" fill="none" stroke="#224163" stroke ⏎
-width="1" /></svg>
            <span><?php echo get_the_title($previous_post); ?></span>
          </a>
        </div>
        <?php endif; ?>

        <?php
```

📁続く

```
      $next_post = get_next_post();
      if ($next_post):
      ?>
      <div class="prevNext_item prevNext_item-next">
        <a href="<?php the_permalink($next_post); ?>">
          <span><?php echo get_the_title($next_post); ?></span>
          <svg width="20" height="38" viewBox="0 0 20 38"><path d="M1832,1515    ⏎
l19,19L1832,1553" transform="translate(-1832 -1514)" fill="none" stroke="#224163"  ⏎
stroke-width="1" /></svg>
        </a>
      </div>
      <?php endif; ?>
    </div>
  </footer>
</article>
<?php endwhile; ?>
<?php endif; ?>
```

テンプレートファイルをアップロードして、個別投稿ページを表示してみましょう。ここで置き換えたテンプレートタグは、下図の通りです。

08 投稿の一覧ページを作成する

前のSECTIONでは「カテゴリーページ」へのリンクを作成しました。ここでは、実際に投稿の一覧を表示する「カテゴリーページ」と「アーカイブページ」を作成していきます。

カテゴリーページ

年別アーカイブページ

学習用素材 「WP_sample」→「html」

● テンプレートファイルを準備する

● デザインを確認する

まずは、カテゴリーページと月別アーカイブページのデザインを確認してみましょう。ダウンロードした学習用素材「html」フォルダーの中にある「category.html」と「date.html」をブラウザで開いてください。

カテゴリーページ

年別アーカイブページ

タイトルの文字が違う

2つを見比べてみましょう。タイトル部分のテキストが違うだけで、他はすべて同じですね。

ここで、テンプレート階層の表を見てみましょう。日付別アーカイブページのテンプレートファイルは「date.php」で、カテゴリーページのテンプレートファイルは「category.php」です。ということは、それぞれのテンプレートファイルを作る必要があります。

● 日付別表示のテンプレート階層

優先順位	テンプレートファイル名	備考
1	date.php	—
2	archive.php	—
3	index.php	—

● カテゴリー表示のテンプレート階層

優先順位	テンプレートファイル名	備考
1	category-{slug}.php	例：カテゴリーのスラッグが "news" の場合は、category-news.php
2	category-{ID}.php	例：カテゴリー ID が 6 用のテンプレートであれば、category-6.php
3	category.php	—
4	archive.php	—
5	index.php	—

しかし、2つのページのデザインは似ているので、1つのテンプレートファイルとして作ったほうが管理が楽です。テンプレート階層の表をあらためて見ると、共通のテンプレートファイル名に「archive.php」と「index.php」があります。これらのファイル名で作成すれば、1つのファイルで両方のテンプレートファイルの役目を果たすというわけです。

● テンプレートファイル名を使い分ける

archive.phpとindex.phpのどちらにするかを検討します。すでにトップページでindex.phpを使っていますから、まだ使用していないarchive.phpにするべきでしょうか。

しかし、待ってください。index.phpは、すべてのテンプレートファイルで優先順位が最も低いファイルです。ということは、Webサイトの中で最も多く使われるであろう汎用的なデザインを担当するべきです。

トップページはWebサイトの入口にあたり、多くの場合、他のページより目立つデザインになっています。ということは、トップページをindex.php以外のテンプレートファイル名にするほうが、管理しやすくなります。

では、あらためてトップページのテンプレート階層を見てみましょう。優先順位が一番高いのは「front-page.php」です。

● トップページのテンプレート階層

優先順位	テンプレートファイル名	備考
1	front-page.php	―
2	固定ページ表示ルール	[設定] → [表示設定] の [フロントページの表示] が「固定ページ」に設定されている場合
3	home.php	―
4	index.php	―

そこで、トップページのテンプレートファイル名を、index.phpからfront-page.phpに変更します。そして、日付別アーカイブページとカテゴリーページのテンプレートファイル名をindex.phpにすることにしましょう。

作業フォルダーの中のindex.phpを、front-page.phpにリネームしてください。

index.php　　　ファイル名を変更する　　　front-page.php

index.phpを作成する

日付別アーカイブページとカテゴリーページのテンプレートファイルは、index.phpとして作成することが決まりました。

ここでデザインをもう一度確認してみましょう。よく見ると、ヘッダー、フッター、WordPressループの部分まで、今まで作成したテンプレートパーツの組み合わせで作ることができそうです。

まず、学習用素材の「html」フォルダーから、カテゴリーページのHTMLファイルであるcategory.htmlを作業フォルダーにコピーし、index.phpにリネームします。そして、ヘッダーをget_header()で、フッターをget_footer()で読み込めるようにします。

タイトルの箇所は、wp_title()で表示します。

リスト index.php

```
<?php get_header(); ?>
  <main>
    <section class="section">
      <div class="section_inner">
        <div class="section_header">
          <h1 class="heading heading-primary"><span>最新情報</span>NEWS -           ⏎
<?php wp_title(''); ?></h1>
        </div>
        省略
      </div>
    </section>
    省略 ]
  </main>
<?php get_footer(); ?>
```

▶ WordPressループのテンプレートパーツを作成する

◉ テンプレートパーツのファイル名

次はWordPressループの箇所を実装します。

トップページとカテゴリーページでは、WordPressループ部分のデザインは同じです。ただ、表示させる投稿の数はトップページが3件、カテゴリーページが12件と数が違います。

WordPressでは、表示しているページに合わせてメインクエリが変更されるので、表示する投稿の件数なども自動的に調整されます。つまり、front-page.phpとindex.phpのWordPressループのコード自体は、同じ記述でも問題ありません。

同じコードの場合、テンプレートパーツを作って共通化したいところです。では、テンプレートファイル名はどのようにすれば良いのでしょうか。WordPressでは、ヘッダーやフッターでなくても、自由にテンプレートパーツを作ることが可能です。任意のテンプレートパーツを作成するときは、次のようなルールでファイル名を付けます。

任意のテンプレート名-任意の名前.php

たとえば「loop-main.php」のようなファイル名になります。作成したテンプレートパーツを読み込むときは、「get_template_part()」関数を使用します。

WordPress関数 get_template_part()

```
get_template_part($slug, $name)
```
　機能　　　　　ヘッダー、フッター、サイドバー以外の任意のテンプレートパーツを読み込む
　主なパラメータ　$slug　一般テンプレートのスラッグ名（必須）
　　　　　　　　　$name　特定テンプレートの名前（省略可能）

もし、loop-main.phpというファイルを読み込むときには、次のようにパラメータを渡します。

```
get_template_part('loop', 'main');
```

なお、次のように記述すると、パラメータがなくてもファイルを読み込むことができます。

```
get_template_part('loop-main');
```

テンプレートパーツは「任意のテンプレート名」と「任意の名前」を「-」（ハイフン）で繋ぐ形で作成できるので、命名ルールによって管理することが可能です。

今回は作成しませんが、もしタイトルだけのWordPressループであれば「loop-title.php」などといった名前が考えられます。動きの性質が同じものは「任意のテンプレート名」を揃えておくと、テーマディレクトリが整理されます。よく考えて名前を決めましょう。

なお、これまでget_header()、get_footer()などでパーツを読み込みましたが、get_template_part()でも同じ機能が実現可能です。次の記述は、get_header()をget_template_part()で差し替えた例です。

```
get_template_part('header');
```

● トップページのループをテンプレートパーツにする

トップページのループを、index.phpでも使えるようにしていきます。get_template_part()で読み込むファイルは、ディレクトリでまとめておくと整理できます。

まず、作業フォルダーに「template-parts」の名前でディレクトリを作ります。その中にloop-news.phpという空のファイル名を作成します。

その後、front-page.phpのWordPressループの箇所を、loop-news.phpにカット＆ペーストします。front-page.phpには、loop-news.phpを読み込めるように`<?php get_template_part('template-parts/loop', 'news'); ?>`と記述します。

CHAPTER

2

基本的なテーマを作成する

リスト template-parts/loop-news.php

```php
<section id="post-<?php the_ID(); ?>" <?php post_class('cardList_item'); ?>>
  <a href="<?php the_permalink(); ?>" class="card">
    <?php
    $categories = get_the_category();
    if($categories):
    ?>
    <div class="card_label">
      <?php foreach ($categories as $category): ?>
        <span class="label label-black"><?php echo $category->name; ?></span>
      <?php endforeach; ?>
    </div>
    <?php endif; ?>

    <div class="card_pic">
      <?php if ( has_post_thumbnail() ): ?>
        <?php the_post_thumbnail('medium'); ?>
      <?php else: ?>
        <img src="<?php echo get_template_directory_uri(); ?>/assets/img/common/
noimage.png" alt="">
      <?php endif; ?>
    </div>
    <div class="card_body">
      <h2 class="card_title"><?php the_title(); ?></h2>
      <time datetime="<?php the_time('Y-m-d'); ?>"><?php the_time('Y年m月d日');
?>更新</time>
    </div>
  </a>
</section>
```

リスト front-page.php（抜粋）

```php
<?php if ( have_posts() ) : ?>
  <section class="section">
    <div class="section_inner">
      <header class="section_header">
        <h2 class="heading heading-primary"><span>最新情報</span>NEWS</h2>
        <div class="section_headerBtn"><a href="" class="btn btn-more">もっと見る</
a></div>
      </header>
      <div class="section_body">
        <div class="cardList cardList-1row">
```

↗続く

```php
        <?php while ( have_posts() ) : the_post(); ?>

            <?php get_template_part('template-parts/loop', 'news'); ?>

        <?php endwhile; ?>

      </div>
     </div>
    </div>
   </section>
<?php endif; ?>
```

● index.php に WordPress ループを表示する

index.php でも、作成した loop-news.php を読み込みましょう。ループ部分の<div class="cardList"> 〜</div>のHTMLを、WordPressループと get_template_part() に差し替えます。

リスト index.php

```php
<?php get_header(); ?>
  <main>
    <section class="section">
      <div class="section_inner">
        <div class="section_header">
          <h1 class="heading heading-primary"><span>最新情報</span>NEWS - <?php    ⏎
wp_title(''); ?></h1>
        </div>
        省略

        <div class="section_body">
          <?php if ( have_posts() ) : ?>
            <div class="cardList">
              <?php while ( have_posts() ) : the_post(); ?>

                <?php get_template_part('template-parts/loop', 'news'); ?>

              <?php endwhile; ?>
            </div>
          <?php endif; ?>
        </div>

      </div>
    </section>
  </main>
<?php get_footer(); ?>
```

　テンプレートファイルができたらアップロードして、表示を確認してみましょう。このSECTIONで作成したファイルは、front-page.php、index.php、loop-news.phpの3つです。

▶ カテゴリーページと年別アーカイブページへのリンクを設置する

投稿一覧の上には、カテゴリーページと年別アーカイブページへのリンクが設置されています。この
ボタンが動作するようにします。

● カテゴリーページへのリンク一覧を表示する

カテゴリーページへのリンク一覧を表示するには、「wp_list_categories()」テンプレートタグを使用
します。

テンプレートタグ　wp_list_categories()

wp_list_categories($args)			
機能		カテゴリーページへのリンク一覧を表示する	
主なパラメータ	$args	title_li	見出し（省略時は「カテゴリー」）
		show_count	投稿数を表示するかどうか。表示する場合はtrue（省略時はfalse）
		depth	ulタグとliタグを使用した階層付きでマークアップされたHTMLを表示するか。liタグのみで階層無しの場合はfalseを指定
		orderby	ソート対象。対象には'ID'、'name'、'slug'、'count'、'term_group'を使用（省略時は'name'）
		order	ソート順。'ASC'は昇順、'DESC'は降順（省略時は'ASC'）
		hide_empty	投稿記事がないカテゴリーを表示するかどうか。表示する場合はtrue（省略時はtrue）

wp_list_categories()を使用すると、<li>タグでマークアップされたHTMLを表示できます。wp_list_
categories()のパラメータに配列形式で値を渡すことで、表示するHTMLを変更できます。

パラメータを使用しないと、デフォルトの設定では「カテゴリー」と見出しまで表示されてしまいます。
これを削除するには、「title_li」に空の値を渡します。

リスト index.php（抜粋）

●修正前

```php
<?php get_header( ); ?>
  <main>
    <section class="section">
      <div class="section_inner">
        <div class="section_header">
          <h1 class="heading heading-primary"><span>最新情報</span>NEWS - <?php ⏎
wp_title(''); ?></h1>
        </div>

        <div class="archive">
          <div class="archive_category">
            <h2 class="archive_title">カテゴリー</h2>
            <ul class="archive_list">
              <li class="current-cat"><a href="#">お知らせ</a></li>
              <li><a href="#">コラム</a></li>
            </ul>
          </div>
```
（省略）

●修正後

```php
<?php get_header( ); ?>
  <main>
    <section class="section">
      <div class="section_inner">
        <div class="section_header">
          <h1 class="heading heading-primary"><span>最新情報</span>NEWS - <?php ⏎
wp_title(''); ?></h1>
        </div>

        <div class="archive">
          <div class="archive_category">
            <h2 class="archive_title">カテゴリー</h2>
            <ul class="archive_list">
              <?php
              $args = [
              'title_li' => '', //見出しを削除
              ];
              wp_list_categories( $args );
              ?>
            </ul>
          </div>
```
（省略）

● 年別アーカイブページへのリンク一覧を表示する

次に年別アーカイブページへのリンク一覧を表示します。ここでは、「wp_get_archives()」テンプレートタグを使用します。

テンプレートタグ **wp_get_archives()**

wp_get_archives($args)			
機能		アーカイブページへのリンク一覧を表示する	
主なパラメータ	$args	type	表示するアーカイブリスト。文字列で指定する。'yearly'、'monthly ('デフォルト)、'daily'、'weekly'、'postbypost'（公開日時順）、'alpha ('タイトルのアルファベット順)
		limit	取得するアーカイブ数（デフォルトは制限無し）
		show_post_count	投稿数を表示するかどうか
		echo	表示するかどうか

パラメータを指定すれば、年別、月別、週別といったさまざまなアーカイブページへのリンクを取得できます。ここでは、年別を表示したいので、「type」に「yearly」を指定します。

リスト **index.php（抜粋）**

```php
<?php get_header( ); ?>
  <main>
    <section class="section">
      <div class="section_inner">
        <div class="section_header">
          <h1 class="heading heading-primary"><span>最新情報</span>NEWS - <?php ↵
wp_title(''); ?></h1>
        </div>
```

省略

```php
        <div class="archive_yealy">
          <h2 class="archive_title">年別</h2>
          <ul class="archive_list">
            <?php
            $args = [
            'type' => 'yearly', //年別を指定
            ];
            wp_get_archives($args);
            ?>
          </ul>
        </div>
      </div>
```

省略

● 表示中のリンクの色を変える

表示中のページがわかるようにリンクボタンの色が変わるようにしています。

これはWordPressの挙動に合わせてCSSを設定しています。

wp_list_categories()で表示されたリンク一覧の中で、現在表示しているページの<li>タグには「current-cat」class属性がつきます。

```
<li class="cat-item cat-item-1 current-cat"><a aria-current="page" href="https:// ⏎
example.com/category/news/">お知らせ</a>
</li>
```

これに合わせて、次のような形でCSSを調整しています。

リスト CSS（SCSS表記）

```scss
li.current-cat {
  a {
    // 表示中ボタンの色指定
    color: #fff;
    background-color: #000;
    border-color: #000;
  }
}
```

wp_get_archives()で表示されたリンク一覧では、「current-cat」class属性がつきません。代わりに<a>タグに「aria-current」属性が付与されています。

```
<li><a href="https://example.com/2023/" aria-current="page">2023</a></li>
```

これに合わせて、次のような形でCSSを調整しています。

リスト CSS（SCSS表記）

```scss
li a[aria-current] {
    // 表示中ボタンの色指定
    color: #fff;
    background-color: #000;
    border-color: #000;
}
```

WordPressが出力するHTMLに合わせてCSSを作成することで、見やすいデザインを表現可能です。

年別アーカイブページのタイトルを調整する

これで完成としたいところですが、年別アーカイブページを表示してみましょう。タイトルのテキストが「2023」と、数字だけの表示になっています。ここは「2023年」のような形のほうが適切です。

これに対応するため、条件分岐タグを使って、年付アーカイブのときだけコードを変えるようにしましょう。日付別ページの条件分岐タグには、次のようなものもあります。

● 日付別ページの条件分岐タグ

条件分岐タグ	概要
is_date()	日付別アーカイブページが表示されている場合 (例: 月別、年別、日別、時間別)
is_year()	年別のアーカイブページが表示されている場合
is_month()	月別のアーカイブページが表示されている場合
is_day()	日別のアーカイブページが表示されている場合

タイトルに「2023年」のように表示するには、年別アーカイブを判定する「is_year()」条件分岐タグを組み合わせて、次のように修正します。

リスト index.php (抜粋)

```
<?php get_header( ); ?>
  <main>
    <section class="section">
      <div class="section_inner">
        <div class="section_header">
          <h1 class="heading heading-primary"><span>最新情報</span>NEWS - <?php ⏎
wp_title(''); ?><?php if ( is_year() ): ?>年<?php endif; ?></h1>
        </div>
```

↗続く

```
    <div class="archive">
        <div class="archive_category">
            <h2 class="archive_title">カテゴリー</h2>
            <ul class="archive_list">
              <?php
              $args = [
              'title_li' => '', //見出しを削除
              ];
              wp_list_categories( $args );
              ?>
            </ul>
        </div>
```
省略

　修正ができたら再度アップロードして、表示を確認してみましょう。タイトルの箇所が、「2023年」のように表示されれば完了です。

SECTION 09 | 固定ページを作成する

WordPressの投稿形式には、「投稿」と「固定ページ」の2種類の形式があることは以前に述べました。このSECTIONでは「固定ページ」を使って、「コンセプト」「アクセス」「お問い合わせ」のページを作成していきます。

コンセプトページ   **アクセスページ**   **お問い合わせページ**

| 学習用素材 | 「WP_sample」→「html」 |
| | 「WP_sample」→「Chap2」→「Sec09」 |

▶ 固定ページとは

CHAPTER1の1-03でも少し触れましたが、あらためて固定ページについて解説します。

固定ページとは、投稿のように時系列によって更新されるのではなく、つねに固定してサイト内に存在するコンテンツにおいて使う投稿形式です。投稿は、最新情報のように「いつ作成されたのか」時系列によって更新されるコンテンツです。対する固定ページは、「コンセプト」「アクセス」といった時系列に左右されないページで使います。

固定された静的なページならば、HTMLファイルをそのままアップすれば良いのではないか、と思うかもしれません。しかし、WordPressの中で固定ページとして扱うことで、「管理画面から更新が可能になる」「同じようなレイアウトの場合は共通化ができる」「サイト内検索の対象になる」といったように、たくさんのメリットがあります。

固定ページも投稿ページと同じように、まずはテンプレートファイルを作成し、コンテンツ部分を管理画面から更新する流れになります。

▶ page.phpを作成する

まずは、固定ページの対象となるページを確認しましょう。学習用素材「html」フォルダーを開きます。「コンセプト」ページをコーディングした「concept.html」があるので、ブラウザで開いてください。

コンテンツ部分以外は、これまで作ったテンプレートパーツと同じです。WordPressは作業が進むに

つれて、使い回せる要素が増えていくので、作業スピードが上がっていきます。

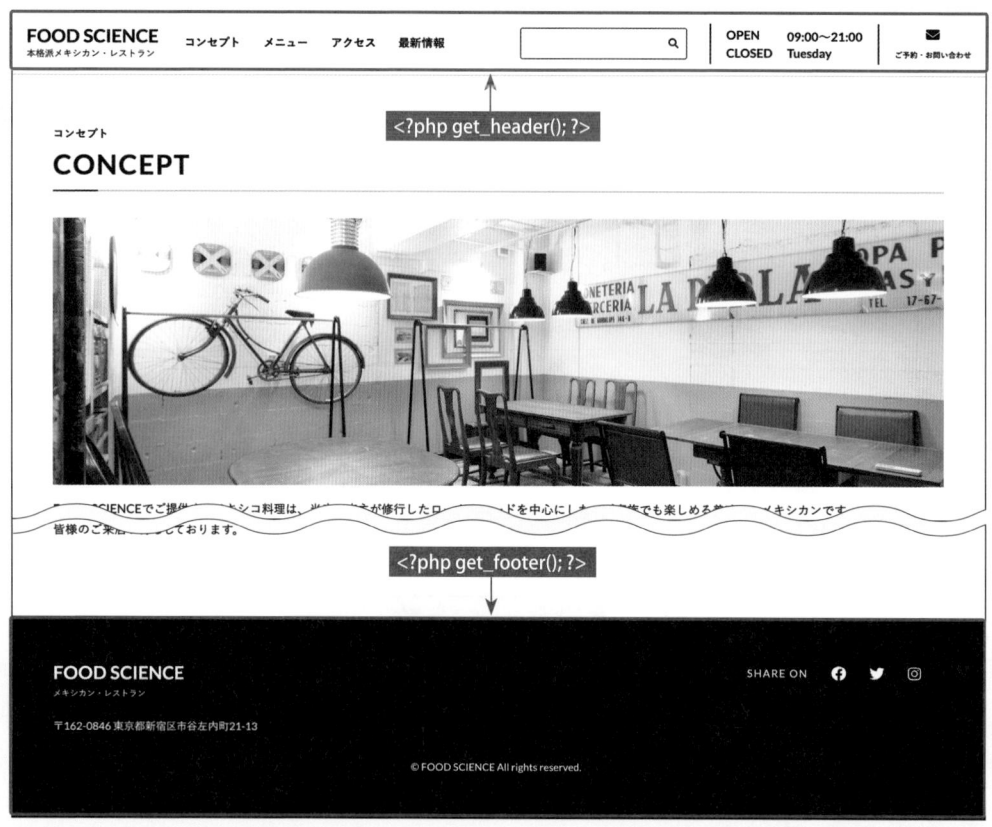

　それでは、concept.htmlを作業フォルダーにコピーしてください。固定ページのテンプレートファイル名は「page.php」です。single.phpのときと同じように、concept.htmlをpage.phpにリネームします。

● ヘッダー・フッターを読み込む

　page.php のヘッダーやフッターは、single.phpと同じようにget_haeder()、get_footer()を使って読み込みます。

リスト page.php

```php
<?php get_header(); ?>
  <main>
    <section class="section">
      <div class="section_inner">
        <div class="section_header">
          <h2 class="heading heading-primary"><span>コンセプト</span>CONCEPT</h2>
        </div>

      省略
    </section>

    省略
  </main>
<?php get_footer(); ?>
```

● WordPressループで本文を表示する

本文を表示するためにWordPressループを作成します。固定ページを表示するときのメインクエリも、WordPressが自動的に調整します。single.phpと同じようにif文、while文を使って記述します。

固定ページのコンテンツ部分のすべてをif文、while文で括ります。タイトルの部分はthe_title()に、本文の部分はthe_content()に差し替えます。

「CONCEPT」と表示されている英語の箇所ですが、ここはページのスラッグ名を表示するようにします。スラッグ名の取得には、グローバル変数の$postを利用します。

前に少し触れましたが、WordPressループの中では、表示する投稿の情報がグローバル変数の$postに入っています。$post->post_nameと記述することでスラッグを表示できます。スラッグは小文字なので、PHPのstrtoupper()関数を使うと大文字にできます。

修正後は次のようになります。

リスト page.php

```php
<?php get_header( ); ?>

<?php if ( have_posts() ) : ?>
  <?php while ( have_posts() ) : the_post(); ?>
  <main>
    <section class="section">
      <div class="section_inner">
        <div class="section_header">
          <h2 class="heading heading-primary"><span><?php the_title(); ?>↵
</span><?php echo strtoupper($post->post_name); ?></h2>
        </div>

        <div class="section_body">
          <div class="content">

            <?php the_content(); ?>

          </div>
        </div>
      </div>
    </section>
  </main>
  <?php endwhile; ?>
<?php endif; ?>

<?php get_footer( ); ?>
```

これで、固定ページのテンプレートファイルであるpage.phpが完成です。single.phpと似ていますね。page.phpができたら保存し、テーマディレクトリにアップロードします。

▶ 固定ページをビジュアルモードで作成する

ここからは管理画面を使って作業します。本書で作るサンプルサイトでは、固定ページになるのは次のページです。ここで各ページのURLも確認しておきましょう。

● このSECTIONで作成する固定ページ

固定ページ	URL
コンセプト	https://example.com/concept/
アクセス	https://cxamplc.com/access/
お問い合わせ	https://example.com/contact/
お問い合わせ 完了ページ	https://example.com/contact/thanks/

新しい固定ページを追加する

まずは「コンセプト」を作成します。管理画面のメインナビゲーションメニューから［固定ページ］→［新規追加］を選択してください。

記事内容を入力する

作成する内容には、学習用素材を使います。学習用素材「Chap2」→「Sec09」フォルダー内にある「テキスト‐コンセプト」フォルダーに素材を用意しているので、これを使っていきます。

❶ タイトルには、ページ名である「コンセプト」と入力します。

❷ 本文欄です。画像ブロックで、投稿用素材にある「pic-1.jpg」を木文欄に追加してください。その後、段落ブロックを追加して、投稿用素材の「テキスト.txt」の文章を流し込みます。

❸ カーソルをタイトルに合わせると固定ページの設定が表示されます。URLの箇所をクリックするとパーマリンクが表示されます。パーマリンクが表示されていないときは、一度[下書きとして保存]をクリックしてください。ここには「concept」と入力します。

● 表示を確認する

入力ができたら[公開]ボタンをクリックします。[固定ページを表示]リンクが表示されるので、デザイン通りに表示されているか確認してみましょう。

出力されたHTMLには、WordPressが自動的に追加した要素や「wp-block-image」のようなclass属性が出力されています。サンプルサイトのCSSファイルには、対応した記述を用意しています。

URLが、入力したスラッグ通りに「https://example.com/concept/」のようになっていることを確認できたら、作業完了です。

固定ページの階層化を使用する

● 固定ページの親子関係とは

WordPressでは、固定ページ同士で「親」と「子」の親子関係を設定し、階層化できます。子ページにも親子関係を持たせることができるので、階層を深くすることも可能です。

階層化を行うと、子ページのURLは親ページの後に続く形になり、URLも階層構造にできます。たとえば、親ページのスラッグが「company」、子ページのスラッグが「about」だと、子ページのURLは「https://example.com/company/about/」のようになります。

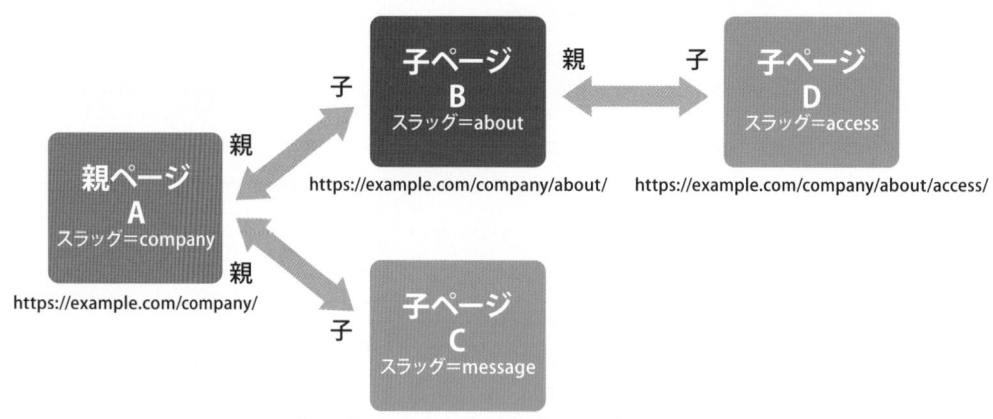

● お問い合わせ入力フォームページを作成する

　お問い合わせ用の「入力フォームページ」「送信完了ページ」を階層化して作ってみましょう。まずは、入力フォームページから作成します。[固定ページ]→[新規追加]で新規作成画面を開きます。

　タイトルを「お問い合わせ」にしてください。入力フォームの作り方は、CHAPTER3の3-03で解説するので、本文は空欄にしておいてください。パーマリンクには「contact」（❶）と入力して公開をクリックします。

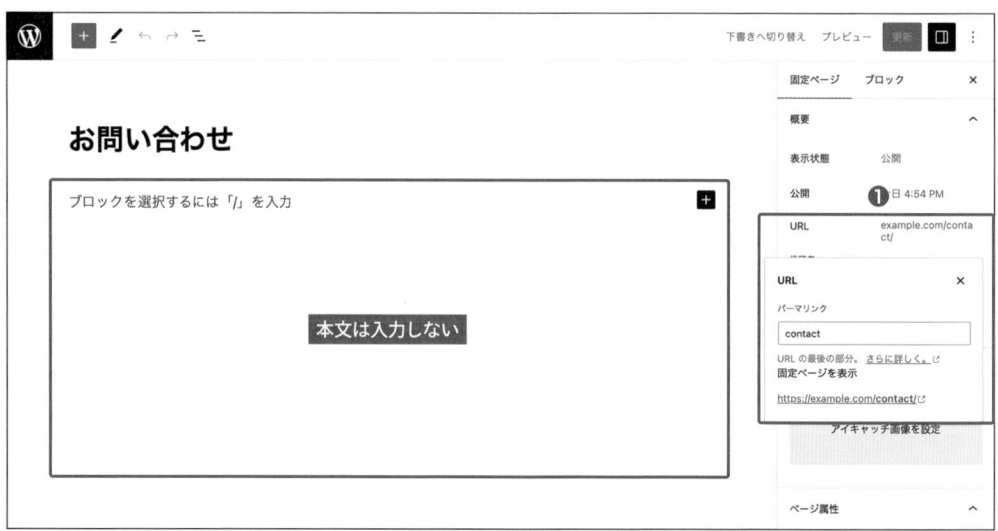

● お問い合わせ完了ページを作成する

　次に、お問い合わせ完了ページを作成します。[固定ページ]→[新規追加]で新規作成画面を開き、タイトルを「お問い合わせ完了」にします。

　本文は、学習用素材「Chap2」→「Sec09」フォルダー内の「テキスト - お問い合わせ」フォルダーにある、「お問い合わせ完了.txt」の文章をコピー＆ペーストします。今度はパーマリンクを「thanks」（❶）にします。

［ページ属性］ボックスの［親ページ］のプルダウンを選択すると、先ほど作成した「お問い合わせ」が増えているのが確認できます（❷）。これを選択後に公開してください。

◉ パーマリンクを確認する

　［公開］ボタンを押したら、作成したページを表示してみましょう。お問い合わせ完了ページには、まだリンクが繋がってないので、管理画面の［固定ページを表示］リンク、または［URL］のリンクをクリックします。

　お問い合わせ完了ページを表示します。URLが「https://example.com/contact/thanks/」のようになっており、階層化されていれば完了です。

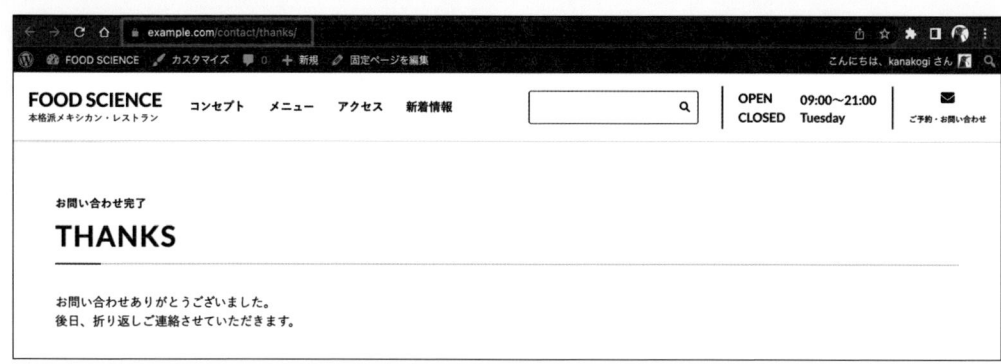

　管理画面の固定ページ一覧も確認してみましょう。階層化した固定ページは、管理画面でもまとめて表示されるので、把握しやすくなります。

　最後にアクセスページを作成します。まずデザインを確認してみましょう。ダウンロードした学習用素材の「html」フォルダーにある「access.html」をブラウザで開きます。

　アクセスページには、<table>タグを使った表組みもあります。また、Googleマップのサービスを使って地図を表示しているので、<iframe>タグを入力する必要があります。このような要素も、対応するブロックを使えば入力可能です。

● カスタムHTMLブロックを使用する

　先ほどと同じように固定ページの新規入力画面を開きます。タイトルは「アクセス」にします。左上の［ブロックの追加］ボタンをクリックしたら、「ウィジェット」カテゴリの「カスタムHTML」ブロックを選んでください。

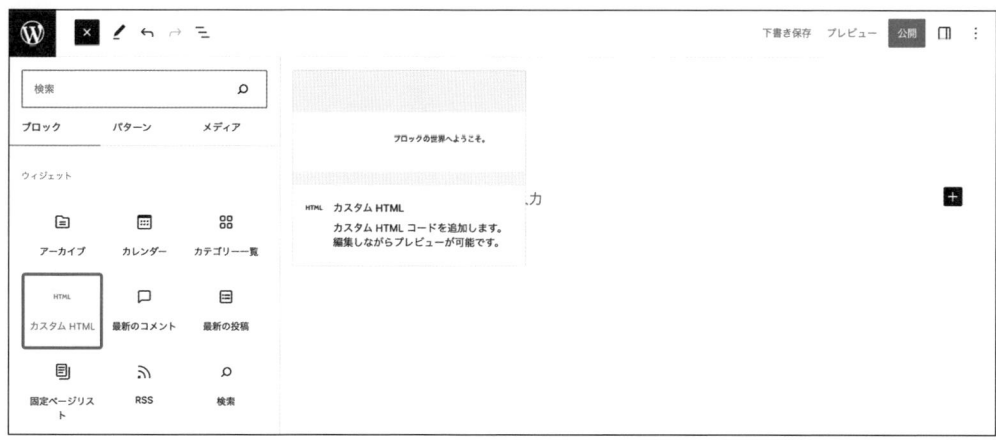

「カスタムHTML」ブロックには、HTMLを自由に入力できます。ここでは、学習用素材「Chap2」→「Sec09」フォルダー内の「テキスト - アクセス」フォルダーにある「テキスト.txt」の<iframe>〜</iframe>の内容を入力します。

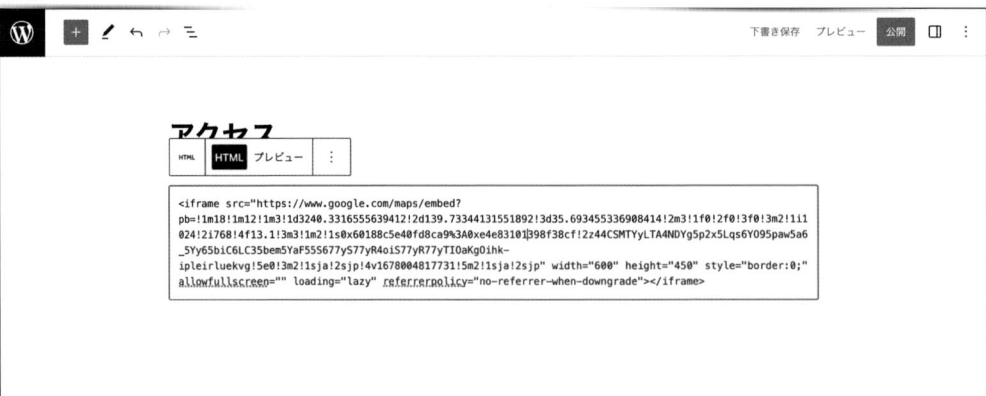

テーブルブロックを使用する

表も同じように「テキスト」カテゴリの中にあります。[ブロックを追加] ボタンをクリックし、「テーブル」ブロックを選んでください。

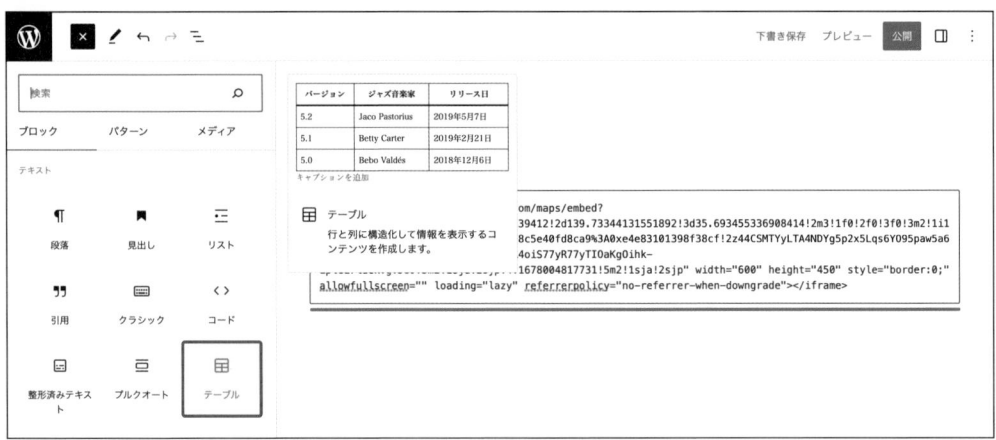

選択すると列数と行数の入力欄が表示されるのでカラム数（列数）を2、行数を4にし（❶）、[表を作成] ボタン（❷）をクリックします。

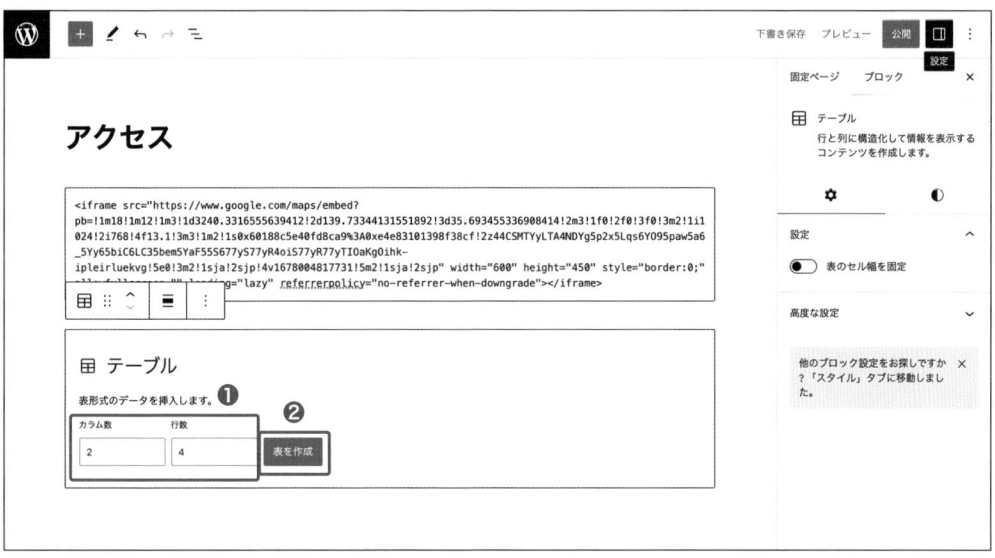

空のテーブルが表示されるので、学習用素材の「テキスト‐アクセス」フォルダーの中にあるテキスト.txtの、テーブルブロックの内容を入力してください。

　この段階でシンプルなテーブルができます。テーブルブロックでは[Styles]タブからスタイルを選択することができます。ここでは「ストライプ」を選んでみましょう。行ごとに背景色がついて見やすくなります。

　入力ができたら、URLに「access」と入力して公開します。

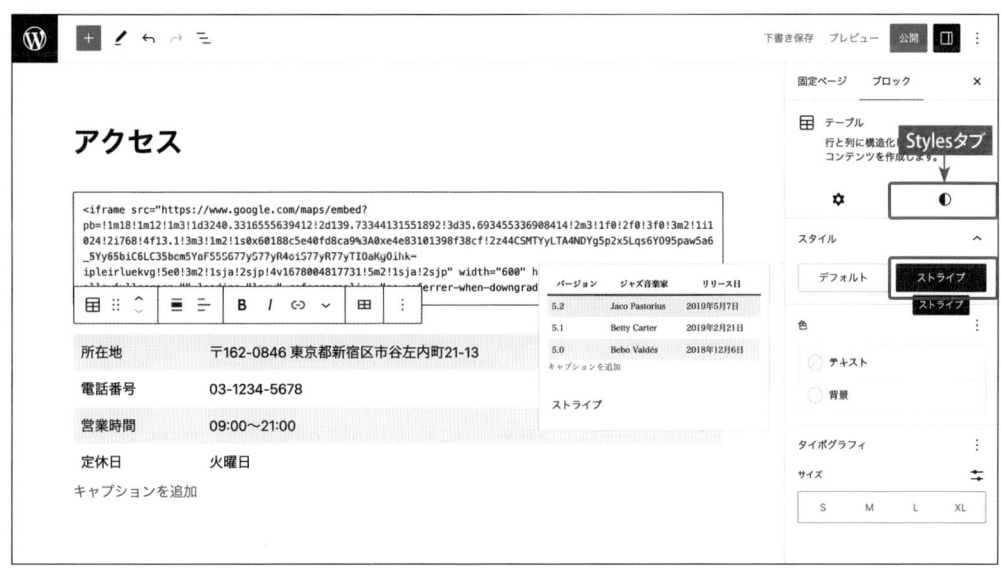

● 表示を確認する

　作成したページを表示してみましょう。Google マップやテーブルの部分が正しく表示されていれば完了です。このように WordPress のブロックエディターでは、さまざまなブロックを使ってページを作ることができます。

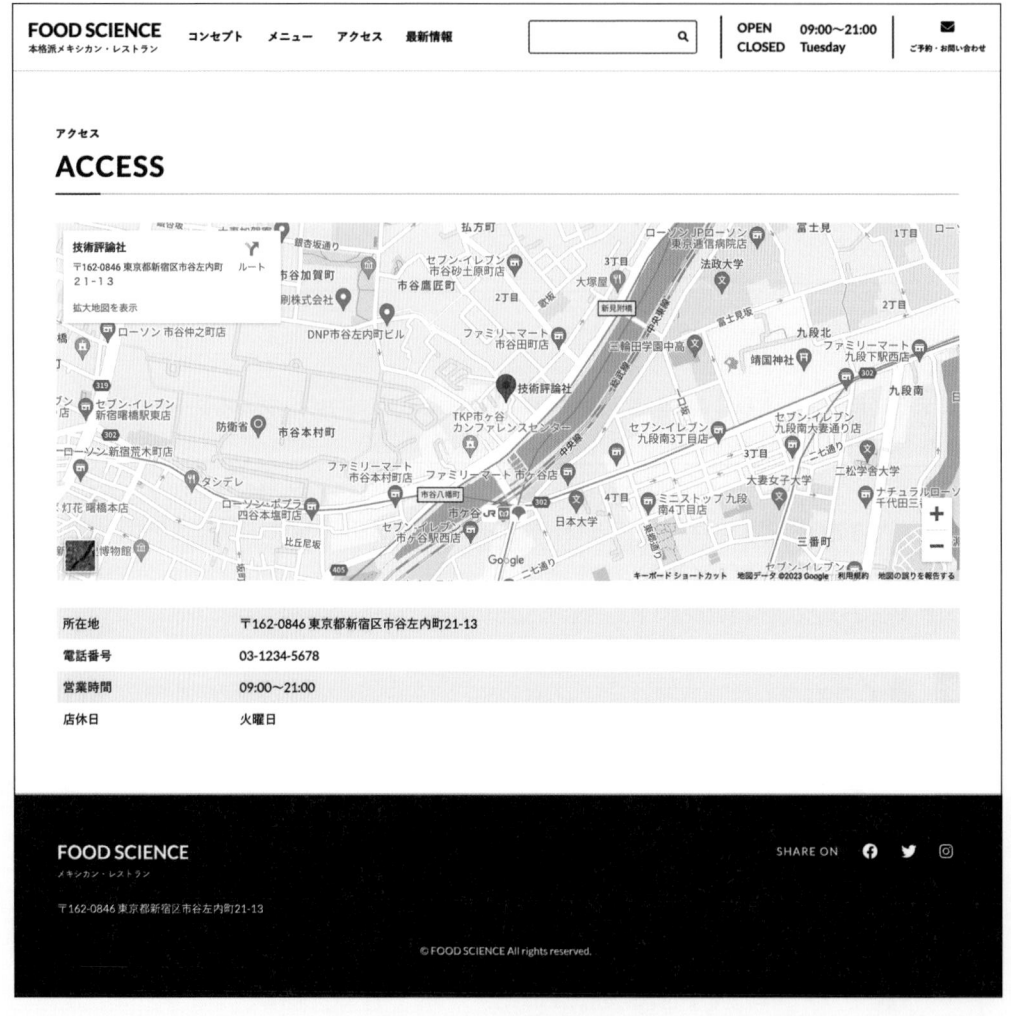

10 グローバルナビゲーションを作成する

このSECTIONでは、WordPressの「カスタムメニュー」機能を使ってグローバルナビゲーションを作成します。カスタムメニュー機能を使うと、メニュー項目を管理画面から設定できるようになります。また、メニューとページをWordPress機能で紐付けるので、仮にメニューのリンク先のURLが変わったとしても、自動的に変更されるといったメリットがあります。

▶ functions.php を使ってカスタムメニュー機能を有効にする

WordPressのカスタムメニュー機能を使うには、まずfunctions.phpに記述することが必要です。カスタムメニューを有効にするには、add_theme_support()を使用します。これはCHAPTER 2の2-06でアイキャッチ画像を有効にしたときと同じ関数です。カスタムメニューの場合は、パラメータに「menus」を渡して有効にします。functions.phpに次のように追加してアップロードします。

リスト functions.php（追加する内容）

```
/**
 * カスタムメニュー機能を使用可能にする
 */
add_theme_support('menus');
```

▶ カスタムメニューを設定する

カスタムメニューが有効になると、管理画面の［外観］の中に［メニュー］という項目が表示されるようになります。これを選択すると「メニューを編集」画面が表示されます。

まずは［メニュー名］に「global-navigation」と入力して（❶）、［メニューを作成］ボタン（❷）をクリックしてください。カスタムメニューが作成されます。

● ページを設定する

メニューを作成すると、左側の［固定ページ］が選択可能になります。ここからグローバルナビゲーションに追加したいページを選択していきます。

［固定ページ］（❶）に、今まで作成したページが表示されています。ここでは、「アクセス」「お問い合わせ」「コンセプト」にチェックを付けて、［メニューに追加］ボタン（❷）をクリックします。すると、［メニュー構造］に追加されるのが確認できます。

● トップページに戻るHOMEボタンを作成する

グローバルナビゲーションには、トップに戻るための [HOME] ボタンも作成します。

[固定ページ]で「すべて表示」(**❶**)をクリックすると、「ホーム」が表示されます(**❷**)。これにチェックを付けたら [メニューに追加] ボタン (**❸**) をクリックします。先ほど同じように [メニュー構造] の中に「ホーム」が追加されました。

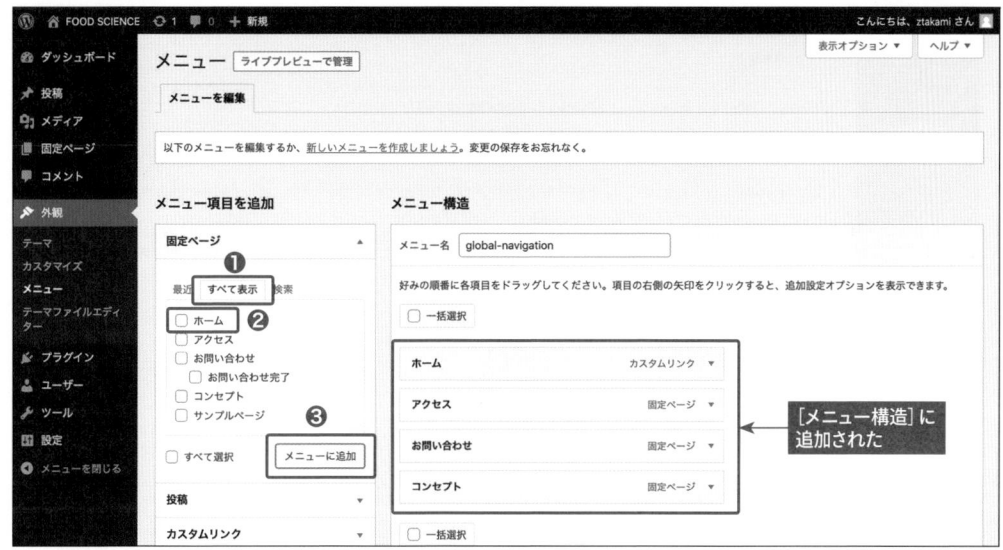

● メニューの順序を変更する

メニューの順序は、メニュー構造のメニューをドラッグすることで変更可能です。「ホーム」「コンセプト」「アクセス」「お問い合わせ」の順番に変更します。

ドラッグする際に、メニューを右のほうにずらすとメニューが一段下がって副項目となります。本書では使用しないので、副項目にならないように注意してください。

● ラベル名を変更する

　メニューで表示されるテキストも変更可能です。［ホーム］の箇所の▼をクリックすると、ブロックが下に開きます。［ナビゲーションラベル］（❶）を「HOME」にしてみましょう。修正できたら、［メニューを保存］ボタン（❷）で設定を保存しておきます。

　ここでは触れませんが、メニューをクリックしたときのURLも変更可能です。外部サイトへリンクするメニューなども作ることができます。

▶ テンプレートファイルを修正する

　次に、header.phpのグローバルナビゲーションの箇所を修正します。カスタムメニューを表示するには「wp_nav_menu()」テンプレートタグを使用します。

テンプレートタグ wp_nav_menu()

wp_nav_menu($args)		
機能	カスタムメニューを表示する	
主なパラメータ	$args menu	表示するメニュー。カスタムメニューのIDを指定
	container	ulタグをラップするかどうか。ラップする場合はdiv、navのどちらかを指定
	container_class	ラップするコンテナに適用されるクラス名
	container_id	ラップするコンテナに適用されるID
	menu_class	メニューを構成するulタグのクラス名（省略時は「menu」）
	menu_id	メニューを構成するulタグのID

wp_nav_menuに、配列形式でパラメータを渡すことで、出力するHTMLを変更できます。先ほど管理画面で作成したメニューを指定するため、「menu」には「global-navigation」を指定します。

また、<ul>タグに余計なクラス名が付かないように、menu-classキーに空の値を与えます。ここでは次のように記述します。これで管理画面からグローバルナビゲーションを変更できるようになりました。

リスト header.php（抜粋）

●修正前

```
<div class="gnav js-menu">
  <ul>
    <li><a href="concept.html">コンセプト</a></li>
    <li><a href="food.html">メニュー</a></li>
    <li><a href="access.html">アクセス</a></li>
    <li><a href="category.html">最新情報</a></li>
  </ul>

    <div class="header_info">
```

省略

●修正後

```
<div class="gnav js-menu">
  <?php
  $args = [
    'menu' => 'global-navigation', // 管理画面で作成したメニューの名前
    'menu_class' => '', // メニューを構成するulタグのクラス名
    'container' => false, // <ul>タグを囲んでいる<div>タグを削除
  ];
  wp_nav_menu($args);
  ?>

    <div class="header_info">
```

省略

● フッターのリンクを作成する

フッターには、SNSへのリンクが存在します。この箇所もカスタムメニューを使って作成してみましょう。先ほどと同じメニューの画面を開きます。「新しいメニューを作成しましょう」のリンク（❶）をクリックすると新しいメニューを作成できます。

作成手順はグローバルナビゲーションを作成したときと同じです。今度は「footer-sns」という名前（❷）でカスタムメニューを作成します。

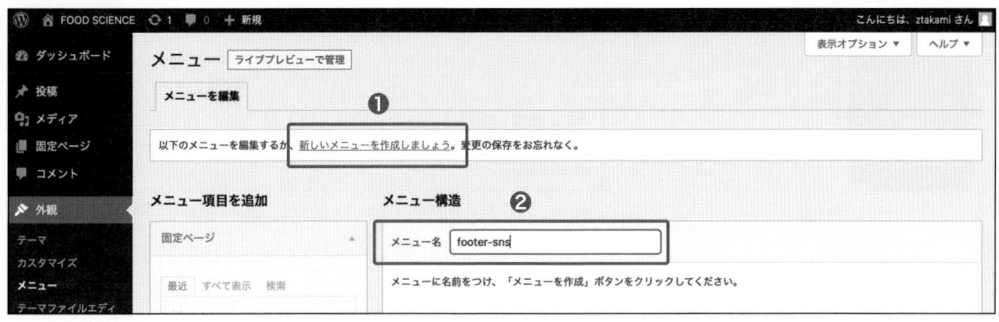

該当するSNSへのリンク箇所のHTMLを見てみましょう。次のようにアイコンはHTMLで記述されています。これはheader.phpで読み込んだfont-awesomeを利用しています。

リスト footer.php（抜粋）

```
<section class="footer_sns">
  <h3>SHARE ON</h3>
  <ul>
    <li><a href="#"><i class="fab fa-facebook"></i></a></li>
    <li><a href="#"><i class="fab fa-twitter"></i></a></li>
    <li><a href="#"><i class="fa-brands fa-instagram"></i></a></li>
  </ul>
</section>
```

この<i>タグのHTMLでリンクを作ればよいことがわかりました。メニュー項目は「カスタムリンク」を使用します。「リンク文字列」（❶）には、この<i>タグのHTMLを入力します。URLはリンク先のアドレスを入力します（本書では仮のURLを入れています）。

入力が完了したら、メニューを保存します。

● このSECTIONで作成する固定ページ

表示するアイコン	[リンク文字列]に入力する内容	[URL]に入力する内容
FaceBook	`<i class="fab fa-facebook"></i>`	リンク先URL
Twitter	`<i class="fab fa-twitter"></i>`	リンク先URL
Instagram	`<i class="fa-brands fa-instagram"></i>`	リンク先URL

次にfooter.phpを修正します。「menu」には「footer-sns」を指定します。

リスト footer.php（抜粋）

```php
<section class="footer_sns">
  <h3>SHARE ON</h3>
  <?php
  $args = [
    'menu' => 'footer-sns', // 管理画面で作成したメニューの名前
    'menu_class' => '', // メニューを構成するulタグのクラス名
    'container' => false, // <ul>タグを囲んでいる<div>タグを削除
  ];
  wp_nav_menu($args);
  ?>
</section>
```

　header.phpとfooter.phpが修正できたら保存して、テーマディレクトリにアップロードをします。

　グローバルナビゲーションのメニューをクリックしてみましょう。リンクが繋がっているのが確認できれば完了です。これでメニューも管理画面から設定できるようになりました

◎ *SECTION*

11 | テーマを完成させる

これまでの作業で、テーマの大部分はできあがりました。ここでは「検索結果ページ」や「404 エラーページ」の作成など、テーマの完成に向けての作業をしていきます。またそれ以外にも、バナー画像のリンクを繋げるといった調整作業も行います。

トップページ	検索結果ページ	404エラーページ

学習用素材 「WP_sample」→「html」
「WP_sample」→「Chap2」→「Sec11」

▶ リンクを繋げる

トップページにあるコンセプトやお問い合わせのリンクは空のままです。これらのリンクを繋げる必要があります。

まずは、「コンセプト」と「アクセス」ページへのリンクを修正しましょう。トップページのテンプレートファイルである、front-page.php を開きます。

投稿IDを調べる

「コンセプト」ページのスラッグは「concept」にして作成したのでURLは「https://example.com/concept/」になっています。ページへの<a>タグのhref属性に、このURLを設定すればリンクを繋げることが可能です。

しかし、URLを直接記述してしまうと、ページのスラッグが変更になった場合や、Webサイトのドメインが変更された場合に、リンクの設定をやり直さなければなりません。

そこで、固定ページの投稿IDからURLを取得して、動的にリンク先が変わるようにしてみましょう。まずは、対象の固定ページの投稿IDを調べる必要があります。投稿IDの調べ方はいろいろありますが、ここでは2つのパターンを紹介します。

管理画面のURLから投稿IDを調べる

管理画面から投稿IDを調べるには、該当ページの編集画面を表示します。このときのURLに注目してください。URLには「post=投稿ID」の形で、投稿IDが含まれています。

```
https://example.com/wp-admin/post.php?post=28&action=edit
```

このサンプル画面では「post=28」になっているので、「コンセプト」の投稿IDは「28」ということがわかります。

⦿ HTMLから投稿IDを調べる

テンプレートタグからも投稿IDを調べることも可能です。CHAPTER 2の2-06でWordPressループを作ったときには、次のように記述しました。

```php
<?php if ( have_posts() ) : ?>
  <?php while ( have_posts() ) : the_post(); ?>

    <section id="post-<?php the_ID(); ?>" <?php post_class('cardList_item'); ?>>
      <a href="<?php the_permalink(); ?>" class="card">
      省略
  <?php endwhile; ?>
<?php endif; ?>
```

このコードに使われている「the_ID()」は、投稿IDを表示するテンプレートタグです。該当箇所のHTMLを調べると、次のように投稿IDが表示されていることがわかります。

```html
<section id="post-16" class="cardList_item post-16 post 省略">
```

環境によって固定ページの投稿IDは異なります。本書では、各ページの投稿IDが次のようになっているものとして解説を進めます。

●本書の解説で用いる固定ページの投稿ID

固定ページ	投稿ID
コンセプト	35
アクセス	40
お問い合わせ	45

⦿ ページのURLを設定する

投稿IDがわかったところで、リンクを設定していきます。投稿IDからURLを取得するには、「get_permalink()」を使用します。

WordPress関数 get_permalink()

```
get_permalink($id, $leavename)
```
機能	投稿または固定ページのパーマリンクを取得する
主なパラメータ	$id　　　　　投稿または固定ページなどの投稿ID
	$leavename　投稿名あるいは固定ページ名を保持するかどうか（デフォルトはfalse）

パラメータに投稿IDを渡すと、get_permalink()はその投稿のURLを取得できます。たとえば、「コンセプト」ページの投稿IDは「35」だったので、get_permalink(35)のように記述してURLを取得します。リンクを繋げるには、echoと一緒に使用して次のように記述します。

リスト front-page.php（抜粋）

●コンセプトの箇所（投稿IDが35の場合）

```html
<section class="section section-concept" id="concept">
  <div class="section_inner">
    <div class="section_headerWrapper">
```

↗続く

```
    <div class="section_body">
      <p>
        ご提供するメキシコ料理は、当店の店主が修行したローカルフードを中心にした、ご家族でも楽 ⏎
しめる、美味しいメキシカンです。<br>
        スパイシーでヘルシーな本場の味をお楽しみ下さい。
      </p>
      <div class="section_btn">
        <a href="<?php echo get_permalink(35); ?>" class="btn btn-more">もっと見る< ⏎
/a>
      </div>
    </div>
  </div>
</section>
```

● アクセスの箇所（投稿IDが40の場合）

```
<section class="section section-access">
  <div class="section_inner">
    <div class="section_content">
      <header class="section_header">
        <h2 class="heading heading-secondary">アクセス</h2>
      </header>
      <div class="section_body">
        <p>〒162-0846 東京都新宿区市谷左内町21-13</p>
        <div class="section_btn">
          <a href="<?php echo get_permalink(40); ?>" class="btn btn-primary">アク ⏎
セスはこちら</a>
        </div>
      </div>
    </div>
    <div class="section_pic">
      <img src="<?php echo get_template_directory_uri(); ?>/assets/img/home/acce ⏎
ss_img01@2x.png" alt="">
    </div>
  </div>
</section>
```

front-page.phpを修正したら、保存後にアップロードします。リンクが繋がっていれば完了です。

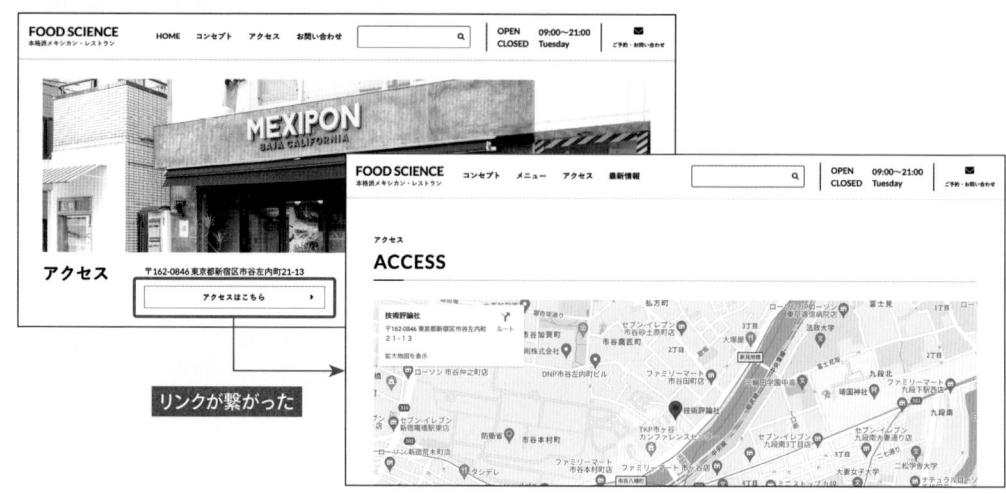

リンクが繋がった

お問い合わせページのリンクを設定する

お問い合わせエリアにも同じようにリンクを設定します。今度はURLで指定してみます。

お問い合わせページのURLは「contact」を入力しました。CHAPTER 2でトップページへのURLを取得するのにhome_url()を使いましたが、このhome_url()関数は、第1引数にホームURLからの相対パスを指定できます。スラッグがcontactのURLを取得するには、home_url('/contact/')と記述します。ここでは次のように修正します。

`リスト` front-page.php（抜粋）

●インフォメーションの箇所

```
<section class="section section-info">
  <div class="section_inner">
    <div class="section_content">
      <header>
        <h2 class="heading heading-primary"><span>インフォメーション</span>INFORMATIO
N</h2>
      </header>

      <ul class="infoList">
        <li class="infoList_item">
          <span class="infoList_prepend">営業時間</span>
          <span class="infoList_num">09:00〜21:00</span><span class="infoList_ti
me">(LO 20:00)</span>
          <span class="infoList_append">店休日：火曜日</span>
        </li>
        <li class="infoList_item">
          <span class="infoList_prepend">お電話でのお問い合わせ</span>
          <span class="infoList_num">03-0000-0123</span>
        </li>
        <li class="infoList_item">
          <span class="infoList_prepend">メールでのお問い合わせ</span>
          <div class="infoList_btn">
            <a href="<?php echo home_url('/contact/'); ?>" class="btn btn-primar
y">お問い合わせ</a>
          </div>
```

▶続く

```
            </li>
          </ul>
        </div>

        <div class="section_pic">
          <img src="<?php echo get_template_directory_uri(); ?>/assets/img/home/info ⤶
_img01@2x.png" alt="">
        </div>
      </div>
    </section>
```

ファイルを修正したらリンクが繋がっているのを確認してください。スラッグで指定すると、投稿ID
が変わったときに対応はできませんが、コードを見たときに直感的に理解できます。どちらの方法が向
いているかは、作成するWebサイトの特性を考えて決めてください。

リンクが繋がった

▶ カテゴリーページへのリンクを設定する

　最新情報エリアには「もっと見る」のリンクがあります。このリンクにはお知らせ一覧ページへのリ
ンクを設定します。ここでは「get_term_by()」関数と「get_term_link()」関数を使用します。

WordPress関数 get_term_by()

get_term_by($field, $value, $taxonomy, $output, $filter)	
機能	ID、名前、スラッグを指定してカテゴリー・タグなどのターム情報を取得する
主なパラメータ	$field	'ID'、'slug'、'name' などの検索する値のフィールド名
	$value	検索する値
	$taxonomy	'category'、'post_tag' のようなタクソノミー名
	$output	OBJECT、ARRAY_A、ARRAY_Nの中から出力時の型を指定（省略時はOBJECT）
	$filter	フィルター名（省略時は'raw'）

```
get_term_link( $term, $taxonomy )
```

機能	カテゴリーなどのタームページのリンクを取得する
主なパラメータ　$term	タームのIDかオブジェクトを指定　※オブジェクトのときは $taxonomyは省略可
$taxonomy	タクソノミー名を指定（'category'、'post_tag'など）

カテゴリーで「お知らせ」のスラッグは「news」にしました（P.015）。

まずは、get_term_by()関数でカテゴリーのスラッグがnewsのオブジェクトを取得します。そのオブジェクトを使い、get_term_link()関数でURLを取得します。次のように修正します。

リスト　front-page.php（抜粋）

●修正前

```
<header class="section_header">
  <h2 class="heading heading-primary"><span>最新情報</span>NEWS</h2>
  <div class="section_headerBtn"><a href="" class="btn btn-more">もっと見る</a></div>
</header>
```

●修正後

```
<header class="section_header">
  <h2 class="heading heading-primary"><span>最新情報</span>NEWS</h2>
  <?php
  $news = get_term_by('slug', 'news', 'category');
  $news_link = get_term_link($news, 'category');
  ?>
  <div class="section_headerBtn"><a href="<?php echo $news_link; ?>" class="btn↵
btn-more">もっと見る</a></div>
</header>
```

▶ サイト内検索を作成する

次にサイト内検索ページを作成します。

◉ 検索フォームを動作させる

検索結果ページを作る前に、まずはヘッダー部分の検索フォームが動作するようにする必要があります。検索フォームを動作させるには、以下の点を守る必要があります。

- formタグのaction属性にトップページへのURLを設定する
- formタグのmethod属性には「get」を使用する
- name属性には「s」を使用する

header.phpを開いて修正します。

リスト header.php（抜粋）

●修正前

```
<form class="header_search">
  <input type="text" aria-label="Search">
  <button type="submit"><i class="fas fa-search"></i></button>
</form>
```

●修正後

```
<form action="<?php echo home_url('/'); ?>" method="get" class="header_search">
  <input type="text" name="s" value="<?php the_search_query(); ?>" aria-label="Search">
  <button type="submit"><i class="fas fa-search"></i></button>
</form>
```

「the_search_query()」テンプレートタグは、検索されたキーワードを表示できます。検索ボックスのvalue属性にも設定しておくことで、検索結果ページが表示されたときにキーワードを入力した状態に

できます。これで、サイト内検索フォームが動作するようになりました。

テンプレートタグ the_search_query()

```
the_search_query()
  機能        検索が行われたときに、その検索キーワードを表示する
  主なパラメータ  なし
```

search.php テンプレートファイルを作成する

学習用素材の「html」フォルダーに、検索結果ページの「search.html」を用意しています。

検索結果ページのテンプレートファイル名は「search.php」です。search.htmlを作業フォルダーにコピーし、ファイル名をsearch.phpにリネームします。その後は、他のテンプレートと同じようにテンプレートタグを使ってヘッダーなどを読み込みます。

the_search_query()テンプレートタグを使って検索されたキーワードを表示します。

リスト search.php

```php
<?php get_header(); ?>
  <main>
    <section class="section">
      <div class="section_inner">
        <div class="section_header">
          <h1 class="heading heading-primary"><span>サイト内検索</span>SEARCH</h1>
        </div>

        <div class="section_body">
          <?php if ( have_posts() ) : ?>
            <div class="section_desc">
              <p><i class="fas fa-search"></i> 検索ワード「<?php the_search_query() ⏎
; ?>」</p>
            </div>
            <div class="cardList">
              <?php while ( have_posts() ) : the_post(); ?>

                <?php get_template_part('template-parts/loop', 'news'); ?>

              <?php endwhile; ?>
            </div>
          <?php endif; ?>
        </div>
      </div>

    </section>
  </main>
<?php get_footer(); ?>
```

検索結果が0件のときを考慮する

ここまでで、検索結果がある場合には、WordPressループで該当した記事が表示されるようになりました。しかし、このままでは検索結果が0件だった場合に何も表示されず、真っ白な画面になってしま

います。これではユーザビリティが悪いので、検索結果がなかったときには「検索結果はありませんでした。」と表示するようにしましょう。

　記事があるかどうかはif（ have_posts() ）：ですでにチェックしているので、else文を使うことで、記事がなかった場合の表示を記述可能です。

リスト search.php（抜粋）

```
<div class="section_body">
  <?php if ( have_posts() ) : ?>
    <div class="section_desc">
        <p><i class="fas fa-search"></i> 検索ワード「<?php the_search_query(); ?>」 ⏎
</p>
    </div>
    <div class="cardList">
      <?php while ( have_posts() ) : the_post(); ?>

        <?php get_template_part('template-parts/loop', 'news'); ?>

      <?php endwhile; ?>
    </div>
  <?php else: ?>
    <div class="section_desc">
        <p>検索結果はありませんでした</p>
    </div>
  <?php endif; ?>
</div>
```

　ファイルを修正したら、保存してアップロードします。検索フォームから、サイト内検索を行ってみましょう。

検索結果

検索結果がない場合

▶ 404エラーページを作成する

もし存在しないURLにアクセスされた場合、現在の段階ではindex.phpが表示されます。存在しないページにアクセスしたユーザーには、トップページに誘導するメッセージを記載した404エラーページを表示するようにしましょう。

404エラーページのテンプレートファイル名は「404.php」です。学習用素材の「html」フォルダーに「404.html」を用意しているので、このファイルを作業フォルダーにコピーし、404.phpにリネームします。他のテンプレートファイルと同様に、ヘッダーやフッターを読み込むように変更してください。

404.phpには、トップページに戻るためにリンクがあります。ここは、home_urlを使ってURLを設定します。

リスト 404.php

```php
<?php get_header(); ?>
  <main>
    <section class="section">
      <div class="section_inner">
        <div class="section_header">
          <h2 class="heading heading-primary"><span>エラー</span>404  Not Found</h2>
        </div>

        <div class="section_body">
          <div class="content">

            <p>お探しのページが見つかりませんでした。</p>
            <p>申し訳ございませんが、<a href="<?php echo home_url('/'); ?>
">こちらのリンク</a>からトップページにお戻りください。</p>

          </div>
        </div>
      </div>
    </section>
  </main>
<?php get_footer(); ?>
```

ファイルを修正したら、保存してアップロードします。ブラウザのURL欄に存在しないURLを入力してみましょう。404エラーページが表示されれば完了です。

▶ テーマのスクリーンショットを作成する

これで、基本的なサイトが完成しましたが、管理画面の［外観］→［テーマ］を表示してください。以前にテーマの有効化を行った画面ですが、このテーマの箇所だけ透明になっています。

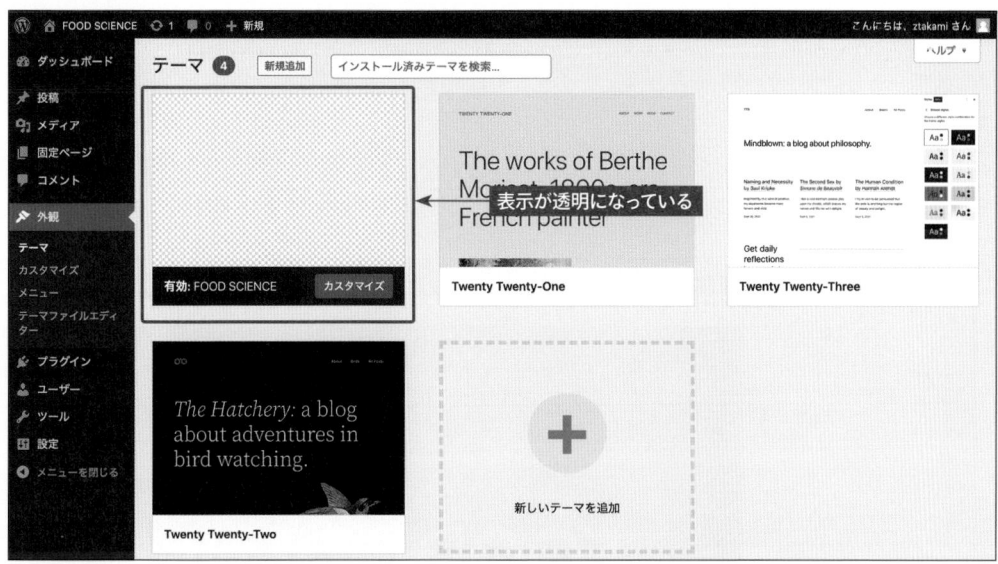

これは「テーマのスクリーンショット」が存在しないためです。ここで、テーマのスクリーンショットを作成しましょう。テーマのスクリーンショットを作るうえで守るべきルールは次の2つです。

- ファイル名が「screenshot.png」のPNG画像にする
- 画像の横：縦の比率を4:3にする

学習用素材の「Chap2」→「Sec11」フォルダー内に「screenshot.png」を用意しています。この画像ファイルのサイズは、横1200px、縦900pxです。このファイルを、テーマディレクトリにアップロードしてください。

再び管理画面の［外観］→［テーマ］を表示します。このテーマに、スクリーンショットが表示されていれば完了です。

▶ ファビコン（favicon）を設定する

トップページを開いたときにブラウザのタブを見ると、WordPressのロゴが確認できます。初期状態では、WordPressのファビコン（favicon）が設定されているためです。

ファビコンは、Webサイトのシンボルマークとして設置するアイコンのことです。学習用素材の「Chap2」→「Sec11」フォルダー内に「favicon.png」を用意しています。この画像をファビコンとして設置します。もし画像を作成する場合は、サイトアイコンは512×512ピクセル以上の正方形にしてください。

管理画面の［外観］→［カスタマイズ］を選ぶと、「カスタマイズ画面」が表示されます。［サイト基本情報］の中に「サイトアイコン」（❶）があるので、ここからfavicon.pngをアップロードします。

画像を設定できたら「公開」ボタンを押して保存します。ブラウザのタブの箇所を確認してみましょう。設置したアイコンが表示されていれば完成です。

これで、すべてのページがWordPressで作られているテーマが完成しました。WordPressによる基本的なWebサイトの作成手順は、ここまでで完了です。

CHAPTER3からは、このテーマに機能を追加し、さらにリッチなWebサイトを作成していくためのテクニックを紹介します。

プラグインを利用する

プラグインについては、CHAPTER 1の1-02で少し触れました。Hello Dollyのように最初からインストールされているプラグインもありますが、WordPressには他にも数えきれないプラグインが有志により公開されています。ここでは、WordPressのプラグインとは何かを紹介し、インストール方法を解説します。

学習用素材 「WP_sample」→「Chap3」→「Sec01」

▶ プラグインとは

プラグインとは、WordPressの機能を拡張するためのツールです。WordPressは単体でも十分な機能を備えていますが、さらに機能が必要なときは、プラグインをインストールすることで拡張が可能です。その場合は、ユーザー自身がプラグインを選択して使用する必要があります。

▶ 公式プラグインとは

プラグインには、公式のものと非公式のものがあります。公式プラグインはソースコードがチェックされているため、安心して使えるというメリットがあります。

公式プラグインは、https://wordpress.org/plugins/ から検索できます。

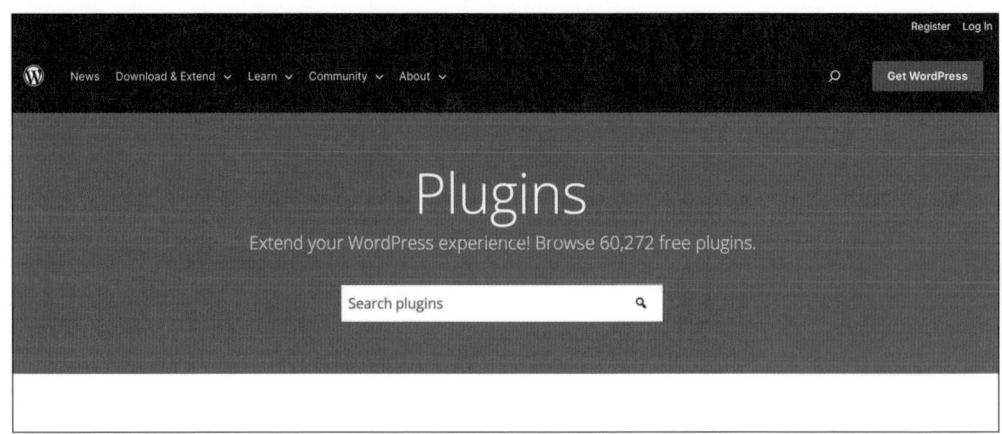

公式プラグインの場合は、プラグイン単体のページが用意されており、総ダウンロード数や最終更新日などの情報を知ることができます。ただし、公式プラグインであっても、必ずしも安心できるとは断言できません。そこで、プラグインを選ぶときのポイントをいくつか紹介します。

● ダウンロード数が多く、評価が高い

多くのユーザーから支持されているプラグインは、それだけ多くの人に使われ続けているので、セキュリティの面などでも比較的安心です。

● 更新が止まっておらず、最新のWordPressに対応している

WordPress本体は常にアップデートされています。ところが、プラグインの中には最新のWordPressに対応していないものがあります。更新が止まってしまったプラグインを使い続けていると、今は使えていても、いつ使えなくなるかわかりません。公式プラグインを使うメリットは、こうした情報を知ることができる点にもあります。

プラグインの作者に連絡を取ることも可能です。たとえば公開してすぐのプラグインなどは情報が少なく、心配な場合には、作者に直接質問をしてみるのも良いでしょう。ただし、プラグインの多くは有志によって作られているので、質問するときは失礼のないように気を付けましょう。

CHAPTER

3

プラグインを利用する

▶ 公式プラグインを管理画面からインストールする

公式プラグインは、WordPressの管理画面からも検索、インストールできます。管理画面の[プラグイン]→[新規追加]を選択すると、[プラグインを追加]画面が表示されます。この画面でプラグインを探すことが可能です。

● WP Multibyte Patchプラグインをインストールする

さっそく、公式プラグインをインストールしてみましょう。日本語環境でWordPressを使うときには「WP Multibyte Patch」プラグインをインストールするのをお勧めします。英語圏で作られたWordPressを日本語環境で正しく動作させるための機能を提供するプラグインです。

「プラグインの検索」(❶) に「WP Multibyte Patch」と入力してください。プラグインを検索すると、公式に登録されているプラグインの中から候補が表示されます。「WP Multibyte Patch」プラグインのボックスの中にある[今すぐインストール]ボタン(❷)をクリックすると、WordPressにインストールできます。

プラグインは、インストールしただけでは使うことはできません。[有効化]ボタン（❶）でプラグインを有効化して、はじめて利用できるようになります。

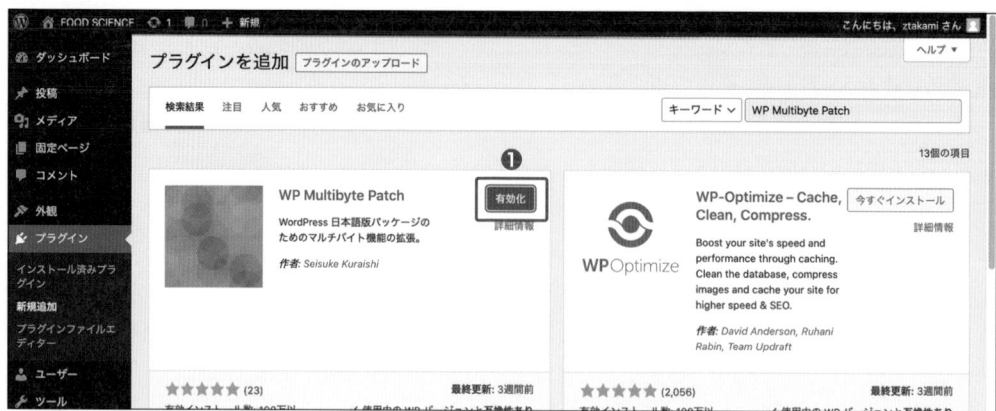

管理画面の［プラグイン］→［インストール済みプラグイン］でプラグイン一覧が表示されますが、この画面からもプラグインを有効化できます。

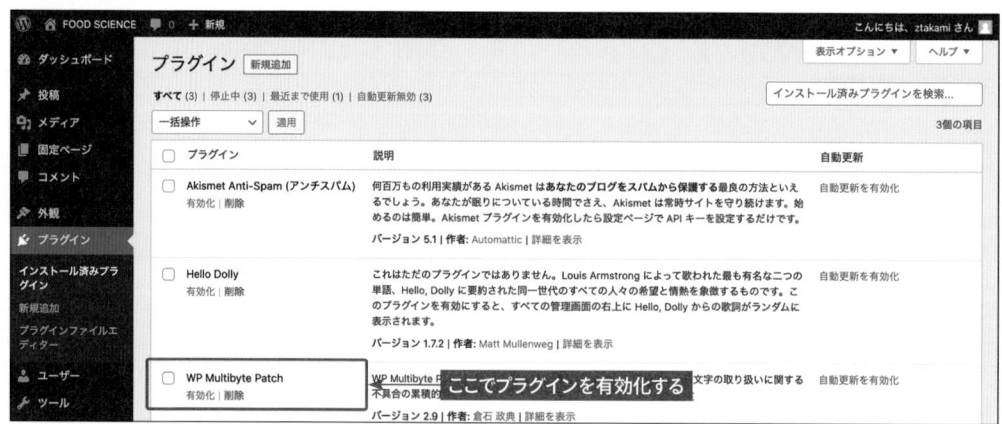

▶ 非公式プラグインとは

非公式プラグインは、その名の通り「公式に登録されていない」プラグインです。公式に登録されていない理由は、「自分のWebサイトで配布したい」「公式に登録する手間が面倒」などさまざまです。

公式に登録されていないからといって、質が悪いということではありません。非公式でも素晴らしいプラグインはたくさんあります。しかしながら、悪意のあるプログラムが仕組まれたプラグインや、セキュリティホールを含むプラグインが存在するのも事実です。非公式プラグインを使用するときは、そのプラグインの情報を探して、よく吟味してください。

▶ 非公式プラグインをインストールする

非公式プラグインの場合、管理画面から検索してインストールできません。非公式プラグインをインストールするには、プラグインのファイルをサーバーに直接アップロードする必要があります。

● plugins ディレクトリにアップロードする

プラグインをインストールするには、WordPress の plugins ディレクトリの中にプラグインファイル
をアップロードします。

たとえば「oreore-plugin」というプラグインがあったとします。その場合は、次のような形になるよ
うフォルダーごとアップロードします。

/wp-content/plugins/oreore-plugin/ 〜プラグインのファイル一式

● zip ファイルをアップロードする

管理画面からファイルをアップロードすることも可能です。プラグインのファイル一式を zip 形式に
圧縮します。プラグインの新規追加画面で、[プラグインのアップロード] ボタン (❶) から、zip ファイ
ルをアップロードできます。

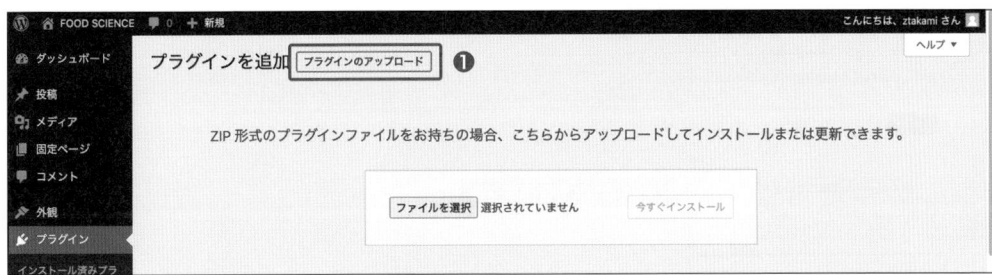

● アップロードしたプラグインを確認する

プラグインをアップロードしたら、インストールは完了です。管理画面の[プラグイン]→[インストー
ル済みプラグイン]に表示されているのが確認できます。[有効化]リンクをクリックすると、使用でき
るようになります。

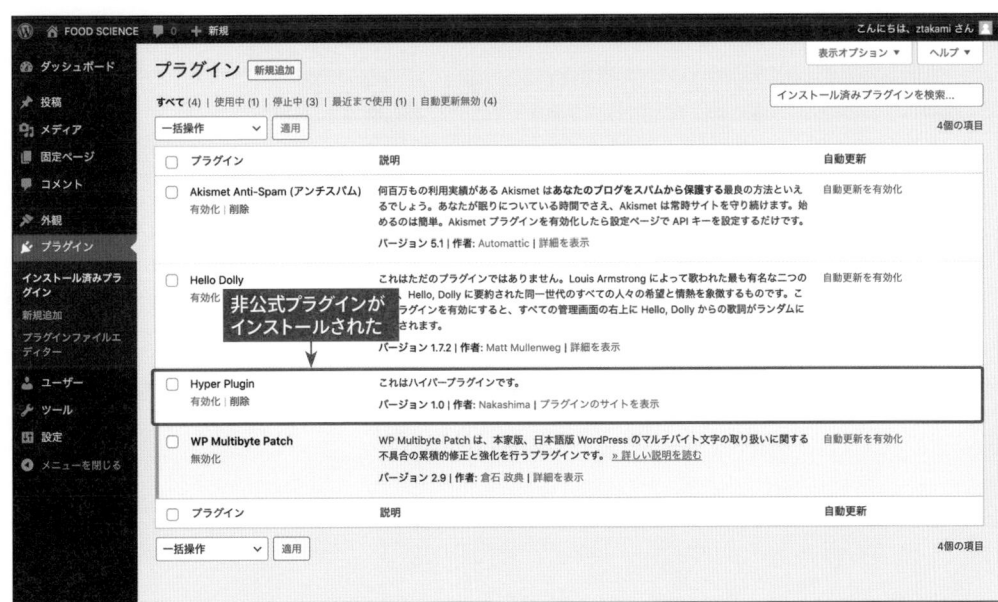

02 | パンくずリストを 作成する

CHAPTER 2で作成したWebサイトには、パンくずリストがありませんでした。ここでは、プラグインを使用してパンくずリストを作成します。

▶ **Breadcrumb NavXT プラグインをインストールする**

　パンくずリストを作成できるプラグインはいくつかありますが、本書では「Breadcrumb NavXT」というプラグインを使用します。Breadcrumb NavXTはトップクラスの総ダウンロード数で、パンくずリストのプラグインの中では定番となっています。

　多くのユーザーに使われているプラグインは、困ったことがあった場合にWebで情報を調べやすいというメリットがあります。

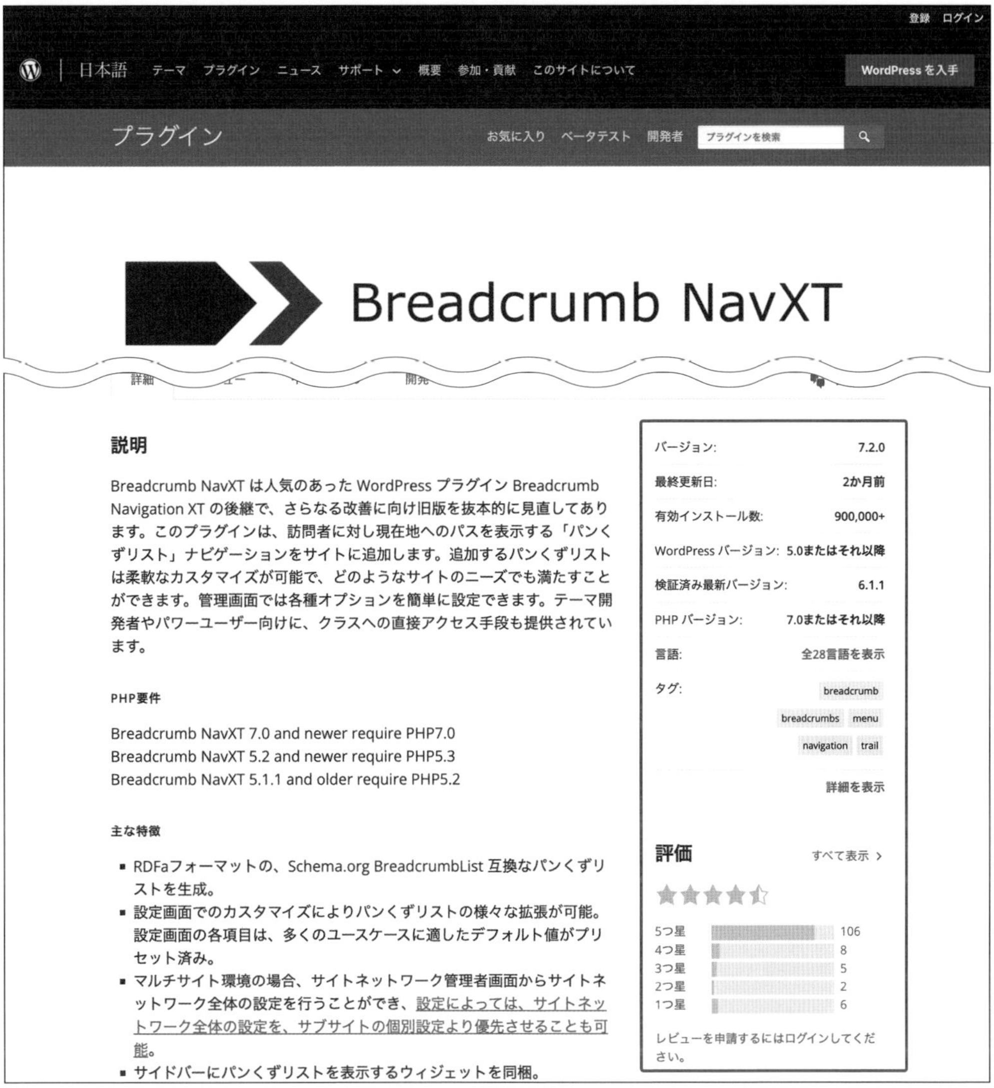

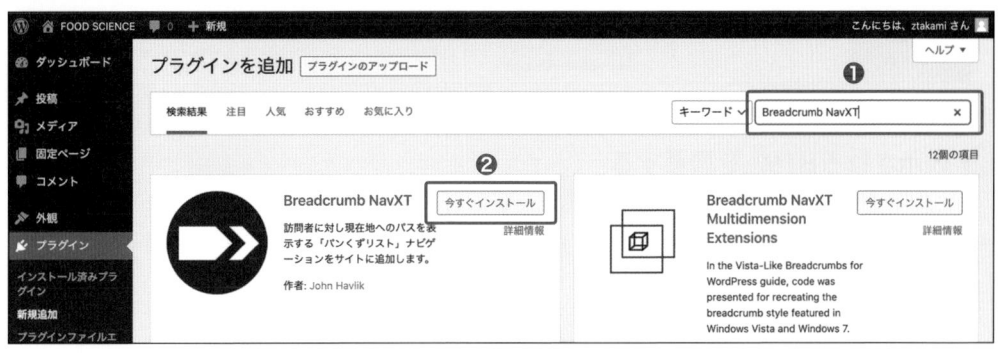

Breadcrumb NavXT

登録　ログイン

日本語　テーマ　プラグイン　ニュース　サポート ∨　概要　参加・貢献　このサイトについて　　WordPress を入手

プラグイン

お気に入り　ベータテスト　開発者　プラグインを検索　🔍

詳細　　　　　　　　開発

説明

Breadcrumb NavXT は人気のあった WordPress プラグイン Breadcrumb Navigation XT の後継で、さらなる改善に向け旧版を抜本的に見直してあります。このプラグインは、訪問者に対し現在地へのパスを表示する「パンくずリスト」ナビゲーションをサイトに追加します。追加するパンくずリストは柔軟なカスタマイズが可能で、どのようなサイトのニーズでも満たすことができます。管理画面では各種オプションを簡単に設定できます。テーマ開発者やパワーユーザー向けに、クラスへの直接アクセス手段も提供されています。

PHP要件

Breadcrumb NavXT 7.0 and newer require PHP7.0
Breadcrumb NavXT 5.2 and newer require PHP5.3
Breadcrumb NavXT 5.1.1 and older require PHP5.2

主な特徴

- RDFaフォーマットの、Schema.org BreadcrumbList 互換なパンくずリストを生成。
- 設定画面でのカスタマイズによりパンくずリストの様々な拡張が可能。設定画面の各項目は、多くのユースケースに適したデフォルト値がプリセット済み。
- マルチサイト環境の場合、サイトネットワーク管理者画面からサイトネットワーク全体の設定を行うことができ、設定によっては、サイトネットワーク全体の設定を、サブサイトの個別設定より優先させることも可能。
- サイドバーにパンくずリストを表示するウィジェットを同梱。

バージョン:	7.2.0
最終更新日:	2か月前
有効インストール数:	900,000+
WordPress バージョン:	5.0またはそれ以降
検証済み最新バージョン:	6.1.1
PHP バージョン:	7.0またはそれ以降
言語:	全28言語を表示
タグ:	breadcrumb
	breadcrumbs　menu
	navigation　trail

詳細を表示

評価

すべて表示 >

★★★★☆

5つ星		106
4つ星		8
3つ星		5
2つ星		2
1つ星		6

レビューを申請するにはログインしてください。

まずは、Breadcrumb NavXTをインストールします。管理画面の［プラグイン］→［新規追加］を選択して、［プラグインを追加］画面を表示します。検索フォーム（❶）に「Breadcrumb NavXT」と入力して検索します。検索結果が表示されたら、「Breadcrumb NavXT」ボックスの中の［今すぐインストール］ボタン❷をクリックします。

インストールが完了したら、そのまま Breadcrumb NavXTを有効化します（❶）。

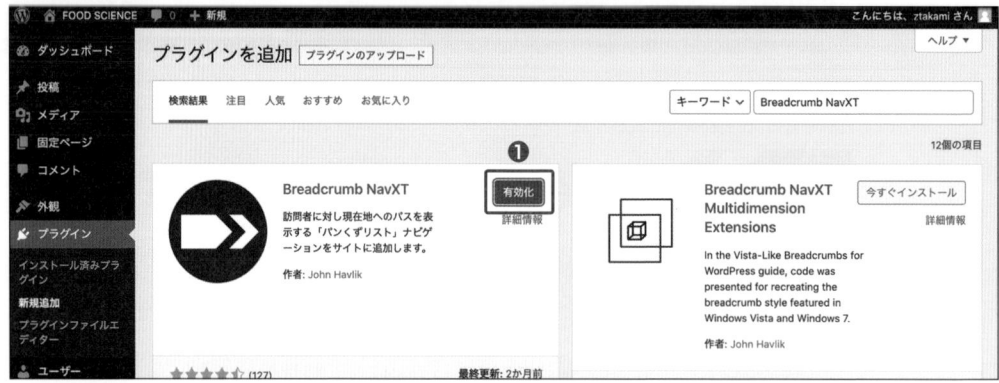

▶ Breadcrumb NavXTを設定する

インストールが完了すると、[設定]の中に Breadcrumb NavXT が表示されます。

⬤ 表示されるHTMLを調整する

Breadcrumb NavXTはとても多機能です。表示するHTMLの変更など、細かな設定までできます。ここでは、すべての機能を説明することは避け、最低限の設定についてのみ解説します。

❶ パンくずの区切り

各パンくずの区切り文字です。デフォルトは「>」で、「>」の特殊文字です。FontAwesomeのアイコンに変えてみましょう。次のようにアイコンのHTMLを入力します。

```
<i class="fas fa-chevron-right"></i>
```

❷ ホームページテンプレート／ホームページテンプレート（リンクなし）

トップページまでのリンクを表示するHTMLを設定します。デフォルトでは、spanタグとaタグを使ってマークアップされています。%htitle%の箇所はサイト名を表しています。

もし、この状態で記事ページを表示すると、次のようなパンくずリストが表示されます（現時点では、テンプレートファイルの変更前なのでリストは表示されません）。

FOOD SCIENCE > お知らせ > 店休日のお知らせ

パンくずリストにサイト名が表示されるのは、少し長いかもしれません。サイト名の部分に「HOME」と表示されるようにしてみましょう。%htitle%の箇所をHOMEのテキストにします。先ほどの「ホームページテンプレート」の項目を次のように修正します。修正後は[変更を保存]ボタンをクリックしてください。

リスト ホームページ用テンプレート（修正後）

```
<span property="itemListElement" typeof="ListItem"><a property="item"typeof="Web
Page" title="Go to %title%." href="%link%" class="%type%" bcn-aria-current><span
property="name">HOME</span></a><meta property="position"content="%position%"></s
pan>
```

▶ パンくずリストを表示する

● テンプレートファイルを作成する

パンくずリストを表示するための記述を、テンプレートファイルに反映します。各テンプレートファイルにパンくずリストを記述することになるので、1つのテンプレートファイルにまとめておきましょう。template-parts ディレクトリの中に、breadcrumb.php を作成して次のコードを記述します。

リスト template-parts/breadcrumb.php

```php
<?php if (function_exists('bcn_display')): ?>
  <div class="breadcrumb">
    <div class="breadcrumb_inner">
      <?php bcn_display(); ?>
    </div>
  </div>
<?php endif; ?>
```

パンくずリストを表示するには、「bcn_display()」関数を使います。これは、Breadcrumb NavXT が用意している関数です。bcn_display() と記述して、関数を実行した箇所にパンくずを表示できます。

ここで、bcn_display() の上に記述されている if (function_exists('bcn_display')) に注目してください。「function_exists()」は PHP の関数です。パラメータに関数名を渡すことで、定義されている関数を調べられます。もし、Breadcrumb NavXT を無効化した場合、この記述がないと bcn_display() を実行しようとしてエラーが発生してしまいます。

PHP関数 function_exists()

```
function_exists($function_name)
```

機能	指定した関数が定義されているかを調べる
主なパラメータ	$function_name　関数名。定義されている場合は true、ない場合は false が返る

● テンプレートファイルを修正する

breadcrumb.php ができたら、保存してアップロードしましょう。このテンプレートファイルは footer.php から読み込み、全ページに反映します。footer.php の次の箇所で読み込むようにしてください。修正が完了したらファイルをアップロードします。

リスト footer.php（抜粋）

```php
<footer class="footer">

    <?php get_template_part('template-parts/breadcrumb'); ?>

    <div class="footer_inner">
      <div class="footer_info">
      省略
```

ページを表示してみて、パンくずリストが表示されていれば成功です。

FOOD SCIENCEでご提供するメキシコ料理は、当店の店主が修行したローカルフードを中心にした、ご家族でも楽しめる美味しいメキシカンです。

スパイシーでヘルシーな本場の味をお楽しみ下さい。
皆様のご来店お待ちしております。

HOME > コンセプト ← パンくずリストが表示された

FOOD SCIENCE
メキシカン・レストラン

〒162-0846 東京都新宿区市谷左内町21-13

SHARE ON

© FOOD SCIENCE All rights reserved.

↑
TOP PAGE

メールフォームを
作成する

ユーザーからの問い合わせを受け付けるための「メールフォーム」を作成します。メールフォームは、プラグインを使うことで簡単に設置することが可能です。ここでは「Contact Form 7」プラグインを使用してメールフォームを作成します。

お問い合わせフォーム

学習用素材 「WP_sample」→「html」
「WP_sample」→「Chap3」→「Sec03」

▶ Contact Form 7をインストールする

● Contact Form 7とは

メールフォームの作成には、「Contact Form 7」プラグインを使用します。Contact Form 7は、日本人のTakayuki Miyoshiさんが開発したプラグインです。WordPressプラグインの中でもトップクラスで、世界的に人気の高いプラグインです。

管理画面の［プラグイン］→［新規追加］から「Contact Form 7」で検索してインストールします（❶）。
インストールができたら、プラグインを有効にします（❷）。

● ショートコードを手に入れる

　インストールが完了すると、メインナビゲーションメニューに［お問い合わせ］が表示されるように
なります。［お問い合わせ］→［コンタクトフォーム］（❶）を選択すると、コンタクトフォームの一覧が
表示されます。

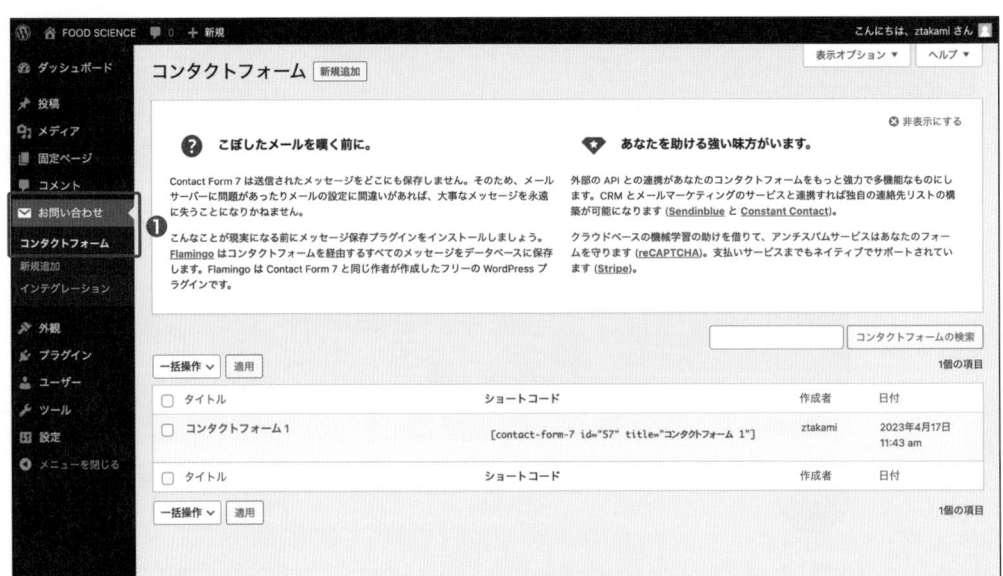

インストール直後には「コンタクトフォーム1」が登録されており、「ショートコード」が表示された列が確認できます。ショートコードとは、[ ]（角括弧）で文字列を囲んだWordPress特有の記法です。

「コンタクトフォーム1」には、次の形式でショートコードが表示されています。このショートコードをコピーしてください。

```
[contact-form-7 id="数値" title="コンタクトフォーム 1"]
```

●「お問い合わせ」ページにショートコードを貼り付ける

CHAPTER 2で作成した固定ページの「お問い合わせ」を開きます。[固定ページ] → [固定ページ一覧]から [お問い合わせ]❶を選択します。

編集画面を開いたら「ウィジェット」の「ショートコード」ブロックを追加し、先ほどコピーしたショートコードを貼り付けます（❶）。その後、［更新］ボタン（❷）をクリックしてください

「お問い合わせ」ページにアクセスすると、フォームが表示されているのが確認できます。

このフォームはすでに動作しています。実際に送信してみましょう。［送信］ボタンをクリック後に「ありがとうございます。メッセージは送信されました。」と表示されれば成功です。初期状態では、メールの送信先は、WordPressをインストールしたときに入力したアドレスになります。ただし、メールサーバーが稼働していない環境では実際にメールは送信されません。

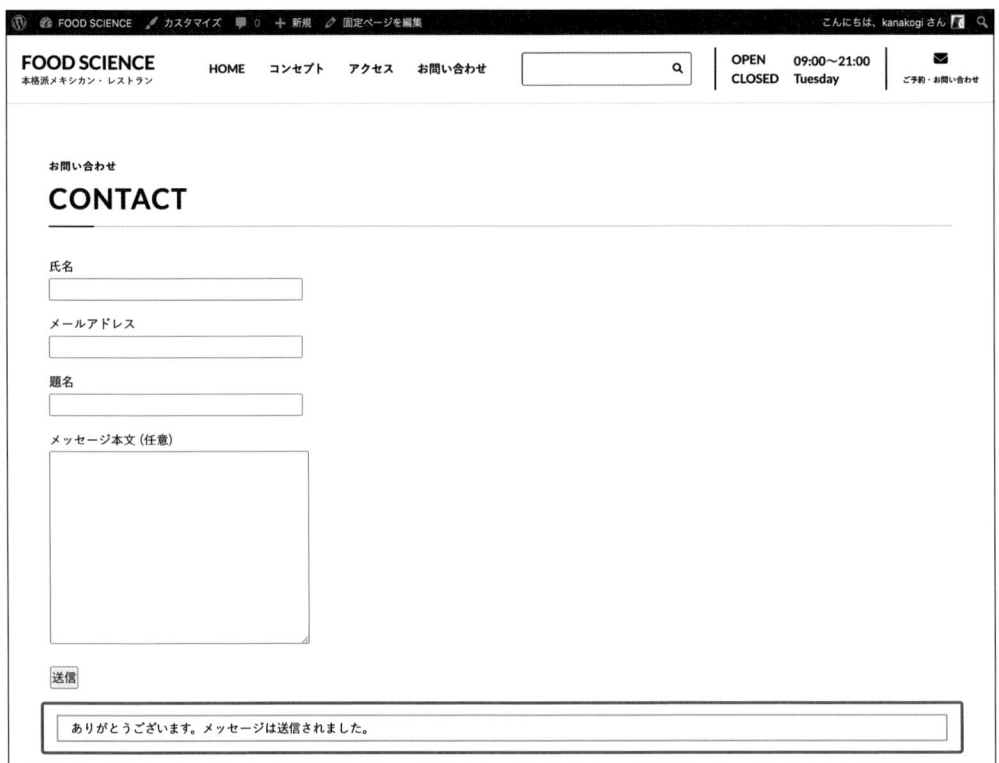

フォームのデザインを変更する

　Contact Form 7を利用することで、メールフォームを作成できましたが、デザインがシンプルなものになっています。独自のHTMLでマークアップされたメールフォームに変更しましょう。

● 入力欄を選択する

　管理画面の［お問い合わせ］→［コンタクトフォーム］（❶）でコンタクトフォームを表示し、［コンタクトフォーム 1］（❷）をクリックします。

コンタクトフォーム1の編集画面が表示され、「フォーム」テキストエリアの中にHTMLが表示されているのが確認できます。コンタクトフォーム1は、このHTMLを元にフォームを表示しています。つまり、このHTMLを編集すればデザインを変更できます。

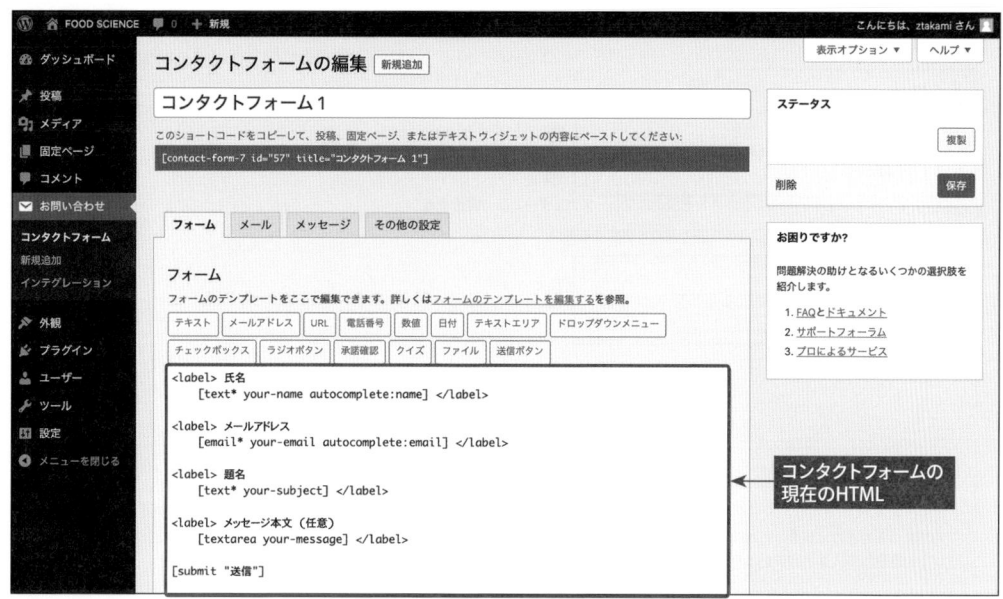

ここに表示されているHTMLには、フォーム作成に必要なinputタグなどがありません。代わりに、「[text* your-name autocomplete:name]」のようなショートコードが記述されています。Contact Form 7のフォームは、このショートコードを使ってHTMLを作成しています。ショートコードは、入力欄の上にあるボタン（❶）から作ることが可能です。

「テキスト」を見てみます。選択すると、次の入力画面が表示されます。よく利用するのは、次の❶〜❹の項目です。

```
┌─────────────────────────────────────────────────────┐
│ フォームタグ生成: テキスト                          ✕ │
├─────────────────────────────────────────────────────┤
│ 単一行のプレーンテキスト入力項目のためのフォームタグ│
│ を生成します。詳しくはテキスト項目を参照。           │
├─────────────────────────────────────────────────────┤
│ 項目タイプ     □ 必須項目   ❶                        │
│ 名前          [ text-586         ]  ❷               │
│ デフォルト値  [                  ]  ❸               │
│               □ このテキストを項目のプレースホルダー │
│                 として使用する                       │
│ Akismet       □ 送信者の名前の入力を要求する項目     │
│ ID 属性       [                  ]                   │
│                                     ❹               │
│ クラス属性     [                  ]                   │
│                                                      │
│                                                      │
│ [text text-586]                                      │
│                                      [タグを挿入]    │
│ この項目に入力された値をメールの項目で使用するには、 │
│ 対応するメールタグ ([text-586]) をメールタブ上の項目 │
│ に挿入する必要があります。                           │
└─────────────────────────────────────────────────────┘
```

❶ 必須項目

入力項目を必須項目にする場合にはチェックを付けます。必須項目には、[text* your-name]のようにアスタリスク(*)がコードの中に表示されます。

❷ 名前

入力項目を判別するための文字列です。半角英数を使用してください。

❸ デフォルト値

ユーザーがフォームを開いたときに、はじめから入力されている値です。

❹ ID属性とクラス属性

表示されるHTMLのIDとクラスを入力できます。ここに入力した文字列が以下のように表示されます。

```
<input id="入力した文字列" class="入力した文字列" />
```

◉ お問い合わせフォームのHTMLを作成する

学習用素材「Chap3」→「Sec03」にある「テキスト」フォルダーの中に「フォームHTML.txt」が入っています。ファイルの中にショートコードを組み合わせたHTMLが入っているので、このコードを「フォーム」欄に貼り付けて[保存]ボタンをクリックします。

リスト フォーム欄に入力する内容

```
<div class="form">
    <div class="form_group">
        <label for="your-name">お名前<span>*</span></label>
```

↗続く

```
            <div>[text* your-name id:your-name]</div>
        </div>
        <div class="form_group">
            <label for="your-email">メールアドレス<span>*</span></label>
            <div>[email* your-email id:your-email]</div>
        </div>
        <div class="form_group">
            <label for="your-subject">タイトル</label>
            <div>[text your-subject id:your-subject]</div>
        </div>
        <div class="form_group">
            <label for="your-message">メッセージ</label>
            <div>[textarea your-message id:your-message]</div>
        </div>
        <div class="form_group">
            <div class="form_btn">[submit class:btn "送信"]</div>
        </div>
    </div>
```

お問い合わせページを確認してみましょう。フォームの HTML を変更できました。

HTMLを正しく出力する

先ほど表示されたフォームの HTML を確認すると、入力していないはずの <p> タグが出力されています。

```
<p><label for="your-name">お名前<span>*</span></label></p>
```

これは、WordPressが文章に合わせて整形する機能が動いているためです。お問い合わせフォームの場合は、入力したHTMLのみを出力したいので、この機能をOFFにする必要があります。functions.phpに次のコードを追記します。

リスト functions.php (追加する内容)

```
/**
 * Contact Form 7のときには整形機能をOFFにする
 */
add_filter('wpcf7_autop_or_not', 'my_wpcf7_autop');
function my_wpcf7_autop()
{
    return false;
}
```

あらためてHTMLを見ると、<p>タグが消えていることが確認できます。このように、自由にフォームのHTMLを作ることが可能です。

● 送信メールを設定する

フォームから送信されるメールの内容も自由に作成できます。「メール」タブで表示されるパネルから設定できます。

❶ 送信先

送信先のメールアドレスです。デフォルトでは、WordPressに登録したアドレスが表示されます。

❷ 送信元

メールのFrom欄を設定できます。ショートコードを使って、フォームに入力された名前などを表示することが可能です。

❸ 題名

メールの題名を設定できます。

❹ メッセージ本文

メールの本文を設定できます。学習用素材「Chap3」→「Sec03」の中に「メッセージ本文.txt」が入っています。ファイルの文章をすべてコピーして、このメッセージ本文欄に貼り付けてください。ショートコードと組み合わせることで、自由な雛形を作成可能です。

リスト メッセージ欄に入力する内容（メッセージ本文.txt）

```
フォームからお問い合わせがありました。
＝＝＝＝＝＝＝＝＝＝＝＝＝＝＝＝

お名前：
[your-name]

メールアドレス：
[your-email]

題名：
[your-subject]

メッセージ本文：
[your-message]

＝＝＝＝＝＝＝＝＝＝＝＝＝＝＝＝
このメールは([_site_url])のお問い合わせフォームから送信されました
```

● ユーザーにも確認メールを送信する

お問い合わせフォームを入力したユーザーにも、確認メールが送信されるようにしてみましょう。先ほど、入力した「メール」ボックスの下に「メール(2)」ボックスがあるので、[メール(2)を使用]にチェックを付けます。

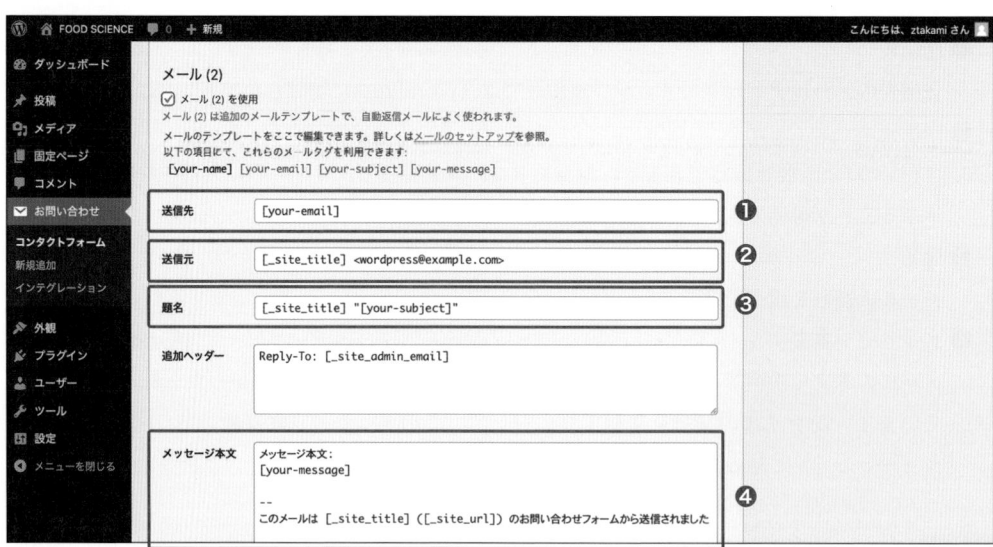

❶ 送信先

　送信先のメールアドレスを入力します。ショートコードを使ってユーザーのメールアドレスにすることで、確認メールを送信できます。ここでは[your-email] にします。

❷ 送信元

　メールのFrom を設定できます。Web サイト側の内容に変更しましょう。

❸ 題名

　メールの件名を設定できます。確認メールなので、「お問い合わせありがとうございました」といった件名にします。

❹ メッセージ本文

　ここも同じくメッセージ本文です。学習用素材「Chap3」→「Sec03」の中に「確認メール本文.txt」が入っています。サンプルとして使ってください。

▶ 確認画面・完了画面を表示する

　Contact Form 7はAjaxを使ってメールを送信するので、確認と送信完了の画面が用意されていません。プラグインを利用して、完了画面が表示されるようにします。完了画面に遷移する方法はいくつかありますが、本書では「Contact Form 7 Multi-Step Forms」プラグインを使用します。

　まずは、Contact Form 7 Multi-Step Forms をインストールします。管理画面の [プラグイン] → [新規追加] を選択して、[プラグインを追加] 画面を表示します。検索フォームに「Contact Form 7 Multi-Step Forms」と入力（❶）して検索し、インストールと有効化をします。

プラグインを有効化すると設定画面が表示されます。最初は次のような画面が表示されますが、ここは「スキップ」（❶）で問題ありません。

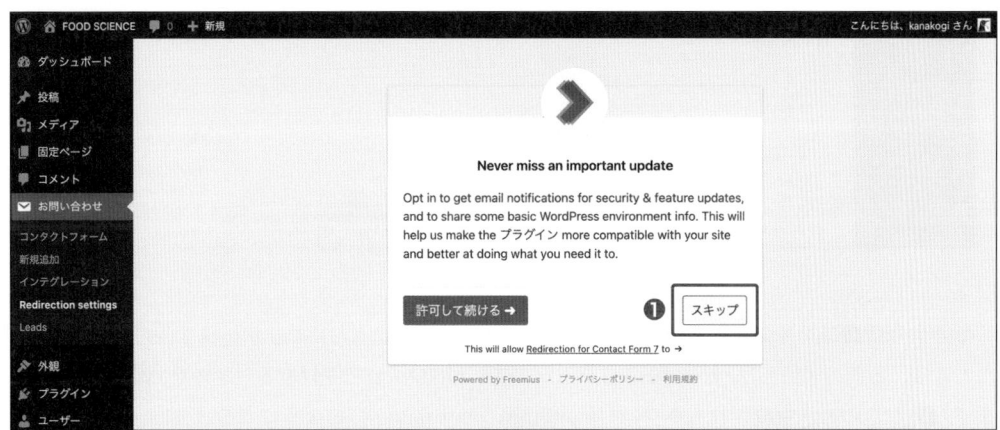

● Contact Form 7 Multi-Step Forms の動作イメージ

Contact Form 7 Multi-Step Formsは、長いメールフォームを作る際などに入力画面を分割できるようにするプラグインです。Contact Form 7で複数のフォームを作り、データを受け渡ししながら画面を遷移するイメージです。

今回は、入力画面（Contact Form 7）→ 確認画面（Contact Form 7）→ 完了画面（固定ページ）のように作成します。

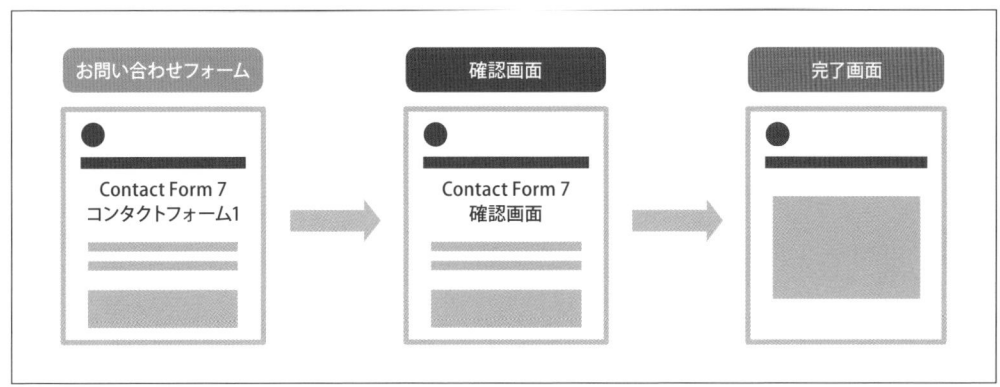

● 確認画面用のコンタクトフォームを作成する

まずは、確認画面用のコンタクトフォームを作成します。メインナビゲーションメニューから［お問い合わせ］→［新規追加］と進みます。ここからは、確認画面用によく使うタグの設定について解説します。ただし、本書ではこれらのタグとHTMLを組み合わせたテンプレートを学習用素材に用意してあります。手順の最後でこのHTMLに置き換えています。

「確認画面用フォーム」を新しく作成します。

● multiform—データを受け取る

フォーム項目ボタンの中に「multistep」「multiform」「previous」が増えているのが確認できます。この中の「multiform」（❶）をクリックします。

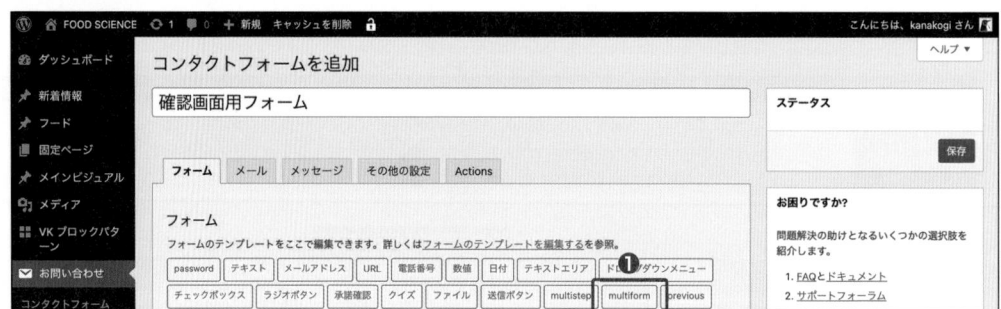

multiformは、コンタクトフォーム1から画面遷移したときに、入力されたデータを受け取る項目です。たとえば、名前の項目名は「your-name」だったので、multiformで受け取るNameを「your-name」にします（❶）。このとき生成されるタグは「[multiform "your-name"]」のようになります。［タグを挿入］ボタン（❷）をクリックすると、生成されたタグがフォームに入力されます。

● previous—戻るボタンを作成する

入力画面に戻るボタンを作るには「previous」をクリックします。Label（❶）には「戻る」と入力します。ボタンにclass属性を付けたいときはClass attribute（❷）に入力します。ここでは「btn」とします。これで「[previous class:btn "戻る"]」というタグが生成されます。

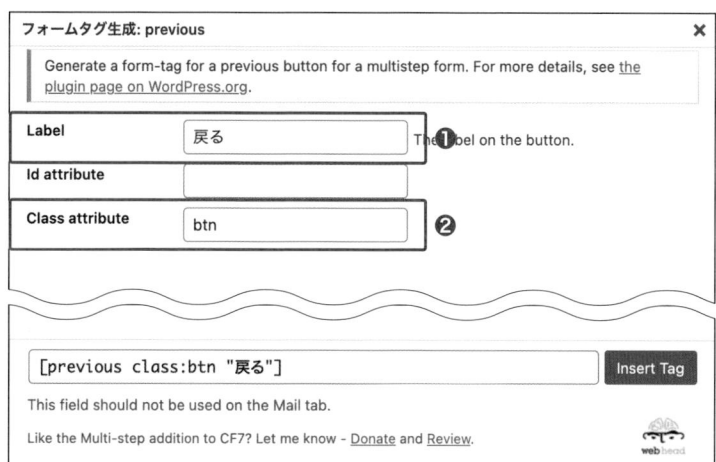

```
フォームタグ生成: previous                                            ✕

  Generate a form-tag for a previous button for a multistep form. For more details, see the
  plugin page on WordPress.org.

  Label              戻る              The Label on the button.
  Id attribute
  Class attribute    btn                ❷

  [previous class:btn "戻る"]                         Insert Tag

  This field should not be used on the Mail tab.

  Like the Multi-step addition to CF7? Let me know - Donate and Review.
                                                          web head
```

● multistep—送信時の動作を設定する

送信ボタンを押したときの動作を決めるには、「multistep」ボタンをクリックします。

「名前」欄（❶）は、完了ページに移動するタグだとわかりやすいように「multistep-thanks」にします。また、この確認画面が最後の画面になるので、「Last Step」「Send Email」（❷）にチェックを入れます。

「Next Page URL」（❸）は、完了ページのURLを入力します。完了ページは、CHAPTER 2で作成した「/contact/thanks/」を入力します。これで「[multistep multistep-thanks last_step send_email "/contact/thanks/"]」というタグが生成されます。

```
フォームタグ生成: multistep                                          ✕

  Generate a form-tag to enable a multistep form. For more details, see the plugin page on
  WordPress.org.

  名前          multistep-thanks         ❶
  First Step    ☐  Check this if this form is the first step.
  Last Step     ☑  Check this if this form is the last step.
  Send Email    ☑  Send email after this form submits.           ❷
  Skip Save     ☐  Don't save this form to the database (for Flamingo and CFDB7).

  Next Page URL   /contact/thanks/                               ❸
                  The URL of the page that contains the next form.
                  This can be blank on the last step.

  [multistep multistep-thanks last_step send_email "/contact/   Insert Tag

  This field should not be used on the Mail tab.

  Like the Multi-step addition to CF7? Let me know - Donate and Review.
                                                          web head
```

学習用素材「Chap3」→「Sec03」にある「テキスト」フォルダーの中に「確認画面用フォームHIML.txt」があります。上記で生成したショートコードを組み合わせたHTMLが入っているので、このコードを「フォーム」欄に貼り付けて[保存]ボタンをクリックしてください。

リスト フォーム欄に入力する内容（確認画面用フォームHTML.txt）

```
<div class="form">
    <div class="form_group">
        <label for="your-name">お名前<span>*</span></label>
        <div>[multiform your-name id:your-name]</div>
    </div>
    <div class="form_group">
        <label for="your-email">メールアドレス<span>*</span></label>
        <div>[multiform your-email id:your-email]</div>
    </div>
    <div class="form_group">
        <label for="your-subject">タイトル</label>
        <div>[multiform your-subject id:your-subject]</div>
    </div>
    <div class="form_group">
        <label for="your-message">メッセージ</label>
        <div>[multiform your-message id:your-message]</div>
    </div>
    <div class="form_group">
        <div class="form_btn">[submit class:btn "送信"]</div>
        <div class="form_btn-back">[previous class:btn "戻る"]</div>
    </div>
</div>
[multistep multistep-thanks last_step send_email "/contact/thanks/"]
```

これでフォームのHTMLが完成しました。なお、[multiform]でメールアドレスを設定したことにより、「確認画面用フォーム」に「2件の設定エラーを検出しました」といったエラーが表示されます（右ページの図を参照）。このエラーは無視しても問題ありません。

● **メール内容を設定する**

「Send Email」にチェックをした場合、この確認画面用フォームからメールを送信することになります。はじめに作成した「コンタクトフォーム1」と同様に、[メール]タブから「メッセージ本文」を入力します。ユーザーに送信する確認メールと同様です。

● **確認画面の固定ページを作成する**

設定を保存すると[contact-form-7 xxxxx]の形で、このフォームのショートコードが表示されるのでコピーします。

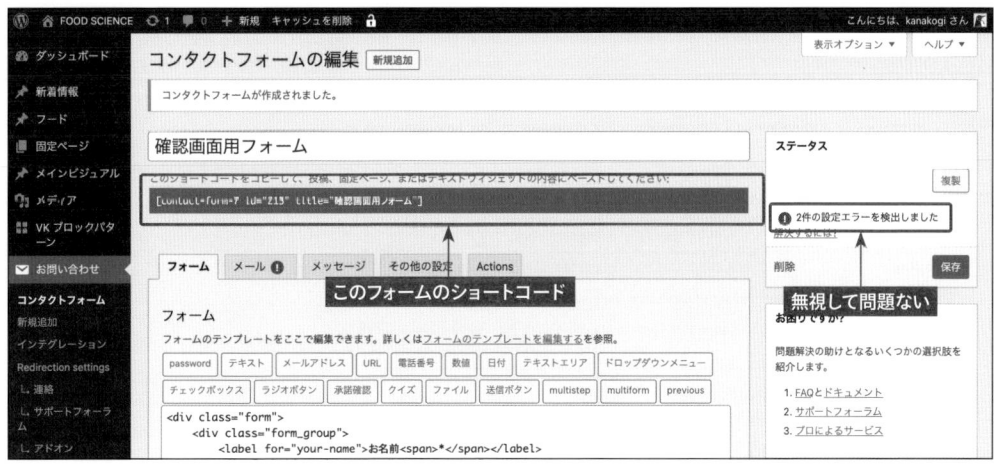

　サイドメニューから固定ページ「確認画面」を新規作成します。本文には「ショートコード」ブロックを使い、先ほどコピーした「[contact-form-7 xxxxx]」のショートコードを入力します（❶）。親ページ（❷）に「お問い合わせ」を選択し、URL（❸）は「confirm」とします。これで「https://example.com/contact/confirm/」の形で確認画面が作成できました。

● 入力画面の設定を変更する

　入力画面である「コンタクトフォーム 1」の画面を表示します。入力画面から確認画面へ遷移させるために、「multistep」ボタンをクリックします。

　「名前」欄（❶）は「multistep-confirm」とします。これが最初の画面なので「First Step」（❷）をチェックします。「Next Page URL」（❸）には、確認画面へのURLである「/contact/confirm/」と入力します。

これで、「[multistep multistep-confirm first_step "/contact/confirm/"]」というタグが発行されます。

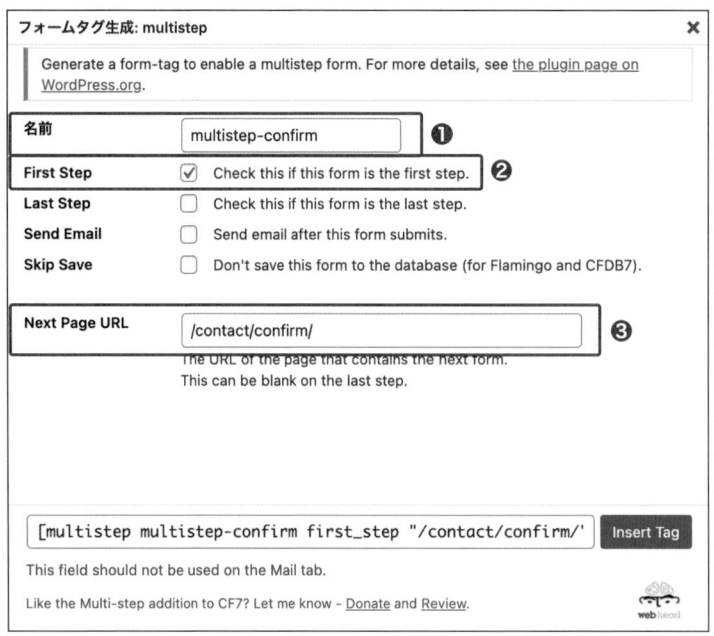

フォームに入力された内容の最後に、生成されたタグをコピーします。また、送信ボタンの文言も「確認」に修正しましょう。

リスト フォームに入力する内容

```
<div class="form">
    <div class="form_group">
        <label for="your-name">お名前<span>*</span></label>
        <div>[text* your-name id:your-name]</div>
    </div>
    <div class="form_group">
        <label for="your-email">メールアドレス<span>*</span></label>
        <div>[email* your-email id:your-email]</div>
    </div>
    <div class="form_group">
        <label for="your-subject">タイトル</label>
        <div>[text your-subject id:your-subject]</div>
    </div>
    <div class="form_group">
        <label for="your-message">メッセージ</label>
        <div>[textarea your-message id:your-message]</div>
    </div>
    <div class="form_group">
        <div class="form_btn">[submit class:btn "確認"]</div>
    </div>
</div>
[multistep multistep-confirm first_step "/contact/confirm/"]
```

▶ フォームを送信する

これで完了画面に遷移する設定ができました。お問い合わせフォームを送信してみましょう。確認画面が表示された後に、完了ページが表示されれば成功です。

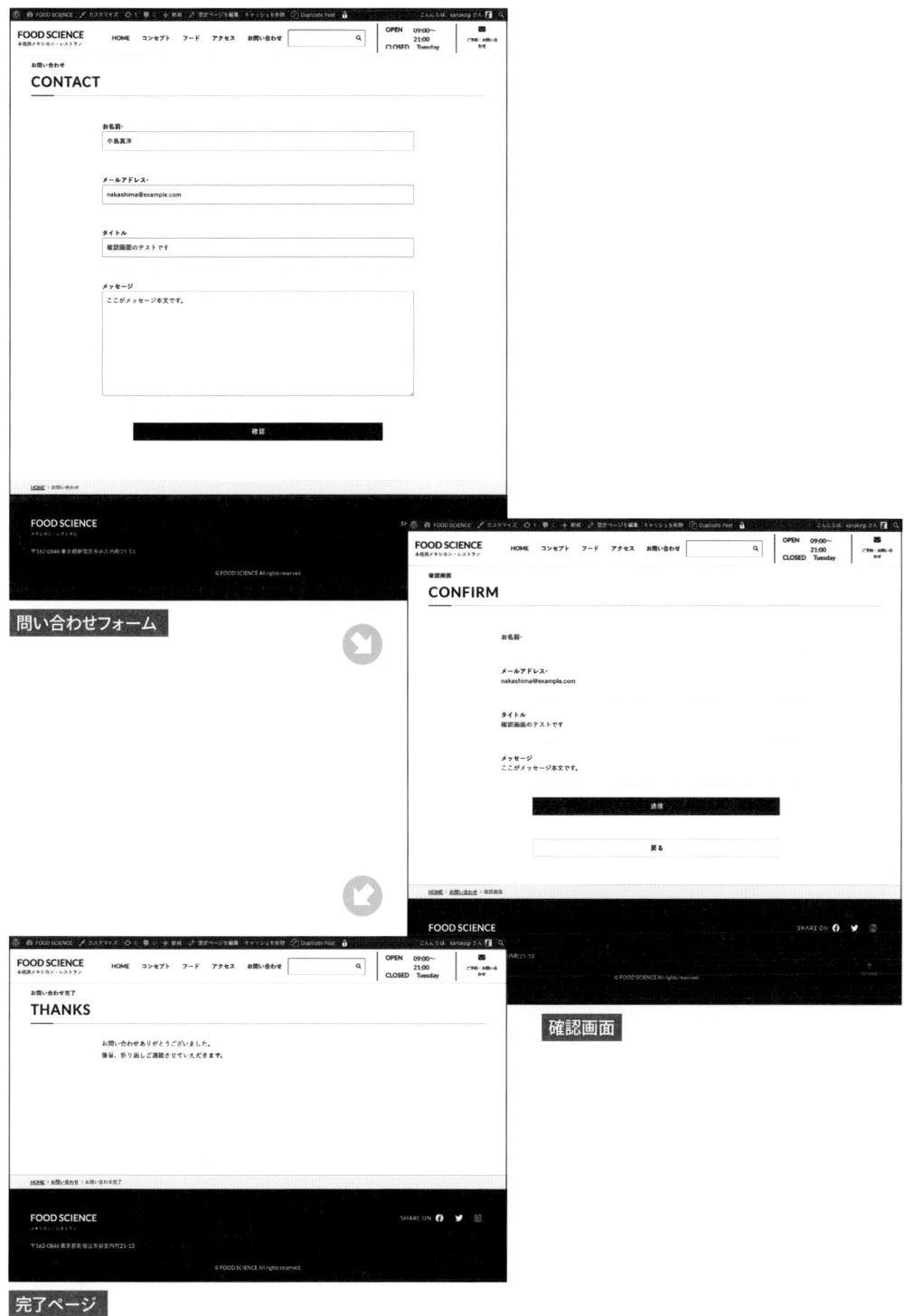

問い合わせフォーム

確認画面

完了ページ

04 投稿一覧のページ
ナビゲーションを作成する

管理画面の［設定］→［表示設定］に、［1ページに表示する最大投稿数］という項目があります。ここで設定した件数は、投稿一覧の1ページに表示する最大数です。たとえば、アーカイブページに13件の投稿があったとしても、ここで3件と設定している場合には、残りの10件は表示されません。残りの投稿を次のページ以降に表示するには、「WP-PageNavi」プラグインを使ってページナビゲーションを実現します。

● WP-PageNavi プラグインを利用する

　ページナビゲーションの実装には、「WP-PageNavi」プラグインを使用します。WP-PageNaviは、3-02で使用したBreadcrumb NavXTと同様、WordPressプラグインの中でもトップクラスで利用者が多いプラグインです。ページナビゲーションのプラグインでは定番といえるでしょう。

　まずは、管理画面の［プラグイン］→［新規追加］から「WP-PageNavi」で検索（❶）してインストールします。インストールができたら有効化します（❷）。

WP-PageNavi の設定

WP-PageNaviが有効化されると、メインナビゲーションメニューの［設定］の中に「PageNavi」が表示されます。ここから WP-PageNavi の設定が可能です。

❶ 基本設定

表示されるページナビゲーションのテキストを変更できます。WP-PageNaviは、次のようなデザインとHTMLを表示します。

リスト 出力されるHTML

```
<div class='wp-pagenavi' role='navigation'>
<span class='pages'>%CURRENT_PAGE% / %TOTAL_PAGES%</span>
<a class="first" href="先頭のページのURL">≪ 先頭</a>
<a class="previouspostslink" rel="prev" href="1つ前のページのURL">≪</a>
<span class='extend'>...</span>
<a class="page smaller" href="現在より前のページ用のURL">%PAGE_NUMBER%</a>
<span class='current'>%PAGE_NUMBER%</span>
<a class="page larger" href="現在より後のページ用のURL">%PAGE_NUMBER%</a>
<span class='extend'>...</span>
<a class="nextpostslink" rel="next" href="1つ次のページのURL">≫</a>
<a class="last" href="最後のページのURL">最後 ≫</a>
</div>
```

たとえば、設定画面の「最初のページ用テキスト」を「≪ 先頭のページへ」に、「最後のページ用テキスト」を「最後のページへ　≫」に変更すると、表示は次のように変わります。

❷ pagenavi-css.cssを使用

プラグイン側で用意したCSSを使用するかどうかを選択できます。❶に記載したHTMLに合わせて、カスタマイズしたCSSを使用することも可能です。

❸ 常にページナビゲーションを表示

表示設定の「1ページに表示する最大投稿数」より投稿数が下回ったときに、ページナビゲーションを表示するかどうか選択できます。基本的には表示する必要はありませんので、「いいえ」を選択します。

⦿ テンプレートファイルを編集する

ページナビゲーションを表示するには、テンプレートファイルの修正も必要です。ここでは、index.phpとsearch.phpを修正します。

ページナビゲーションを表示するための関数は「wp_pagenavi()」です。wp_pagenavi()と記述すれば、関数を実行した箇所にページナビゲーションが表示されます。また、function_exists()関数も使用して、プラグインが有効化されていないときもエラーが出ないようにしましょう。

```
<div class="section_body">
  <?php if ( have_posts() ) : ?>
    <div class="cardList">
      <?php while ( have_posts() ) : the_post(); ?>

        <?php get_template_part('template-parts/loop', 'news'); ?>

      <?php endwhile; ?>
    </div>
  <?php endif; ?>

  <?php if(function_exists('wp_pagenavi')): ?>
    <div class="pagination">
      <?php wp_pagenavi(); ?>
    </div>
  <?php endif; ?>
</div>
```

リスト search.php（抜粋）

```
<div class="section_body">
  <?php if ( have_posts() ) : ?>
    <div class="section_desc">
      <p><i class="fas fa-search"></i> 検索ワード「<?php the_search_query(); ?>」</p>
    </div>
    <div class="cardList">
      <?php while ( have_posts() ) : the_post(); ?>

        <?php get_template_part('template-parts/loop', 'news'); ?>

      <?php endwhile; ?>
    </div>
  <?php else: ?>
    <div class="section_desc">
      <p>検索結果はありませんでした</p>
    </div>
  <?php endif; ?>

  <?php if(function_exists('wp_pagenavi')): ?>
    <div class="pagination">
      <?php wp_pagenavi(); ?>
    </div>
  <?php endif; ?>
</div>
```

テンプレートファイルが修正できたら、保存してアップロードします。管理画面の［設定］→［表示設定］を表示して、ページナビゲーションが表示されるように［1ページに表示する最大投稿数］の値を変更してみましょう。ページナビゲーションが表示されることが確認できれば完了です。

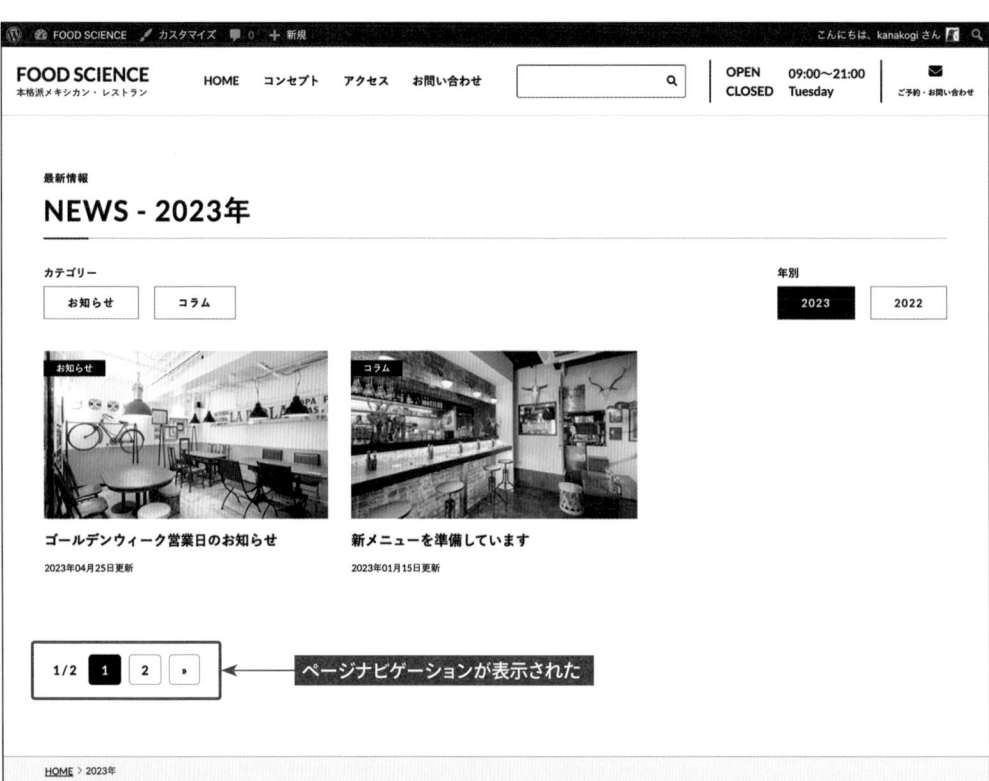

ページナビゲーションが表示された

Web サイトを拡張する

WordPressは、アクセスされたページに合わせてメインクエリを用意することで、表示する記事をコントロールしています。このSECTIONでは、「pre_get_posts」フィルターを使用し、WordPressが用意したメインクエリに変更を加えて、意図通りにWordPressループを表示する方法を解説します。

●トップページのみ3件だけ表示する

●その他の投稿一覧では、管理画面の設定通りに表示する

▶ クエリとメインクエリ

● メインクエリの機能

WordPressループに変更を加えるには、クエリとメインクエリを正しく理解することが必要です。ここでもう一度、クエリとメインクエリについて整理しておきましょう。

CHAPTER 2の2-07で、クエリとは「どのようにWordPressループを行うかを指定する命令のようなもの」と解説しました。WordPressは、カテゴリーページの場合には「投稿されているカテゴリーの記事だけをループする」といったように、アクセスされたページに合わせて自動的にクエリを定義しています。

このように、WordPressが前もって用意したクエリがメインクエリです。WordPressがメインクエリを用意しているおかげで、これまでのテンプレートファイルにはクエリを定義するための記述をせずに済んでいます。

なぜクエリを定義する必要があるのか

たとえば、記事ページの下に新着情報を表示するといったような「1つのページの中にWordPressループが2ヵ所以上必要になる」ケースを考えてみましょう。こうした場合、1ページの中に複数のクエリが必要になるため、メインクエリ以外のクエリを独自に定義しなければなりません。以降では、クエリを定義する方法を解説します。

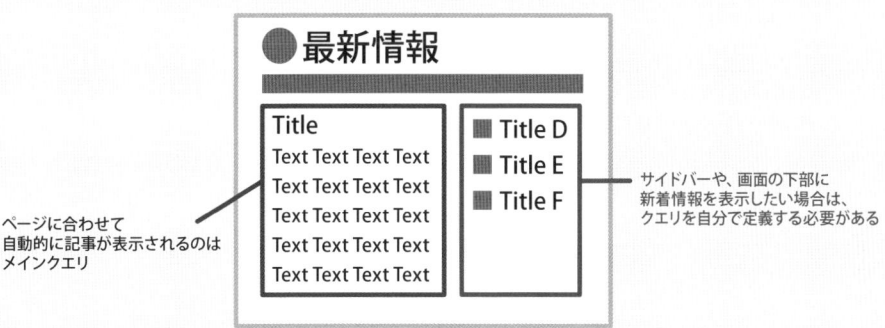

ページに合わせて
自動的に記事が表示されるのは
メインクエリ

サイドバーや、画面の下部に
新着情報を表示したい場合は、
クエリを自分で定義する必要がある

▶ WP_Queryを使ってクエリを定義する

● テンプレートファイルを修正する

記事ページの下部に新着情報の一覧を表示しましょう。single.phpの記事本文の下を、次のように修正します。

リスト single.php（抜粋）

```php
省略
<main>
  <div class="section">
    <div class="section_inner">
    <?php if ( have_posts() ) : ?>
      <?php while ( have_posts() ) : the_post(); ?>
      <article id="post-<?php the_ID(); ?>" <?php post_class('post'); ?>>
        <header class="section_header">
          <h1 class="heading heading-primary"><?php the_title(); ?></h1>
        </header>
        省略
      </article>
      <?php endwhile; ?>
    <?php endif; ?>

    <?php
    $args = [
      'post_type' => 'post', //投稿記事だけを指定
      'posts_per_page' => 3, //最新記事を3件表示
    ];
    $latest_query = new WP_Query( $args );
    if ( $latest_query->have_posts() ) :
    ?>
    <section class="latest">
      <header class="latest_header">
```

↗続く

```
            <h2 class="heading heading-secondary">新着情報</h2>
          </header>

          <div class="latest_body">
            <div class="cardList">
            <?php while ( $latest_query->have_posts() ) : $latest_query->the_post(); ?>

              <?php get_template_part('template-parts/loop', 'news'); ?>

            <?php
            endwhile;
            wp_reset_postdata();
            ?>
            </div>
          </div>
        </section>
        <?php endif; ?>

      </div>
    </div>
  </main>
```
省略

　ここから、追記したコードの解説をしていきます。上記で追加した箇所では、まず、最新情報を表示するためにどのようなクエリを作るかを配列で指定しています。必要なのは「投稿を指定すること（固定ページではない）」と「最新記事を3件表示すると指定すること」です。それぞれパラメータが決まっているので、次のように記述します。これらのパラメータについては、巻末の「APPENDIX 03　WP_Queryのパラメータ」にまとめてあります。

```
$args = [
  'post_type' => 'post', //投稿記事だけを指定
  'posts_per_page' => 3, //最新記事を3件表示
];
```

　次にクエリを作ります。クエリは、先ほど作成した配列を引数にして「new WP_Query(配列)」の形で記述します。ここでは「$latest_query」という名前の変数に格納しています。

```
$latest_query = new WP_Query( $args );
```

　これまでのWordPressループで使っていたhave_posts()とthe_post()の先頭に、先ほどの$latest_query変数を付け足します。「->」を使って$latest_query->have_posts()のような形にします。
　if ($latest_query->have_posts()) : は、「もしも、$latest_queryの記事があるのならば」というイメージで考えるとわかりやすいでしょう。

```
    $latest_query = new WP_Query( $args );
    if ( $latest_query->have_posts() ) :
    ?>
```

続く

```
<section class="latest">
  <header class="latest_header">
    <h2 class="heading heading-secondary">新着情報</h2>
  </header>

  <div class="latest_body">
    <div class="cardList">
    <?php while ( $latest_query->have_posts() ) : $latest_query->the_post(); ?>
```

　追記箇所の最後のあたりに「wp_reset_postdata()」関数の記述があります。new WP_Query()を使うとWordPressループで使われているグローバルな投稿データが変わるため、それをリセットするためにwp_reset_postdata()関数を使います。独自のWordPressループを作ったときは、whileループが終わった段階でwp_reset_postdata()でリセットします。

WordPress関数 wp_reset_postdata()

wp_reset_postdata()	
機能	投稿データをリセットする
主なパラメータ	なし

　single.phpが修正できたら保存して、テーマディレクトリにアップロードし直します。再度、記事詳細ページにアクセスしてみましょう。記事の下部に最新記事が表示されていれば完成です。

WP_Queryのパラメータを調節する

作成した最新記事をよく見てみると、「現在表示している記事ページ」も最新記事一覧に混ざって表示されています。表示している記事ページを除く、最新記事一覧のクエリを作りましょう。

投稿IDは、the_ID()で表示できます。しかし、the_ID()はechoなどで表示するための関数です。投稿IDを値として取得するには「get_the_ID()」関数を使用します。

WordPress関数 get_the_ID()

> get_the_ID()
> 機能　　　　　　現在の投稿のID（数値）を取得する
> 主なパラメータ　なし

WP_Queryには多くのパラメータが用意されています。「post__not_in」パラメータに配列で投稿IDを与えると、指定した投稿を除外できます。single.phpのクエリを作る箇所を、次のように修正します。

リスト single.php（抜粋）

```php
<?php
    $args = [
      'post_type' => 'post', //投稿記事だけを指定
      'posts_per_page' => 3, //最新記事を3件表示
      'post__not_in' => [ get_the_ID() ], //現在表示している記事のID
    ];
    $latest_query = new WP_Query( $args );
    if ( $latest_query->have_posts() ) :
    ?>
```

ブラウザで確認すると、表示される最新記事の中に、現在表示中の投稿は含まれていないことがわかります。このようにWP_Queryのパラメータを変更するだけで、複雑なクエリを作成可能です。巻末の「APPENDIX 03　WP_Queryのパラメータ」を見ながら、いろいろと試してみてください。

▶ pre_get_postsアクションフックでメインクエリを変更する

トップページには、最新記事の一覧が表示されています。ここで表示される記事の数は、管理画面の［設定］→［表示設定］の［1ページに表示する最大投稿数］で設定できます。もし、表示される投稿数を3件にしたい場合は、この値を「3」にします。

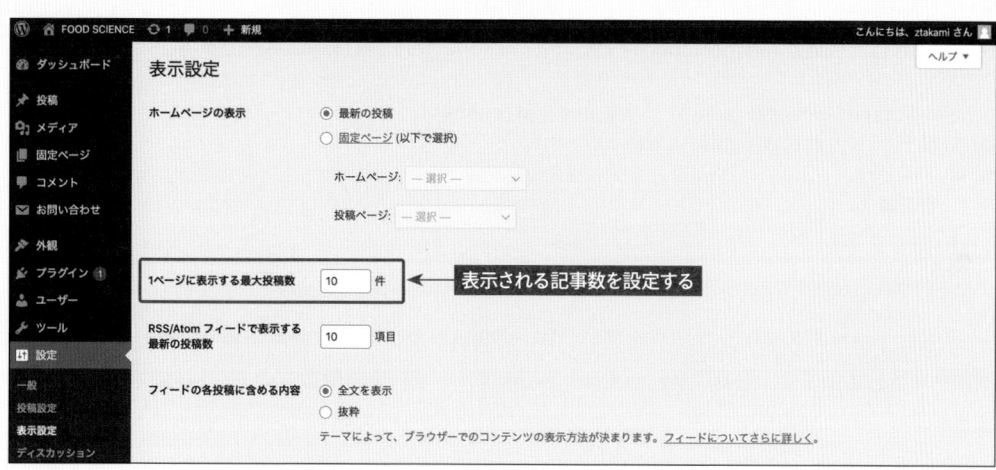

しかし、ここで設定する投稿数はすべてのWordPressループに影響します。たとえば3件に設定してしまうと、トップページだけでなくカテゴリーページで表示される件数まで3件になってしまいます。

表示する投稿数をトップページのみ変えたい場合には、「pre_get_posts」アクションフックを使用します。

● pre_get_postsアクションフックとは

pre_get_postsは、WordPressがクエリを取得する前に実行される「アクションフック」の1つです。アクションフックとは、WordPressで発生する特定のイベントに合わせて実行可能な機能です。たとえば、WordPressがメインクエリを取得する前には、pre_get_postsアクションフックが実行されています。これを利用することで、メインクエリの内容を変更可能です。

pre_get_postsは、基本的にfunctions.phpに記述します。今回はトップページで表示する投稿数を3件に変更したいので、次のように追記してアップロードします。

リスト functions.php（追加する内容）

```
/**
 * メインクエリを変更する
 */
add_action('pre_get_posts', 'my_pre_get_posts');
function my_pre_get_posts($query)
{
    // 管理画面、メインクエリ以外には設定しない
    if (is_admin() || !$query->is_main_query()) {
        return;
    }
    //トップページの場合
```

↗続く

```
    if ($query->is_home()) {
        $query->set('posts_per_page', 3);
        return;
    }
}
```

● クエリの取得前に関数を実行する

ここからは、先ほどfunctions.phpに追記したコードについて具体的に解説します。

```
add_action('pre_get_posts', 'my_pre_get_posts');
function my_pre_get_posts($query)
{
    省略
}
```

pre_get_postsアクションフックを使い、WordPressがクエリを取得する前に、my_pre_get_posts
関数を実行しています。なお、my_pre_get_postsはユーザー定義関数なので、別の名前でも問題あり
ません。

● 実行する関数を定義する

以下は、my_pre_get_posts関数の最初の記述です。

```
// 管理画面、メインクエリ以外には設定しない
if (is_admin() || !$query->is_main_query()) {
    return;
}
```

pre_get_postsは、すべてのクエリの実行前が対象になるので、管理画面のクエリも対象になりま
す。そのため、is_admin()で管理画面かどうかを調べ、管理画面の場合はreturnでmy_pre_get_posts()関
数を終了します。

また、今回はメインクエリのみを対象にクエリの変更を行います。is_main_query()関数を使えば、
現在のクエリがメインクエリかどうかを調べられます。

WordPress関数 is_main_query()

is_main_query()	
機能	現在のクエリがメインクエリかどうかを判断する
主なパラメータ	なし

「!$query->is_main_query()」のように、「!」(エクスクラメーションマーク)を使用することで、メイ
ンクエリでない場合にはreturnでmy_pre_get_posts()関数を終了しています。

これらをif文の条件として使うことにより、「管理画面」「メインクエリ以外のクエリ」のときは処理
を中止します。この記述は、pre_get_postsを使う場合のお約束として覚えておきましょう。

```
//トップページの場合
if ($query->is_home()) {
    $query->set('posts_per_page', 3);
    return;
}
```

次のif文では、$query->is_home()と書くことで、このクエリがトップページかどうかを判定しています。このis_home()は、これまでの解説にも出てきた条件分岐タグとまったく同じです。もし、カテゴリーページのメインクエリを対象としたいときは、この部分を $query->is_category() のようにします。

$query->set('posts_per_page', 3); と記述することで、表示する投稿数を3件に変更しています。これにより、トップページのときだけ表示する投稿数が3件になります。

▶ WP_Queryについて

独自のクエリを定義した場合も、pre_get_postsを使ってメインクエリを変更した場合も、どちらの場合もWordPressは「WP_Query」を使います。WP_Queryは、WordPressのクエリが作られるときに使用されるクラスです。WP_Queryを使用すると、どのように記事を表示するか、パラメータを使ってさまざまな条件でリクエストできます。

先ほど解説した「posts_per_page」という文字列も、表示する投稿数をリクエストするためのWP_Queryパラメータです。WP_Queryにはさまざまなパラメータがあり、次のように「set」を使うことで値をセットできます。

```
$query->set( 'パラメータ名', '値' );
```

他のパラメータについても見てみます。トップページに表示する投稿を「お知らせカテゴリーに属する記事」としてみましょう。カテゴリーを指定するパラメータは「category_name」です。また、お知らせカテゴリーのスラッグは「news」です。そこで、記述は次のようになります。

```
if ( $query->is_home() ) {
  $query->set( 'category_name', 'news' );
  return;
}
```

他にも「カテゴリーページではページングを使わずに、投稿されている記事はすべて表示する」といった指定も可能です。すべての投稿を表示するかどうかは、「nopaging」というパラメータを使って次のように記述します。

```
if ( $query->is_category() ) {
  $query->set( 'nopaging', true );
  return;
}
```

このように、WP_Queryにはたくさんのパラメータが用意されています。これらのパラメータは、巻末の「APPENDIX 03　WP_Queryのパラメータ」にまとめてあります。

02 | 投稿の詳細ページに コメント欄を追加する

このSECTIONでは、投稿の個別ページにコメント欄を設置して、アクセスしたユーザーとコミュニケーションできるようにします。

学習用素材 「WP_sample」→「Chap4」→「Sec02」

▶ 管理画面でディスカッションを設定する

　管理画面からコメント欄の設定を行います。管理画面の［設定］→［ディスカッション］をクリックします。ディスカッション設定画面では、どのようにコメントを受け付けるか設定できます。ここでは、よく使う項目を見ていきます。

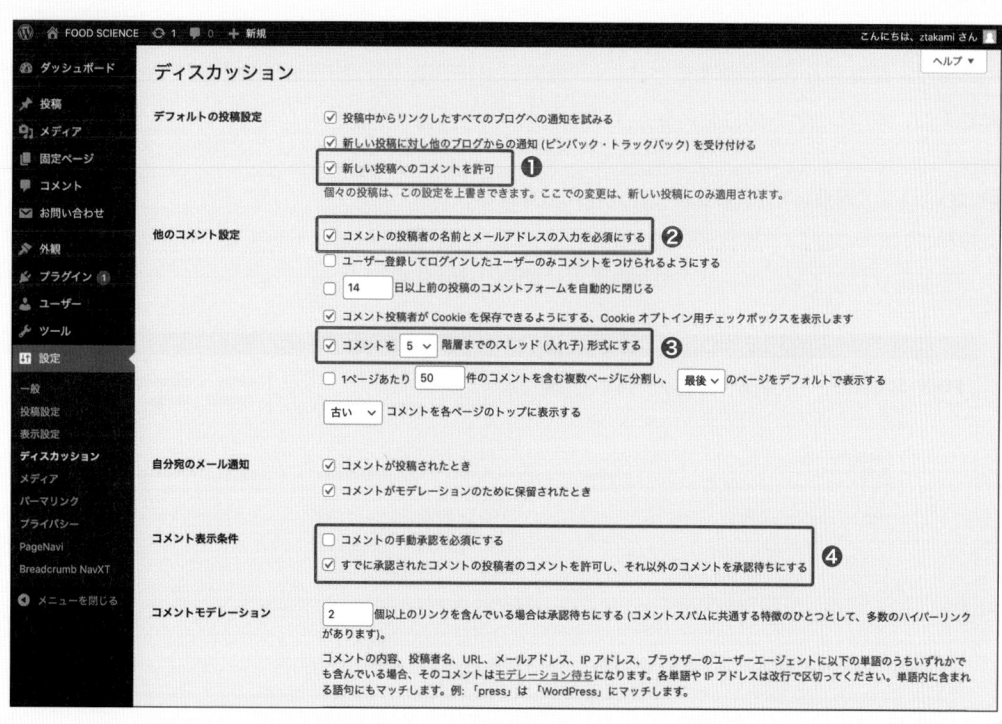

❶ 新しい投稿へのコメントを許可

　この項目にチェックを付けると、新しい投稿でコメント欄が使えるようになります。WordPress では、コメントの許可は投稿単位で設定されます。すでに投稿済みのものでコメントが許可されていない場合は、その投稿画面の「ディスカッション」ボックスで設定可能です。なお、現在は「ディスカッション」ボックスを表示しない設定になっているので、P.018の手順を参考に「パネル」のディスカッションを表示するよう設定してください。

❷ コメントの投稿者の名前とメールアドレスの入力を必須にする

　ユーザーがコメントを投稿するときに、「名前」「メールアドレス」を必須項目にできます。チェックを外すと、名前とメールアドレスなしでコメントを投稿できるようになります。

❸ コメントを5階層までのスレッド（入れ子）形式にする

　投稿された各コメントに［返信］ボタンが付き、スレッド形式でコメントをすることが可能になります。スレッド形式にすると、ユーザーのコメントに明確に返信可能です。

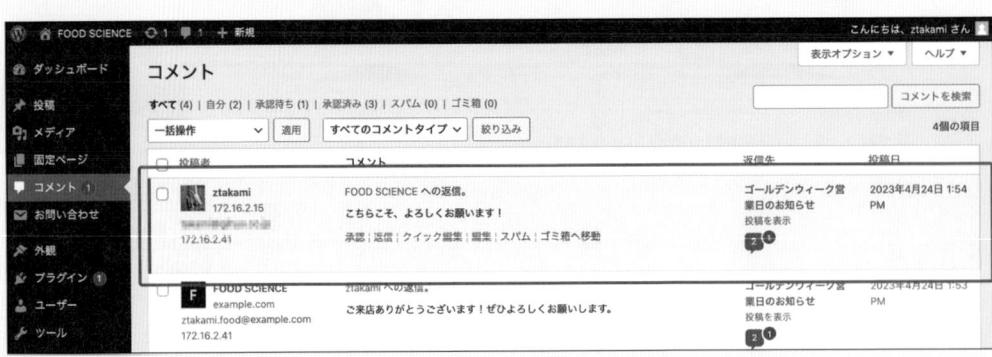

❹ コメント表示条件

　ユーザーから投稿されたコメントを一時的に保留状態にして、管理者がコメントの内容を確認できるようになります。スパムでないかを判断できるようになりますが、ユーザーからすれば、せっかく投稿したコメントがすぐに表示されないのはストレスになります。よく検討して使いましょう。

● single.phpを修正する

次に、投稿ページにコメント欄を設置します。コメント欄の表示・投稿用のテンプレートファイルを読み込むには、「comments_template()」インクルードタグを使用します。

インクルードタグ comments_template()

```
comments_template($file, $separate_comments)
```
機能　　　　投稿ページや固定ページのコメント情報を取得し、コメント欄の表示・投稿用のテンプレートファイルを読み込む

主なパラメータ　$file　　　　　　　　コメントテンプレートファイル（デフォルトはcomments.php）

$separate_comments　各コメントを区切る場合はtrueを指定する

投稿ページのテンプレートファイルであるsingle.phpの、コメント欄を表示したい箇所にcomments_template()を記述します。comments_template()は、テーマディレクトリ内のテンプレートファイルを読み込むインクルードタグで、デフォルトでは「comments.php」という名前のテンプレートファイルを読み込みます。

リスト single.php（抜粋）

```php
<?php get_header( ); ?>

  <main>
    <div class="section">
      <div class="section_inner">

      <?php if ( have_posts() ) : ?>
        <?php while ( have_posts() ) : the_post(); ?>
          <article id="post-<?php the_ID(); ?>" <?php post_class('post'); ?>>
            <header class="section_header">
              <h1 class="heading heading-primary"><?php the_title(); ?></h1>
            </header>
            <div class="post_content">
              <time datetime="<?php the_time('Y-m-d'); ?>"><?php the_time('Y年m月d ⏎
日'); ?></time>
              <div class="content">
                <?php the_content(); ?>
              </div>

              <?php comments_template(); ?>

            </div>
            <footer class="post_footer">
```
省略

▶ comments.phpを準備する

学習用素材「Chap4」→「Sec02」フォルダー内に「comments.php」を用意しているので、テーマディレクトリにアップロードしてください。comments.phpの内容は次の通りです。

リスト comments.php

```
<section class="comments">
<?php
comment_form();  ❶
if ( have_comments() ) :
?>
  <ol class="commentlist">
    <?php wp_list_comments(); ?>  ❸
  </ol>                              ❷
  <?php
  paginate_comments_links();  ❹
endif;
?>
</section>
```

single.phpとcomments.phpをアップロードすると、投稿ページには、次のようなコメント欄が表示されるようになりました。表示されたコメント欄と、comments.phpのコードとを照らし合わせながら見ていきましょう。

▶ コメントフォームを表示する

P.172に掲載した「comments.php」内の**❶**の部分です。コメントフォームを表示するには「comment_form()」テンプレートタグを使用します。

テンプレートタグ comment_form()

```
comment_form($args, $post_id)
```
機能	コメントフォームを表示する
主なパラメータ	$args　　表示方法のパラメータを格納した配列
	$post_id　記事ID。デフォルトは表示しているページの記事ID

comment_form()を実行した箇所にコメントフォームが表示されます。表示されたコメントフォームは機能的には十分ですが、定型のHTMLが出力されてしまうので自由にデザインできません。項目を削除したり、テキストを変更したりするときは、comment_form()のパラメータを変更して出力されるHTMLを修正します。

HTMLを修正するための引数$argsを見てみましょう。$argsは次のようなパラメータを持っています。

● comment_form()の引数$argsのパラメータ

パラメータ	内容
fields	コメント入力フォーム以外のフィールドを表示するWordPressのフィルター関数
comment_field	コメント入力フォームを表示するHTML
must_log_in	ログインしたユーザーのみコメントを付けられるようにしたときのHTML
logged_in_as	「[ユーザー名]としてログインしています。ログアウトしますか?」という部分のHTML
comment_notes_before	コメント欄の前に表示するHTML
comment_notes_after	コメント欄の後ろに表示するHTML
id_form	タグのid名
id_submit	submitタグのid名
title_reply	「コメントを残す」の表示テキスト
title_reply_to	コメントに対する「返信」の表示テキスト
cancel_reply_link	コメントに対する「返信」のキャンセルの表示テキスト
label_submit	送信ボタンの表示テキスト

● コメントフォームのテキストを変更する

タイトル部分の「コメントを残す」を、「コメント投稿フォーム」に変更します。タイトル部分のパラメータはtitle_replyが該当します。変更するには「'」(シングルクォート)で文字列を囲み、パラメータを配列形式で格納してcomment_formに渡します。

CHAPTER

4

Webサイトを拡張する

```php
<section class="comments">
<?php
$comment_form_args = [
    'title_reply' => 'コメント投稿フォーム',
];
comment_form($comment_form_args);
if ( have_comments() ) :
?>
  <ol class="commentlist">
    <?php wp_list_comments(); ?>
  </ol>
  <?php
  paginate_comments_links();
endif;
?>
</section>
```

comments.phpを修正したら、テーマディレクトリにアップロードし直してください。ページをリロードすると、フォームが変更されているのがわかります。

コメントが投稿されているか調べる

P.172に掲載した「comments.php」内の❷です。コメントが投稿されているかどうかは、「have_comments()」関数を使って調べられます。if文でコメントの状況を調べ、コメントが投稿されている場合は、以降の❸、❹のコードを実行しています。

WordPress関数 have_comments()

have_comments()	
機能	コメントの状況を調べる。コメントが投稿されているときはtrue、投稿されていないときはfalseが返る
主なパラメータ	なし

▶ コメント一覧を表示する

P.172に掲載した「comments.php」内の❸です。「wp_list_comments()」テンプレートタグを使用すると、投稿されたコメントの一覧を表示できます。

テンプレートタグ wp_list_comments()

> ### wp_list_comments($args)
> **機能** 投稿されたコメントの一覧を表示する
> **主なパラメータ** $args 表示方法に関するパラメータを格納した配列

wp_list_comments()は、\<li>タグでマークアップされたHTMLを出力します。コメントの内容に合わせて入れ子のliタグを出力するので、一番外の\<ul>タグや\<ol>タグは記述しておく必要があります。

wp_list_commentsも、パラメータを使って「何階層までスレッド形式にするか」といった設定を変更できます。しかし、管理画面の[ディスカッション設定]からも、同じ内容を変更できる場合が多くあります。テンプレートに余計な記述を増やすことを避けるため、できる限り管理画面から設定すると良いでしょう。

ここでは、管理画面では設定できない「アバターのサイズ」を変更するパラメータを設定します。アバターサイズのデフォルト値は32pxです。これを50pxに変更するためには、「'avatar_size'」パラメータに値「50」を渡します。

リスト comments.php

```php
<section class="comments">
<?php
$comment_form_args = [
    'title_reply' => 'コメント投稿フォーム',
];
comment_form($comment_form_args);
if ( have_comments() ) :
?>
  <ol class="commentlist">
    <?php
    $wp_list_comments_args = [
      'avatar_size' => '50'
    ];
    wp_list_comments($wp_list_comments_args);
    ?>
  </ol>
  <?php
  paginate_comments_links();
endif;
?>
</section>
```

▶ コメント一覧のページングを表示する

「comments.php」内の❹です。管理画面の「ディスカッション設定」にある、「1ページあたり○○件のコメントを含む複数ページに分割…」で設定した数以上のコメントが投稿されると、ページが分割されます。「paginate_comments_links()」テンプレートタグを使うと、この分割されたページのページングリストを表示します。

テンプレートタグ paginate_comments_links()

paginate_comments_links($args)	
機能	分割されたページのページングリストを表示する
主なパラメータ	$args 表示方法のパラメータを格納した配列、または「パラメータ名 = 値」

デフォルトでは、リンクテキストは「≪ 前へ」「次へ ≫」と表示されます。これらのテキストを「← 前のコメントページ」「次のコメントページ →」と変更するには、それぞれ「prev_text」「next_text」パラメータを以下のように変更します。

リスト comments.php

```php
<section class="comments">
<?php
$comment_form_args = [
    'title_reply' => 'コメント投稿フォーム',
];
comment_form($comment_form_args);
if ( have_comments() ) :
?>
  <ol class="commentlist">
    <?php
    $wp_list_comments_args = [
      'avatar_size' => '50'
    ];
    wp_list_comments($wp_list_comments_args);
    ?>
  </ol>
  <?php
  $paginate_comments_links_args = [
    'prev_text' => '←前のコメントページ',
    'next_text' => '次のコメントページ→',
  ];
  paginate_comments_links($paginate_comments_links_args);
endif;
?>
</section>
```

▶ 修正した comments.php を確認する

修正ができたら保存をして、comments.phpをテーマディレクトリにアップロードします。記事ページにアクセスして、修正したコメント欄が表示されていれば完了です。

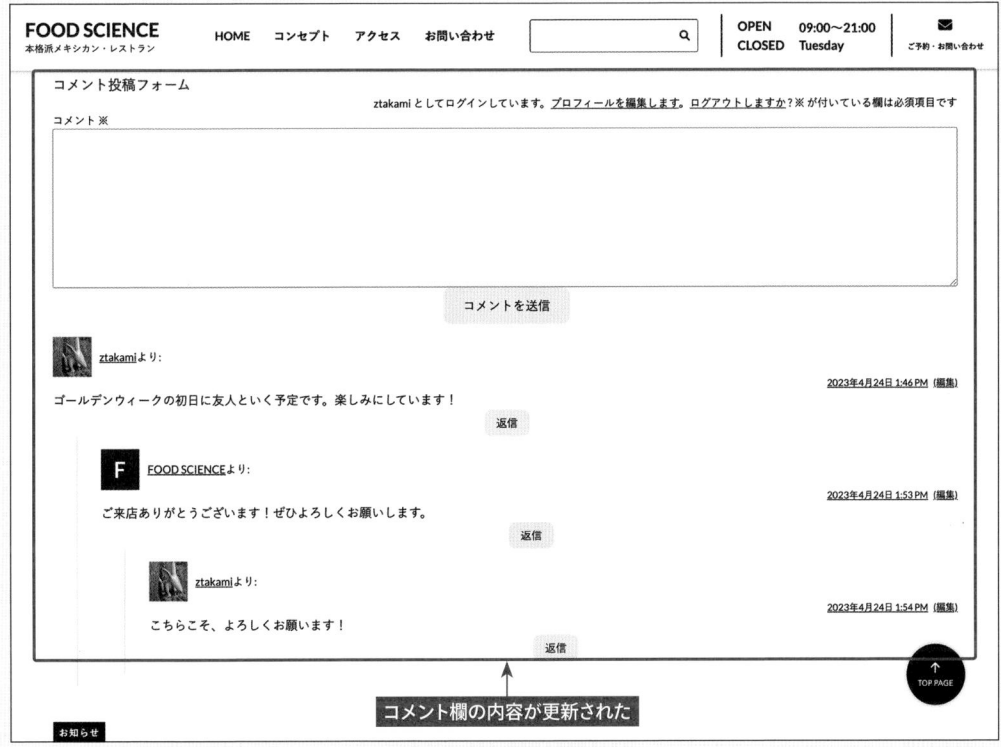

コメント欄の内容が更新された

03 | 独自の固定ページを作成する

> Webサイトには、他のページのレイアウトパターンとは違う、独自のページが存在することが
> あります。このSECTIONでは、独自HTMLを使って記述した固定ページを作成する方法を解説
> します。

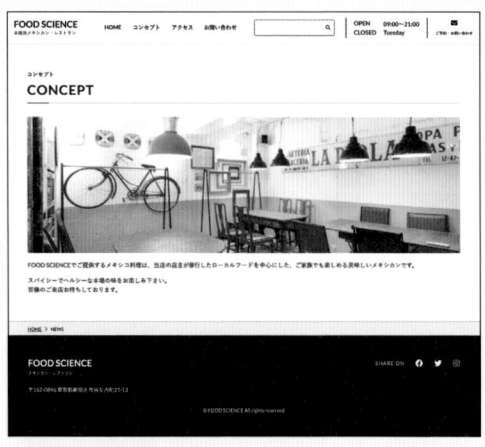

●通常の固定ページ

●HTMLを使って記述した固定ページ

学習用素材　「**WP_sample**」→「**html**」

● スラッグを利用した固定ページテンプレート

　学習用素材の「html」フォルダーにある「gallery.html」を開いてみましょう。このページは、店内の写
真を見ることができるギャラリーページです。

　このページは、全体の背景が黒色で独自のJavaScriptも動いており、WordPressのエディタで作成す
るには難しいレイアウトになっています。

　このようなデザインの場合、HTMLが理解できている方であれば、直接HTMLを編集したほうが早い
と思います。そこで、このページは独自HTMLを使って固定ページを作成します。

▶ 固定ページを作成する

まず、管理画面から固定ページを作成します。次の箇所に気を付けて入力し、固定ページを公開してください。

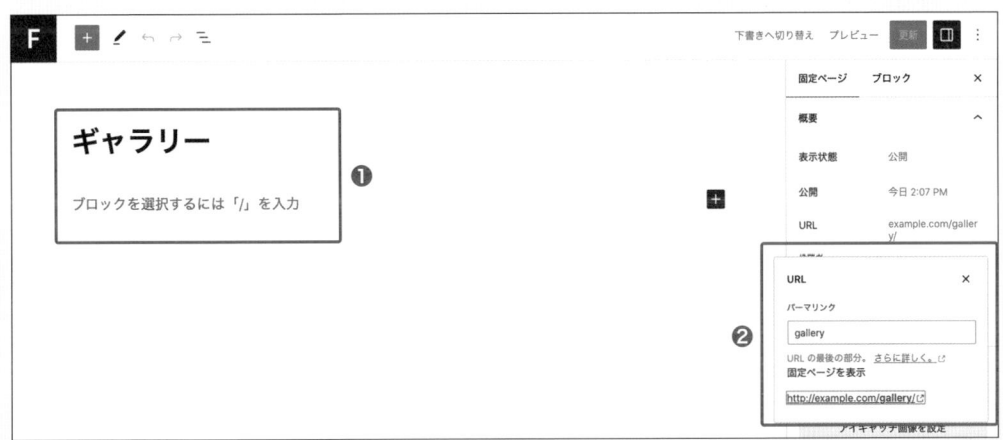

❶ 本文

この後の作業でコンテンツ部分のHTMLもテンプレートファイルに記述するので、本文欄を空にしてもページは表示されます。しかし、WordPressはサイト内検索の際に保存されているテキストをデータベースから探します。つまり、このページを検索対象にするためには、本文欄にもテキストを入力する必要があります。ここでは、タイトルを「ギャラリー」にしておきます。

❷ パーマリンク

URLのパーマリンクには必ず半角英数の文字を入力します。ここでは「gallery」と入力します。

⬤ テンプレートファイルを作成する

先ほど開いた「gallery.html」を作業フォルダーにコピーし、ファイル名を「page-gallery.php」にリネームします。ここで、あらためてテンプレート階層の表を見てみましょう。

●固定ページのテンプレート階層

優先順位	テンプレートファイル名	備考
1	カスタムテンプレート	ページ作成画面の「テンプレート」ドロップダウンメニューで選択したテンプレート名
2	page-{slug}.php	例：固定ページのスラッグが"about"の場合はpage-about.php
3	page-{ID}.php	例：固定ページのIDが6の場合はpage-6.php
4	page.php	—
5	index.php	—

固定ページ表示のテンプレート階層では、2番目の優先順位で「page-{slug}.php」というルールになっています。先ほど、固定ページを作成する際にスラッグを「gallery」としているので、テンプレートファイル名を「page-gallery.php」とすることで、優先順位が2番目のテンプレートファイルになりました。

⬤ page-gallery.php を修正する

「page-gallery.php」を修正します。ヘッダー部分などを、これまで通りテンプレートタグなどに置き換えます。ファイル名を「page-{slug}.php」の形にしているので、WordPressはすでにテンプレートファイルとして認識可能です。

注意点があります。「gallery.html」の<head>の中では、fotoramaというギャラリー用のライブラリを読み込んでいます。

リスト gallery.html（抜粋）

```
<!-- ギャラリー用のjQueryライブラリ -->
<link  href="https://cdnjs.cloudflare.com/ajax/libs/fotorama/4.6.4/fotorama.css"  ↵
rel="stylesheet">
<script src="https://cdnjs.cloudflare.com/ajax/libs/fotorama/4.6.4/fotorama.js">  ↵
</script>
```

get_header()でヘッダーを読み込む前に、「wp_enqueue_style()」と「wp_enqueue_script()」を使い、これらのライブラリファイルを読み込むように指定します。また、fotoramaはjQueryのライブラリなので、第3引数に['jquery']と記述し、jQueryを使用することを明記します。

また、<img>タグへのパスにもecho get_template_directory_uri()を記述してパスが通るようにしてください。次のように記述します。

リスト page-gallery.php

```
<?php
wp_enqueue_style('fotorama', 'https://cdnjs.cloudflare.com/ajax/libs/fotorama/  ↵
4.6.4/fotorama.css');
wp_enqueue_script('fotorama', 'https://cdnjs.cloudflare.com/ajax/libs/fotorama/  ↵
4.6.4/fotorama.js', ['jquery']);
?>
<?php get_header(); ?>
```

↗続く

```php
<?php if ( have_posts() ) : ?>
  <?php while ( have_posts() ) : the_post(); ?>
  <main>
    <section class="section is-black">
      <div class="section_inner">
        <div class="section_header">
          <h2 class="heading heading-primary"><span>ギャラリー</span>GALLERY</h2>
        </div>
        <div class="fotorama">
          <img src="<?php echo get_template_directory_uri(); ?>/assets/img/gall⏎
ery/1.jpg">
          <img src="<?php echo get_template_directory_uri(); ?>/assets/img/gall⏎
ery/2.jpg">
          <img src="<?php echo get_template_directory_uri(); ?>/assets/img/gall⏎
ery/3.jpg">
          <img src="<?php echo get_template_directory_uri(); ?>/assets/img/gall⏎
ery/4.jpg">
          <img src="<?php echo get_template_directory_uri(); ?>/assets/img/gall⏎
ery/5.jpg">
          <img src="<?php echo get_template_directory_uri(); ?>/assets/img/gall⏎
ery/6.jpg">
          <img src="<?php echo get_template_directory_uri(); ?>/assets/img/gall⏎
ery/7.jpg">
          <img src="<?php echo get_template_directory_uri(); ?>/assets/img/gall⏎
ery/8.jpg">
          <img src="<?php echo get_template_directory_uri(); ?>/assets/img/gall⏎
ery/9.jpg">
          <img src="<?php echo get_template_directory_uri(); ?>/assets/img/gall⏎
ery/10.jpg">
        </div>
      </div>
    </section>
  </main>
  <?php endwhile; ?>
<?php endif; ?>
<?php get_footer(); ?>
```

● 表示を確認する

　page-gallery.phpが修正できたら保存して、テーマディレクトリにアップロードします。アップロードできたら、先ほど作成したギャラリーページにアクセスしてみましょう。デザイン通りに表示されれば完了です。このように、「page-{slug}.php」テンプレートファイルを使用すれば、独自のHTMLで固定ページを作ることが可能です。うまく活用することで、特集ページやポップアップなど、柔軟なページを作ることができるでしょう。

　しかしながら、多用しすぎるとテーマディレクトリがファイルだらけになってしまうので注意が必要です。繰り返しになりますが、テンプレートファイルを作成する際には、テンプレートファイルの設計がとても大切です。

04 | パスワード保護されたページを作成する

投稿や固定ページの表示状態には「パスワード保護」があります。パスワード保護されたページの本文は、ユーザーがパスワードを入力しなければ見ることができません。この機能を使うことで、パスワードを知っているユーザーだけが特定の情報を手に入れられるようになります。

| FOOD SCIENCE 本格派メキシカン・レストラン | HOME コンセプト アクセス お問い合わせ | OPEN 09:00〜21:00 CLOSED Tuesday | ご予約・お問い合わせ |

キーワード
KEYWORD

パスワードを入力してください。

送信 ← パスワードでページを保護する

▶ パスワード保護されたページを作成する

ここでは、特定のユーザー向けに「キーワード」を掲載したページを作成することにします。来店時に、このキーワードを店員に伝えると割引される、といった活用方法が考えられます。

まずは固定ページを作成します。タイトルと本文（❶）には、キーワードを掲載するページのテキストを入力してください。大事なポイントとして、表示状態を「公開」から「パスワード保護」に変更し、パスワードを入力します（❷）。ここでは「password」とします。URLのパーマリンクは「keyword」としておきます。

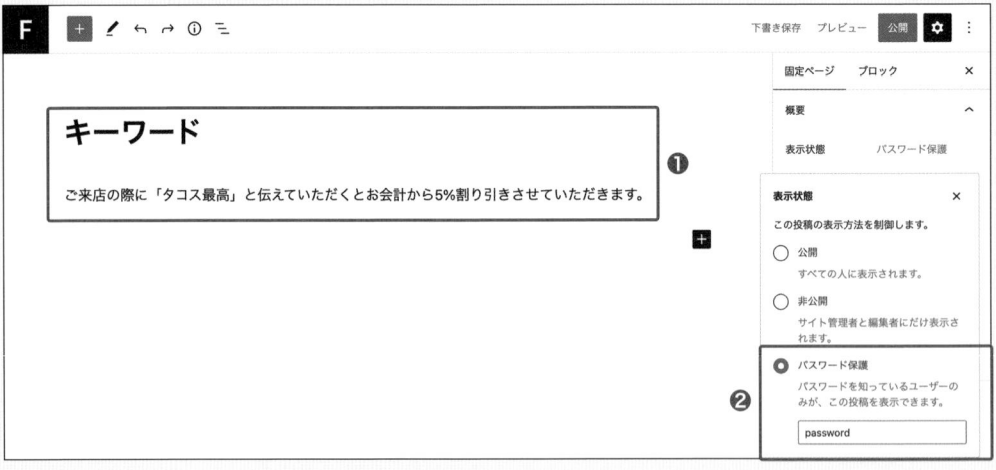

作成したページを開いてみましょう。次のようにパスワードの入力が必要なフォームが表示されます。

先ほど設定したパスワードを入力すると本文が表示されます。

パスワード保護された
コンテンツが表示された

● タイトルの「保護中」の文字を削除する

パスワード保護状態のページをあらためて確認してみましょう。「the_title();」で出力しているタイトルに「保護中」の文字が表示されています。

これを削除するには、protected_title_format フィルターを利用します。functions.php に次のように記述します。

```
/**
 * タイトルの「保護中」の文字を削除する
 */
add_filter('protected_title_format', 'my_protected_title');
function my_protected_title($title)
{
    return '%s';
}
```

タイトルから「保護中」の文字が消えました。

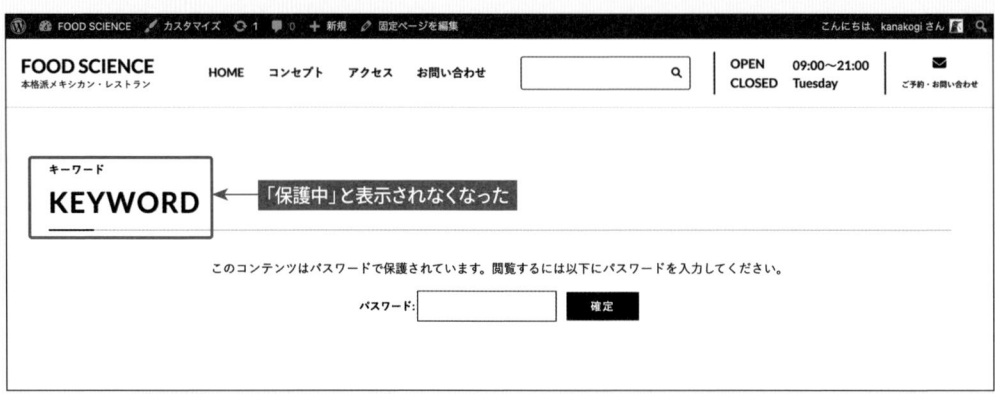

パスワード保護フォームをカスタマイズする

　このパスワード保護フォームは、WordPressが自動的にHTMLを出力しますが、このHTML自体をカスタマイズすることが可能です。「the_password_form」フィルターを利用して、functions.phpに次のように記述します。

リスト functions.php（追加する内容）

```
/**
 * パスワード保護フォームをカスタマイズする
 */
add_filter('the_password_form', 'my_password_form');
function my_password_form()
{
    $wp_login_url = wp_login_url();
    $html = <<<HTML
    <p>パスワードを入力してください。 <p>
    <form class="post-password-form" action="{$wp_login_url}?action=postpass"
method="post">
        <input name="post_password" type="password" />
        <input type="submit" name="送信" value="送信" />
    </form>
HTML;
    return $html;
}
```

HTMLを記載しやすいように、PHPのヒアドキュメント構文を使用しています。詳しくは、巻末の「ヒアドキュメント」を確認してください。大事なポイントは$html = <<<HTML以下のHTMLタグの部分です。<form>と<input>タグの属性は次のように記述する必要があります。

●パスワード保護フォームの必須要件

要素	属性	内容
<form>タグ	method	post
	action	{WordPressのログインURL}?action=postpass 例：https://example.com/wp-login.php?action=postpass
<input>タグ	name	post_password

WordPressのログインURLは、「wp_login_url()」関数で取得できます。

WordPress関数 wp_login_url()

```
wp_login_url($redirect)
```
機能	ログインURLを取得する	
主なパラメータ	$redirect	ログイン後にリダイレクトするURL

ページを見るとテキストが変更できたのが確認できます。しかし、入力欄と送信ボタンのところが崩れています。

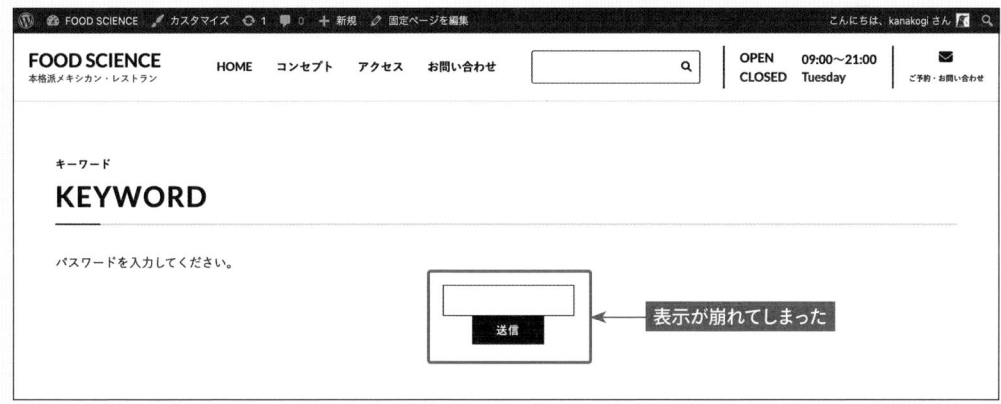

出力されたHTMLを見ると、次のように<p>と
タグが出力されているのがわかります。

リスト 出力されたHTML（抜粋）

```
<p>パスワードを入力してください。</p>
<p><form class="post-password-form" action="https://example.com/wp-login.php?act
ion=postpass" method="post">
    <input name="post_password" type="password" /><br />
    <input type="submit" name="送信" value="送信" /><br />
  </form>
```

WordPressの本文は、エディタで入力した内容に<p>と
タグを適切に付ける自動整形機能が動いています。この機能が、変更したHTMLに対しても動作してしまいました。

自動整形機能は、remove_filter()関数を使用して、「remove_filter('the_content', 'wpautop')」のように記述すると止められます。functions.phpの次のように修正します。

リスト functions.php（抜粋）

```php
/**
 * パスワード保護フォームをカスタマイズする
 */
add_filter('the_password_form', 'my_password_form');
function my_password_form()
{
    remove_filter('the_content', 'wpautop');
    $wp_login_url = wp_login_url();
    $html = <<<HTML
<p>パスワードを入力してください。<p>
<form class="post-password-form" action="{$wp_login_url}/wp-login.php?action=postpass" method="post">
  <input name="post_password" type="password" />
  <input type="submit" name="送信" value="送信" />
</form>
HTML;
    return $html;
}
```

WordPress関数 remove_filter()

```
remove_filter( $tag, $function_to_remove, $priority )
```

機能	特定のフィルターフックに付加されている関数を除去する	
主なパラメータ	$tag	除去したい関数が追加されているフィルターフック
	$function_to_remove	除去したいコールバック関数
	$priority	数の優先順位（初期値：10）

　ここでは最低限のHTMLを出力するようにしましたが、パスワード保護フォームの必須要件を守れば、自由に変更することが可能です。

投稿タイプ・フィールド・
タクソノミーをカスタマイズする

カスタム投稿タイプで投稿できる種類を増やす

これまで、「投稿」と「固定ページ」の2つの機能を活用してページを作成してきました。WordPressは、これら以外の投稿型のページを作ることも可能です。ここでは、新しい投稿型のページを作るための「カスタム投稿タイプ」について解説します。

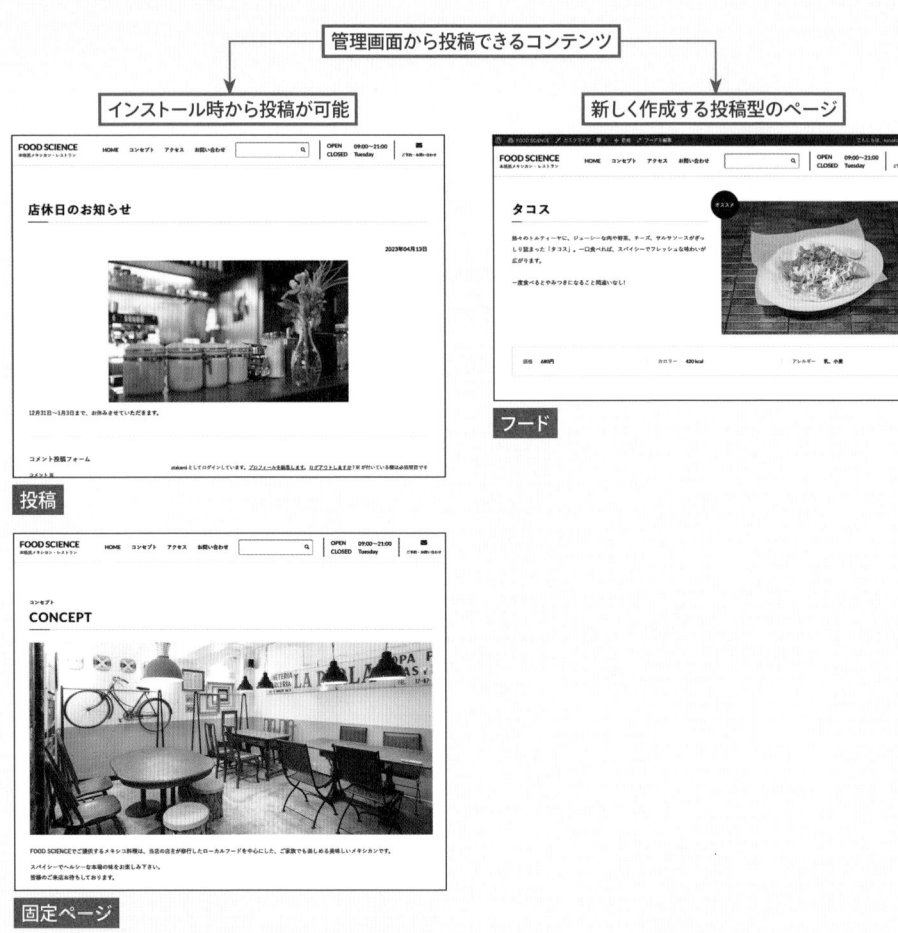

管理画面から投稿できるコンテンツ

インストール時から投稿が可能

店休日のお知らせ

投稿

新しく作成する投稿型のページ

タコス

フード

CONCEPT

固定ページ

学習用素材　「WP_sample」→「html」
　　　　　　「WP_sample」→「Chap5」→「Sec01」

▶ 新しい投稿型のページを作成するメリット

　ここからは、「フード紹介」という新しいコンテンツページを作成します。まずは、デザインを確認してみましょう。学習用素材の「html」フォルダーにある、「food.html」と「single-food.html」をブラウザで開いてください。

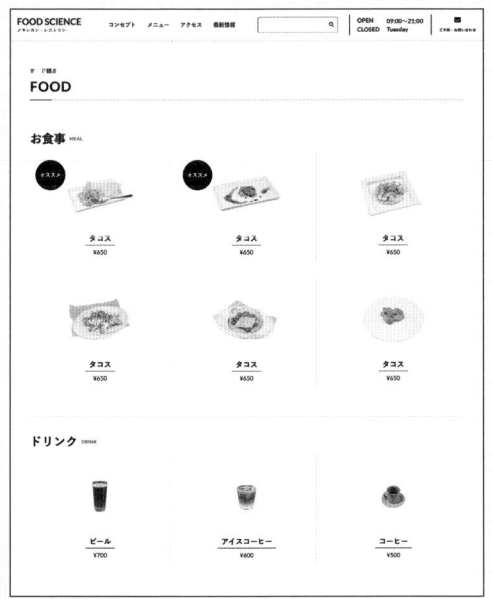

フード一覧ページ
food.html

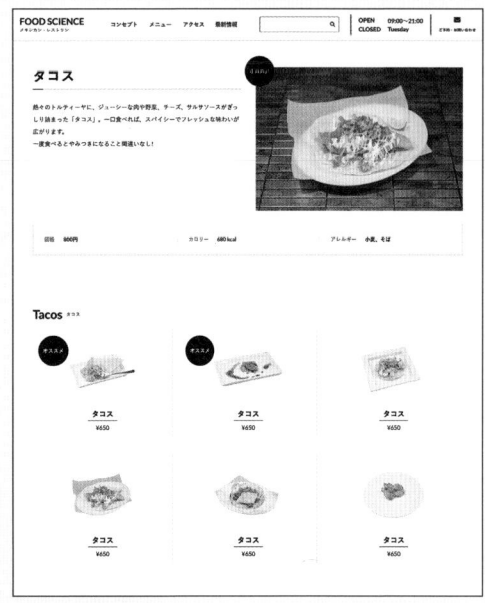

フード紹介ページ
single-food.html

　フード紹介ページは、レストランにある料理を紹介するページです。フードの一覧ページも必要です。

　ここまでの設定を終えたWordPressの状態でこれらのページを作ろうとすると、固定ページを作成することになります。しかし、固定ページの場合は、料理が増えるたびに一覧ページを手動で更新する必要があり、手間がかかります。

　そこで、管理画面から投稿したときに自動的に一覧ページを更新するため、「投稿」や「固定ページ」と同じように、「フード」という新しい投稿型のページを作成します。

　「フード」という新しい投稿型のページを作成することで、「一覧ページが作りやすい」「管理画面で管理が容易になる」といったメリットがあります。また、5-02で詳しく解説しますが、投稿画面のカスタマイズも可能になります。

▶ 投稿タイプとは

新しい投稿型のページを作成する前に、「投稿タイプ」というWordPressの概念を解説します。

● デフォルト投稿タイプ

WordPressでは、投稿されたとき、「投稿」「固定ページ」いずれの場合であっても内部的には同じ場所にデータを保存しています。それでは、どのように区別しているのかというと、投稿タイプという属性を付加しているのです。データベースには投稿タイプの文字列が保存されます。

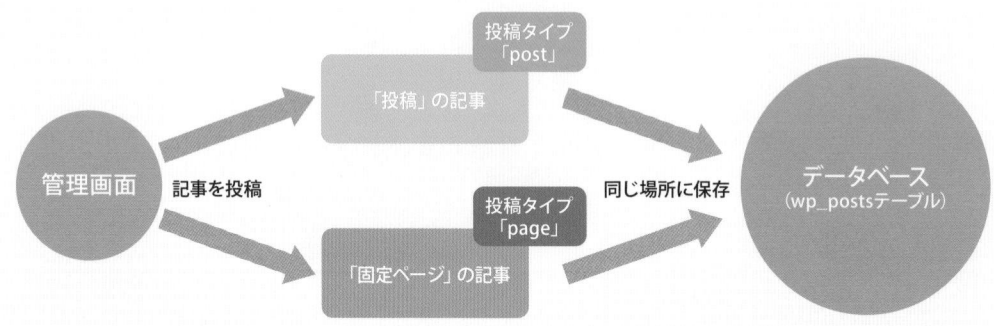

「投稿」の場合は「post」、「固定ページ」の場合は「page」といったように、いくつかの種類の投稿タイプ名はあらかじめ決められています。

● 主要なデフォルト投稿タイプ

ラベル	投稿タイプ名
投稿	post
固定ページ	page
添付ファイル	attachment
リビジョン	revision
ナビゲーションメニュー	nav_menu_item

たとえば、「投稿」の一覧画面を表示するときは、データベースに対して「投稿タイプがpostのデータをリクエストする」といった働きかけを行います。投稿タイプはこのように利用されています。

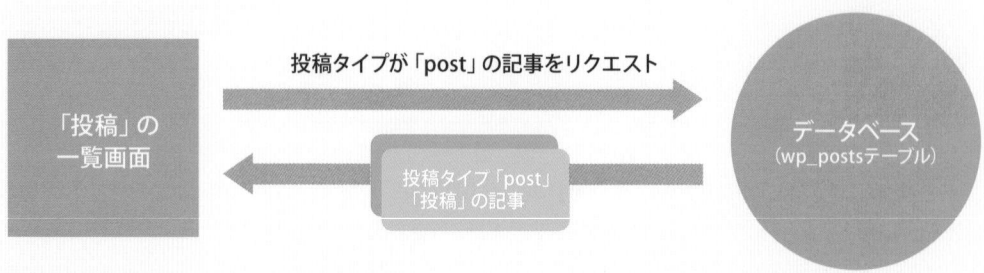

● カスタム投稿タイプ

WordPressでは、投稿タイプを任意に増やすことが可能です。「カスタム投稿タイプ」とは、この任意に名前を付けて作った新しい投稿タイプのことです。

これから、「フード」という新しい投稿型のページを作ります。作業の流れとして、まずカスタム投稿タイプ「food」を作成し、その後テンプレートファイルを作ります。

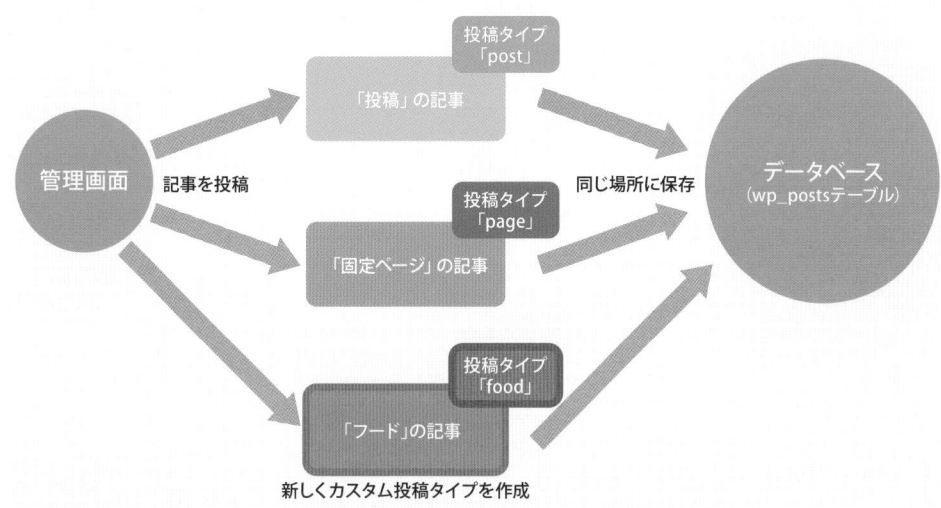

新しくカスタム投稿タイプを作成

▶ Custom Post Type UI プラグインでカスタム投稿タイプを作成する

カスタム投稿タイプを作成するには、functions.phpにコードを記述する必要があります。もし、複数のカスタム投稿タイプを作成しようとしたら、記述が冗長になり管理も大変です。そこで、カスタム投稿タイプの管理には、プラグインを使用します。

カスタム投稿タイプを管理するプラグインはたくさんありますが、ここでは人気のあるプラグイン「Custom Post Type UI」を使用します。

まずは、管理画面の［プラグイン］→［新規追加］から「Custom Post Type UI」で検索します（❶）。「Custom Post Type UI」をインストールし、プラグインを有効にします（❷）。

● Custom Post Type UI の設定

「Custom Post Type UI」が有効化されたら、メインナビゲーションメニューに「CPT UI」が追加されています。［CPT UI］→［投稿タイプの追加と編集］を選択します。

●基本設定ボックス

❶ 投稿タイプスラッグ

カスタム投稿タイプ名を入力します。半角英数で入力します。WordPress がデフォルトで使用している「post」「page」「attachment」「revision」「nav_menu_item」などにすることはできません。ここには「food」と入力してください。

❷ 複数形のラベル・❸ 単数形のラベル

管理画面のメニューで表示する際などに使うラベル名を設定します。英語の場合には、❷を Books、❸を Book のようにできますが、日本語の場合、複数形を無理に入力しようとするとおかしな日本語になってしまいます。ラベル名はわかりやすい表記であれば問題ありません。ここでは、❷と❸の両方とも「フード」と入力してください。

❹ ラベルを自動入力・❺追加ラベルボックス

❺の追加ラベルにテキストを入力すると、管理画面で表示されるメニュー項目を変更できます。❹の「選択したラベルに基づいて追加ラベルを自動入力します。」のリンクをクリックすると、❷と❸に入力した内容から、❺の追加ラベルボックスに自動的にテキストを入力することも可能です。本書ではクリックせずに進めます。

●設定ボックス

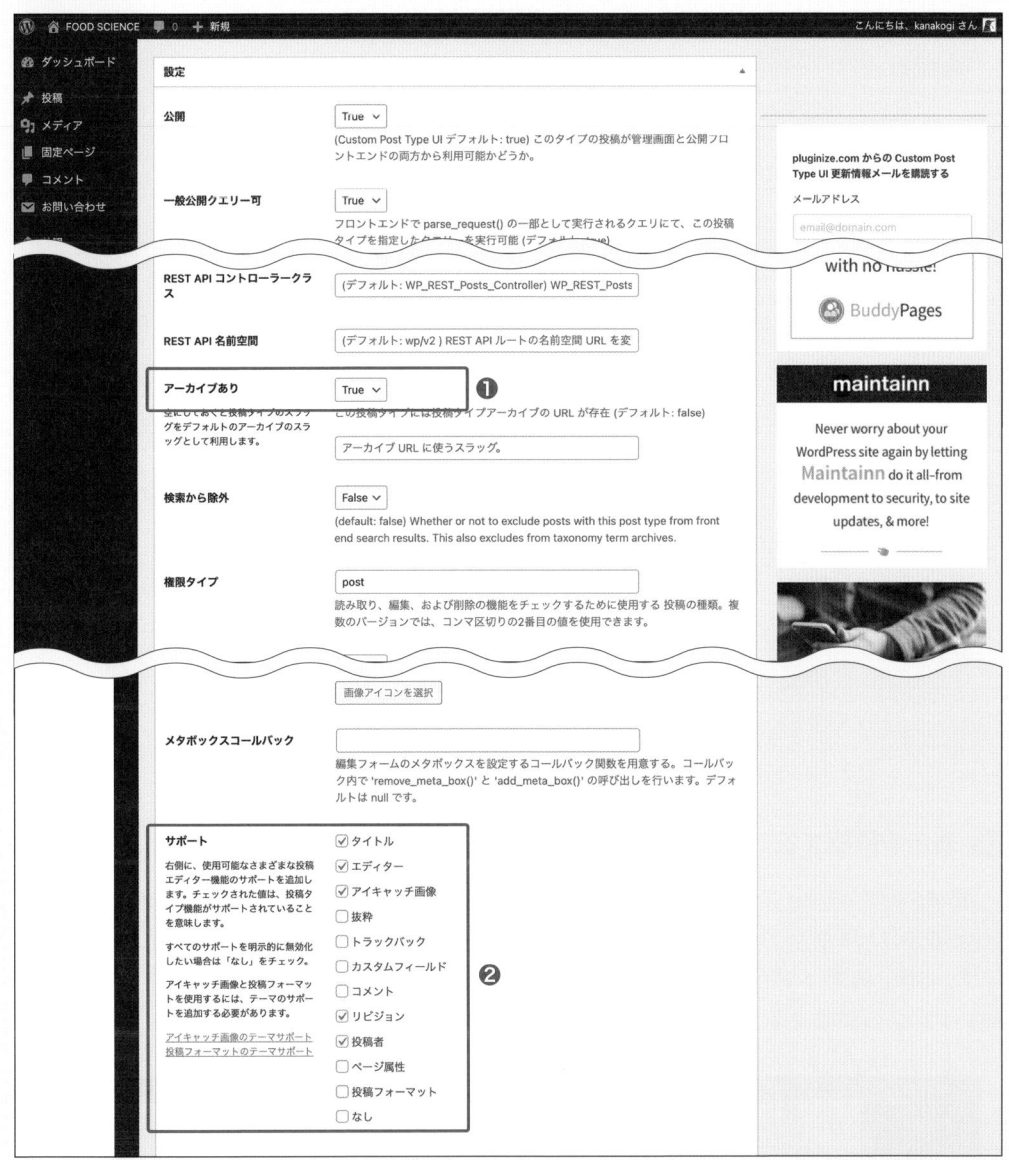

設定画面をスクロールさせると設定ボックスがあります。ここでは、作成するカスタム投稿タイプの詳細な設定ができます。たとえば、投稿ページのようにアイキャッチ画像を使えるようにしたり、固定ページのようにページに親子関係を持たせたりすることが可能です。

ここでは「アーカイブあり（❶）」を「True」にしてください。また、「サポート」（❷）の「タイトル」「エディター」「アイキャッチ画像」「リビジョン」「投稿者」にチェックを付けてください。

● 設定ボックスの主な項目

項目名	内容	初期値
一般公開	このカスタム投稿ページを表示するかどうか。Falseにすると表示されなくなる。WP_Queryでデータを取得することは可能	True
UIを表示	管理画面の左メニューにカスタム投稿タイプを表示するかどうか	True
アーカイブあり	「archive-{post_type}.php」のテーマファイルを使用するかどうか。使用する場合はTrueにする	False
検索から除外	WordPressサイト内検索の対象に含めるかどうか。Falseにすると検索結果に表示されなくなる	False
権限タイプ	権限を指定するときに使用する文字列。デフォルトでは投稿と同じ「post」	post
階層	固定ページのようにページに親子関係（階層化）を持たせるかどうか	False
メニューの位置	管理画面の左メニューの位置を設定。入力する数値によって表示される位置が変わり、5〜100までの数値を設定可能	なし
メニューに表示	管理画面の左メニューの項目として追加したいときに設定。「投稿」に含める場合は「edit.php」、「設定」なら「options-general.php」のように入力する	なし
メニューアイコン管理	画面の左メニューのアイコンを設定できる。あらかじめ用意されたアイコンや、独自の画像をアップロードすることも可能	なし
サポート	使用する機能を設定	タイトル エディター アイキャッチ画像
タクソノミー	「投稿」のカテゴリーやタグと共通で使う場合にはチェックを付ける	なし

● 表示を確認する

[投稿タイプを追加]ボタンをクリックして設定を保存すると、メインナビゲーションメニューに「フード」が表示されます。「投稿」と同じように、フードにも投稿の追加が可能になります。なお、「投稿タイプの追加と編集」ページ上部の[投稿タイプを編集]タブから、作成したカスタム投稿タイプの設定を変更することも可能です。

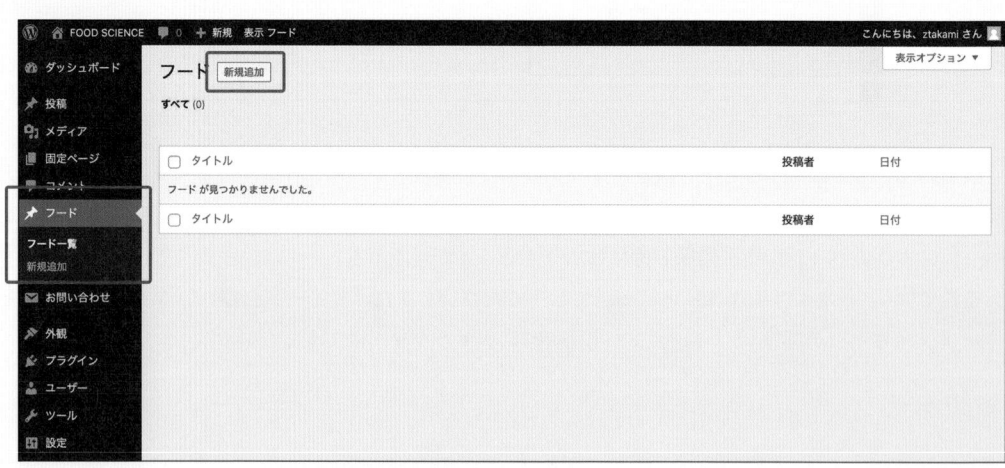

▶ カスタム投稿タイプで投稿する

それでは、「フード」に投稿してみましょう。入力方法は「投稿」と同じです。投稿用の素材は、学習用素材の「Chap5」→「Sec01」の中に「投稿用素材」フォルダーを用意しています。入力できたら［公開］ボタン（❶）をクリックしてください。

●ここで設定する内容

設定項目	内容
タイトル	タコス
本文	「投稿用素材」フォルダー内の「テキスト.txt」を参照
アイキャッチ画像	「投稿用素材」フォルダー内の「pic.png」を使用
URL	tacos

▶ テンプレートファイルを作成する

フードを追加できたら、「フード」のテンプレートファイルを作成します。まずは、テンプレート階層の優先順位を確認しましょう。カスタム投稿タイプのテンプレート階層は次のようになります。

●カスタム投稿タイプ表示のテンプレート階層

優先順位	テンプレートファイル名	備考
1	archive-{post_type}.php	例：投稿タイプ名が"product"の場合はarchive-product.php
2	archive.php	—
3	index.php	—

メニューの投稿タイプは「food」なので、優先順位が一番高い「archive-food.php」という名前のテンプレートファイルを作成します。学習用素材の「html」フォルダー内の「food.html」を作業フォルダーにコピーし、ファイル名を「archive-food.php」にリネームしてください。

archive-food.phpを作成したら、これまでと同様にヘッダーなどをインクルードタグで置き換えます。カスタム投稿タイプになっても、使用するテンプレートタグは同じです。

コンテンツ部分には、WordPressループを使います。ここは「loop-food.php」というテンプレートパーツにしましょう。loop-food.phpもインクルードタグを使って読み込みます。

リスト archive-food.php

```php
<?php get_header(); ?>
  <main>
    <section class="section section-foodList">
      <div class="section_inner">
        <div class="section_header">
          <h2 class="heading heading-primary"><span>フード紹介</span>FOOD</h2>
        </div>

        <section class="section_body">
          <h3 class="heading heading-secondary">お食事<span>MEAL</span></h3>
          <ul class="foodList">
            <?php if ( have_posts() ) : ?>
              <?php while ( have_posts() ) : the_post(); ?>
              <li class="foodList_item">
                <?php get_template_part('template-parts/loop', 'food'); ?>
              </li>
              <?php endwhile; ?>
            <?php endif; ?>
          </ul>
        </section>
      </div>
    </section>
  </main>
<?php get_footer(); ?>
```

loop-food.phpは次のように作成します。<p class="foodCard_price">〜</p>タグの箇所は5-02で設定するので、今の段階ではテンプレートタグで置き換えず、そのままの状態にしておいてください。

リスト template-parts/loop-food.php

```php
<div class="foodCard">
  <a href="<?php the_permalink(); ?>">
    <span class="foodCard_label">オススメ</span>
    <div class="foodCard_pic">
      <?php if ( has_post_thumbnail() ): ?>
        <?php the_post_thumbnail('medium'); ?>
      <?php else: ?>
        <img src="<?php echo get_template_directory_uri(); ?>/assets/img/common
/noimage.png" alt="">
      <?php endif; ?>
    </div>
    <div class="foodCard_body">
```

↗続く

```
      <h4 class="foodCard_title"><?php the_title(); ?></h4>
      <p class="foodCard_price">¥605</p>
    </div>
  </a>
</div>
```

テンプレートファイルの「archive-food.php」と「loop-food.php」を作成したら保存し、テーマディレクトリにアップロードします。loop-food.phpは「template-parts」ディレクトリ内に配置してください。「https://example.com/food/」にアクセスして、先ほど投稿したフードの投稿が表示されていれば完了です。

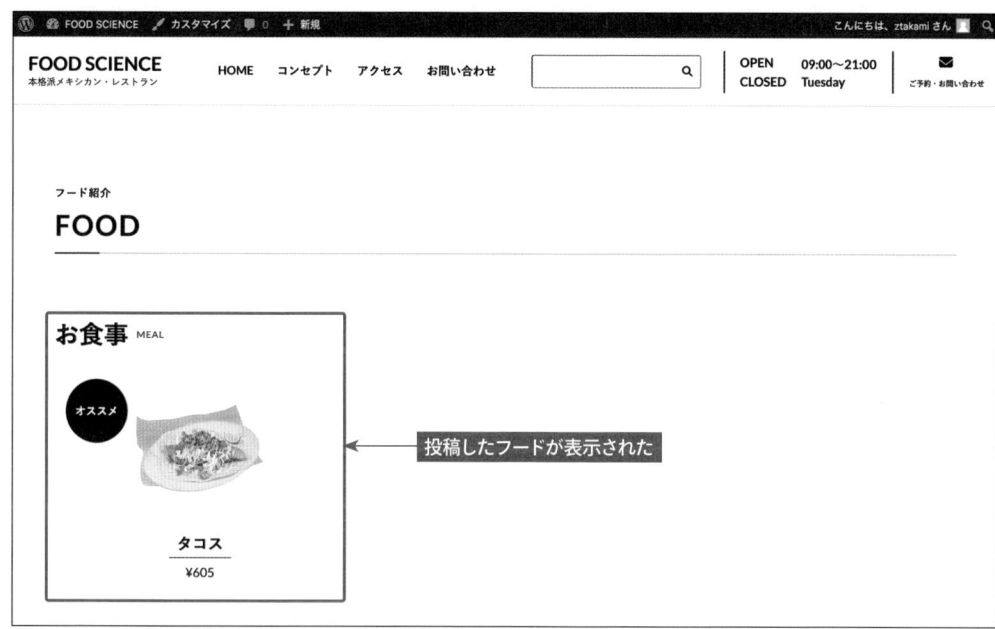

404 not foundページが表示される場合は、Custom Post Type UIの設定で、「アーカイブあり」がfalseのままになっていないか？　パーマリンク設定が「基本」のままになっていないか？　を確認してください。

SECTION 02 カスタムフィールドで記事の入力項目を増やす

カスタム投稿タイプを使って「フード」という新しい投稿型のページを作成しました。ここでは、カスタムフィールド機能を使い、「フード」の投稿個別ページを拡張します。カスタムフィールド機能によって、投稿画面で項目ごとにそれぞれ入力できるようにします。

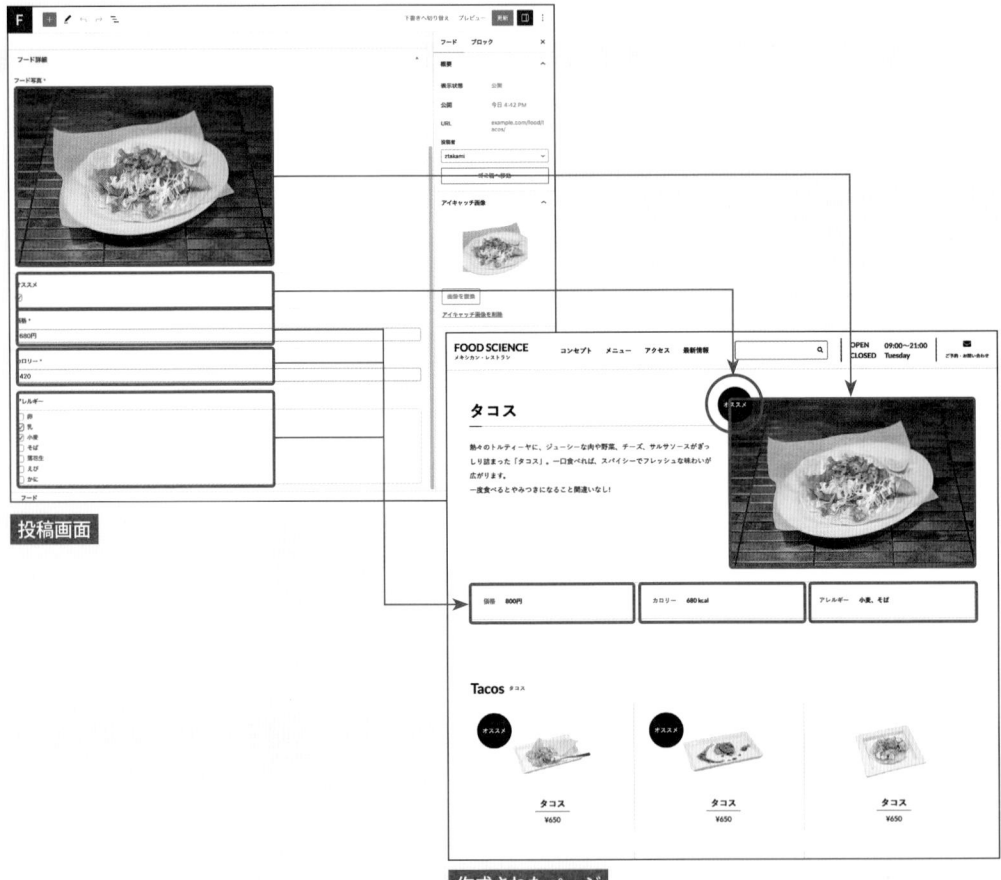

投稿画面

作成されたページ

学習用素材　「WP_sample」→「html」
　　　　　　「WP_sample」→「Chap5」→「Sec02」

▶ カスタムフィールドとは

「フード」の投稿個別ページを作成します。学習用素材の「html」フォルダーの中に、投稿個別ページのHTMLファイル「single-food.html」が入っています。single-food.htmlをブラウザで開いて確認してみましょう。

CHAPTER 5 投稿タイプ・フィールド・タクソノミーをカスタマイズする

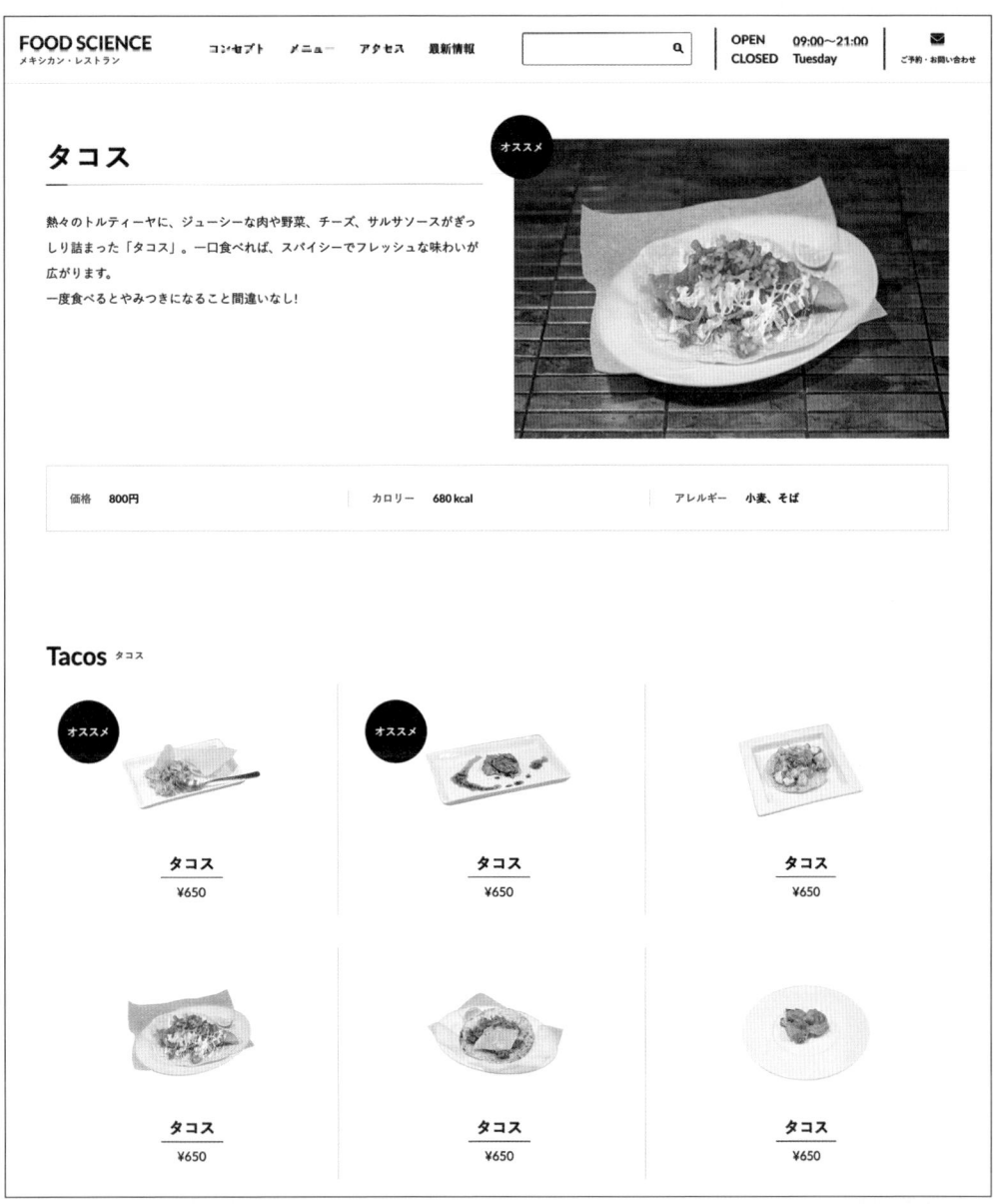

　このページのコンテンツ部分は、「価格」「カロリー」「アレルギー」という項目に分かれています。もし、これらの情報を本文欄で投稿しようとすると、マークアップされたHTMLを入力する必要があって非常に大変です。

　そこで、「カスタムフィールド」機能を使用して項目ごとに入力できるようにします。WordPressの投稿画面には、「本文」「抜粋」といった入力欄が用意されています。カスタムフィールド機能は、これら以外の新しい入力欄を作ることのできる機能です。

　ここでは「価格」「カロリー」「アレルギー」の項目、また「フード写真」「オススメ」も設定してきます。

● Advanced Custom Fieldsプラグインでカスタムフィールドを作成する

WordPressは、デフォルトの状態でもカスタムフィールド機能を使えます。この場合、投稿ページの右上の[オプション]→[設定]→[パネル]の中にある「カスタムフィールド」をONにすると、「カスタムフィールドボックス」が表示されるようになります。

しかし、このカスタムフィールドボックスは入力するたびに選択する必要があり、決して使いやすいとは言えません。

そこで、カスタムフィールドを使いやすく利用するために「Advanced Custom Fields」プラグインを導入します。Advanced Custom Fieldsを利用すると、ラジオボタンやチェックボックスなど、さまざまな入力方法を使えます。

▶ Advanced Custom Fieldsをインストールする

まずは、管理画面の[プラグイン]→[新規追加]から「Advanced Custom Fields」で検索します（❶）。Advanced Custom Fieldsをインストールし、プラグインを有効にします（❷）。

⦿ フィールドグループを作成する

Advanced Custom Fields が有効化されると、メインナビゲーションメニューに［ACF］が表示されます。これを選択して、「フィールドグループ」画面を表示してください。

Advanced Custom Fields では、「フィールドグループ」という、カスタムフィールドの集合体を作って管理します。まず、フィールドグループを作成し、その中にカスタムフィールドを作っていきます。

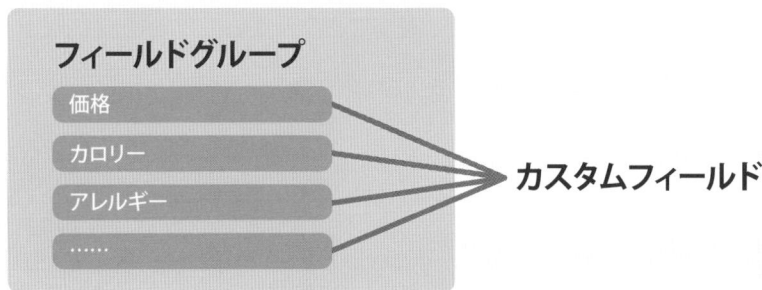

フィールドグループを作るには、画面の上部にある［新規追加］ボタン、または画面中央の[+ Add Field Group]をクリックします。

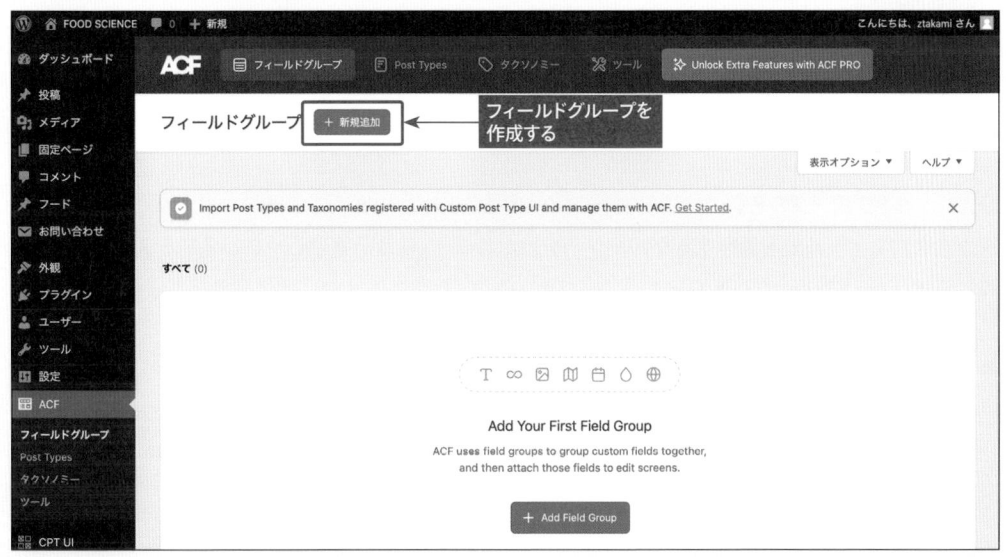

「新規フィールドグループを追加」画面では、まず次ページの画面の❶と❷を見てください。

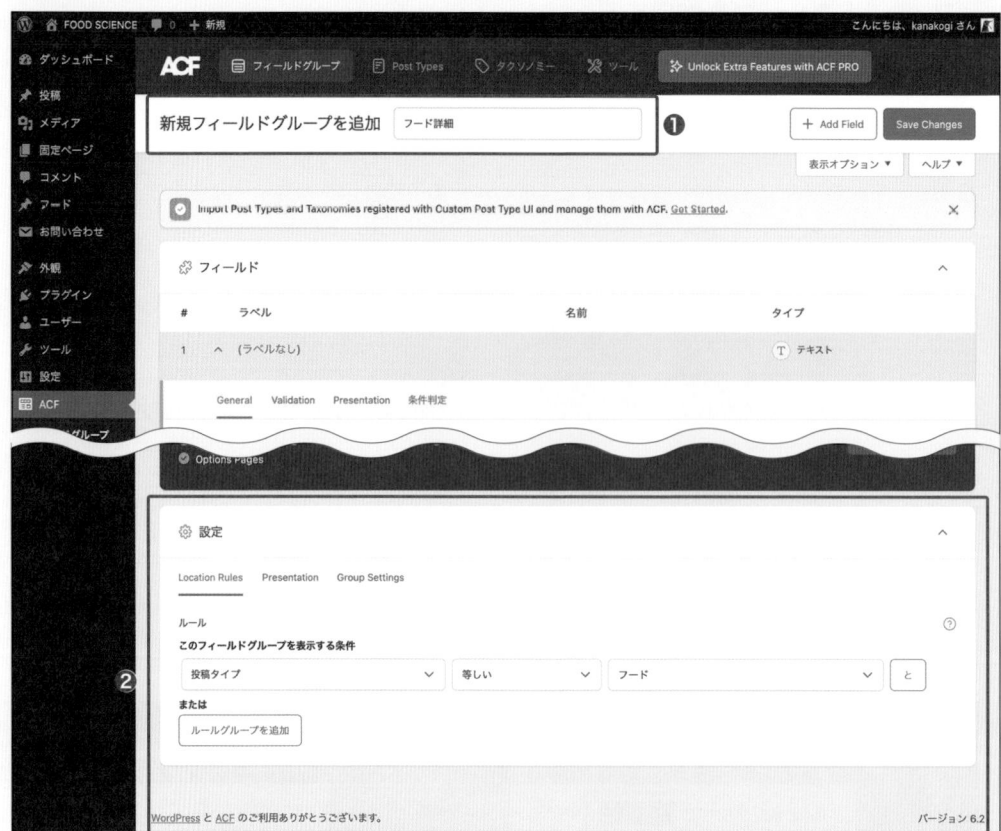

❶ フィールドグループの名前

カスタムフィールドを管理するグループ名を設定します。任意の管理しやすい名前を入力しましょう。ここでは「フード詳細」とします。

❷ 設定

設定ボックスでは、このフィールドグループの条件などを設定できます。今回は「フード」の投稿タイプに対する設定なので、[このフィールドグループを表示する条件] を、[投稿タイプ] [等しい] [フード] の形になるようにします。

● 設定ボックスで設定する項目

項目	概要
Location Rules	どの編集画面に表示するかを設定する。「このフィールドグループを表示する条件」が「"投稿タイプ""等しい""フード"」となるようにする
Presentation	このフィールドグループを表示するときの状態を設定できる。初期状態でも問題はないが、調整したいときには利用する
Group Settings	このフィールドグループの状態のON/OFF、説明文などを入力できる。初期状態で問題はない

● カスタムフィールドを設定する

「フィールド」ボックスから、カスタムフィールドを1つずつ設定します。カスタムフィールドは右下

の「+ Add Field」ボタンから増やせます。

　多くの設定項目がありますが、主な箇所のみを説明します。

❶ フィールドタイプ

　入力する情報の種類を選択します。これにより、たとえば「番号」にテキストが入力された場合はエラー
を表示する、といったことができます。多くのフィールドタイプが用意されているので、入力内容に合
わせて選択してください。主なフィールドタイプには次のようなものがあります。有料のアドオンを追
加することで、フィールドの種類を増やすことも可能です。

●主なフィールドタイプ

フィールドタイプ	概要
テキスト	1行のテキスト入力欄
テキストエリア	複数行のテキスト入力欄
番号	数値の入力欄。数値以外の文字が入力されたときにエラーが表示される
画像	画像のアップロード欄
ファイル	PDFファイルのようなファイルのアップロード欄
リッチエディター (WYSIWYG)	エディター付きの入力欄
選択	プルダウンの選択欄。選択項目は「:」(コロン)で区切って「保存内容:ラベル名」のようにする。選択項目ごとに改行する 例) red:赤　blue:青
チェックボックス	チェックボックスの選択欄。選択項目は選択と同様
ラジオボタン	ラジオボタンの選択欄。選択項目は選択と同様
真/偽	単一のチェックボックス。true/falseのような選択項目に適している

❷ フィールドラベル

　投稿画面で表示されるラベル名です。

❸ フィールド名

カスタムフィールド名を設定します。日本語も使用できますが、半角英数で統一することをお勧めします。「_」(アンダースコア)と「-」(ハイフン)は使えますが、スペースを入れることはできません。

⦿ Validation

● Required

「Required」をONにすると必須項目になります。

⦿ Presentation

● 手順

「手順」では、カスタムフィールドの説明文を作れます。

⦿ 条件判定

「条件判定」をONにすると、他のカスタムフィールドの状態に合わせて、表示・非表示を切り替えられます。

▶ カスタムフィールドを作成する

カスタムフィールドと表示箇所は図のように対応させます。次のように入力してください。フィールドを1つ入力したら、画面右下の [+ Add Field] をクリックすると次のフィールドを作成できます。最後に [Save Changes] をクリックします。

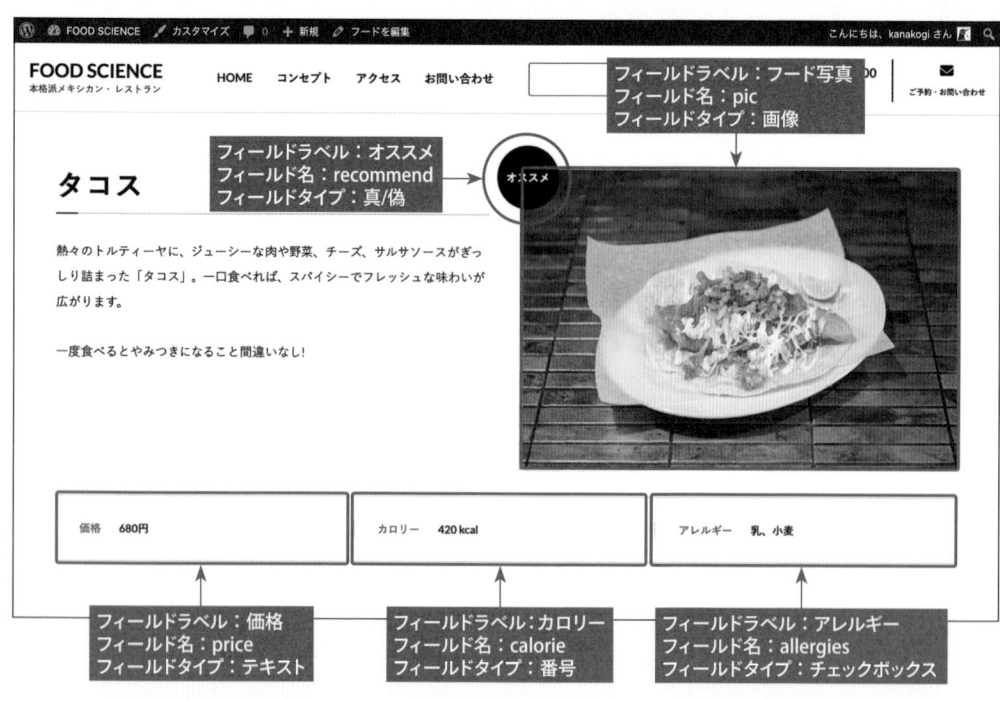

● ここで入力する内容

フィールドタイプ	フィールドラベル	フィールド名	補足
画像	フード写真	pic	「戻り値の形式」は「画像配列」 「Required」をONにする
真/偽	オススメ	recommend	—
テキスト	価格	price	「Required」をONにする
番号	カロリー	calorie	「Required」をONにする
チェックボックス	アレルギー	allergies	[選択肢] 卵 乳 小麦 そば 落花生 えび かに

投稿画面を確認する

管理画面のメインナビゲーションメニューから「フード」を選択し、5-01で投稿した「タコス」の記事編集画面を開いてみましょう。次ページの画面のように、先ほど設定したカスタムフィールドが表示されているのを確認してください。

カスタムフィールドの項目にも入力します（❶）。学習用素材「Chap5」→「Sec02」フォルダー内の「投稿用素材」フォルダーに、入力内容の素材を用意しているので利用してください。入力ができたら［更新］ボタン（❷）をクリックします。

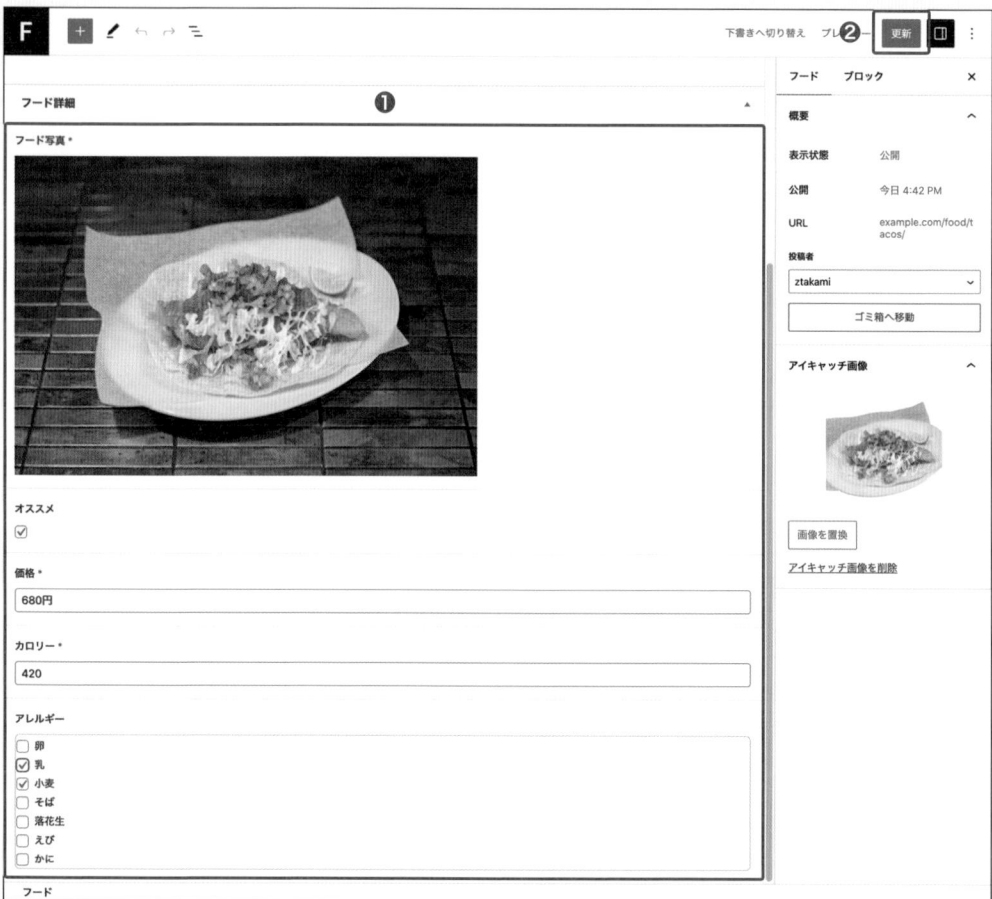

▶ カスタムフィールドを表示する

　次に、「フード」の個別投稿ページのテンプレートファイルを作成し、カスタムフィールドを表示します。

　ここでテンプレート階層を確認しましょう。カスタム投稿タイプの個別投稿ページは「single-{post_type}.php」です。メニューの投稿タイプは「food」なので、テンプレートファイル名は「single-food.php」ということになります。学習用素材の「html」フォルダーにある「single-food.html」を作業フォルダーにコピーし、「single-food.php」にリネームします。

●個別投稿表示のテンプレート階層

優先順位	テンプレートファイル名	備考
1	single-{post_type}.php	投稿タイプがfoodの場合はsingle-food.php
2	single.php	投稿（post）の個別ページ
3	singular.php	投稿、固定ページ、カスタム投稿タイプの個別ページ
4	index.php	—

カスタムフィールドの値を表示する

カスタムフィールドの値を表示するには、「get_post_meta()」関数を使います。get_post_meta()は、引数にカスタムフィールド名を指定することで値を取得できます。

WordPress 関数 get_post_meta()

get_post_meta($post_id, $key, $single)

機能　　　　　特定のキーからカスタムフィールドの値を取得する

主なパラメータ　$post_id　　データを取得したい投稿のID

　　　　　　　　$key　　　　取得したい値のカスタムフィールド名の文字列

　　　　　　　　$single　　true の場合は文字列を返す。false または値をセットしなかった場合は配列を返す

「価格」を表示するには、カスタムフィールドのキー名は「price」なので、echoと組み合わせて次のようにします。

```
<?php echo get_post_meta(get_the_ID() , 'price' , true); ?>
```

この記述でカスタムフィールドを表示できます。しかし、少しコードが長くはないでしょうか。そこで、Advanced Custom Fieldsには、カスタムフィールドを表示させるときに便利な関数が用意されています。Advanced Custom Fieldsが有効化されていれば、先ほどのコードは次のように記述できます。

```
<?php the_field('price'); ?>
```

このように簡単に記述できます。「the_field()」関数は、カスタムフィールド名を引数に、ループ中の記事のカスタムフィールドを表示します。

Advanced Custom Fields関数 the_field()

the_field($field_name, $post_id)

機能　　　　　特定のキーからカスタムフィールドの値を表示する

主なパラメータ　$field_name　カスタムフィールド名

　　　　　　　　$post_id　　データを取得したい投稿のID（省略可）

表示せずに値だけを取得したいときは、「get_field()」関数を使います。get_field()関数の場合は、次のようにして「価格」を表示します。

```
<?php
$price = get_field('price');
echo $price;
?>
```

```
get_field($field_name, $post_id, $format_value)
```

機能	特定のキーからカスタムフィールドの値を取得する
主なパラメータ	$field_name　カスタムフィールド名
	$post_id　データを取得したい投稿のID（省略可）
	$format_value　定型フォーマットを生成するかどうか。デフォルトはtrue。falseにするとデータベースの情報がそのまま出力される

● テンプレートファイルを修正する

作成したsingle-food.phpのヘッダー部分などを、適宜インクルードタグで置き換えます。フード情報の下に記述されているフードの一覧は、ここではいったん削除します。カスタムフィールドも表示するようにしたコードは次のようになります。

リスト single-food.php

```php
<?php get_header(); ?>
  <main>
  <?php if ( have_posts() ) : ?>
  <?php while ( have_posts() ) : the_post(); ?>
    <section class="section">
      <div class="section_inner">
        <div class="food">
          <div class="food_body">
            <div class="food_text">
              <h2 class="heading heading-primary"><?php the_title(); ?></h2>
              <div class="food_content">
                <?php the_content(); ?>
              </div>
            </div>
            <div class="food_pic">
              <?php if ( get_field('recommend') ): ?>
                <span class="food_label">オススメ</span>
              <?php endif; ?>

              <?php
              $pic = get_field('pic');
              $pic_url = $pic['sizes']['large']; // 大サイズ画像のURL
              ?>
              <img src="<?php echo $pic_url; ?>" alt="">
            </div>
          </div>

          <ul class="food_list">
            <li class="food_item">
              <span class="food_itemLabel">価格</span>
              <span class="food_itemData"><?php the_field('price'); ?></span>
            </li>
            <li class="food_item">
              <span class="food_itemLabel">カロリー</span>
              <span class="food_itemData"><?php echo number_format( get_field
('calorie') ); ?> kcal</span>
```

↗続く

```
            </li>
            <li class="food_item">
              <span class="food_itemLabel">アレルギー</span>
              <span class="food_itemData">
              <?php
                $allergies = get_field('allergies');
                foreach ($allergies as $key => $allergy) {
                    echo $allergy;
                    if ( $allergy !== end( $allergies ) ) {
                        echo '、';
                    }
                }
              ?>
              </span>
            </li>
          </ul>
        </div>

      </div>
    </section>
```
←　ここにあった「フードの一覧」は削除します

```
  <?php endwhile; ?>
  <?php endif; ?>
  </main>
<?php get_footer(); ?>
```

以降では、カスタムフィールドを使用している箇所について、コードの解説をします。

● オススメの表示／非表示を切り替える

「オススメ」のフィールドタイプは「真/偽」です。if文でget_field('recommend')の条件判定を行い、チェックがされているときはオススメのHTMLを表示されるようにしています。

```
  <?php if ( get_field('recommend') ): ?>
    <span class="food_label">オススメ</span>
  <?php endif; ?>
```

template-parts/loop-food.phpにも同じ記述箇所があるので、こちらも修正します。

リスト　template-parts/loop-food.php（抜粋）
```
  <?php if ( get_field('recommend') ): ?>
    <span class="foodCard_label">オススメ</span>
  <?php endif; ?>
```

● 写真を表示する

写真を表示している箇所では、get_field('pic')でカスタムフィールドの値を取得しています。フィールドタイプが「画像」のカスタムフィールドは、配列形式で画像に関する情報を返します。

管理画面のメディアで設定されている画像サイズを取得するには、sizesの値を参照します。ここでは大サイズを表示するために、'large'としています。

```php
<?php
$pic = get_field('pic');
$pic_url = $pic['sizes']['large']; // 大サイズ画像のURL
?>
<img src="<?php echo $pic_url; ?>" alt="">
```

「サムネイルのサイズ」を表示するときは、この「large」の文字列を「thumbnail」に、「中サイズ」を表示するときは「medium」に変更します。アップロードされた画像をそのまま表示するには['sizes']を消して['url']だけにします。

リスト アップロードされた原寸の画像を表示する例

```php
<?php
$pic = get_field('pic');
$pic_url = $pic['url'];
?>
<img src="<?php echo $pic_url; ?>" alt="">
```

● 入力されたテキストを表示する

「価格」の箇所です。the_field('price')でカスタムフィールドの値を表示しています。

```php
<span class="food_itemLabel">価格</span>
<span class="food_itemData"><?php the_field('price'); ?></span>
```

template-parts/loop-food.phpに同じような記述箇所があるので、こちらも修正をします。

リスト template-parts/loop-food.php（抜粋）

```php
<p class="foodCard_price"><?php the_field('price'); ?></p>
```

● カロリーの数値を3桁ごとにカンマ区切りにして表示する

「カロリー」の箇所です。get_field('calorie')でカスタムフィールドの値を取得し、PHPの「number_format()」関数を使うことで、数値を3桁ごとにカンマ区切りにしています。最後にechoで表示します。

```php
<span class="food_itemLabel">カロリー</span>
<span class="food_itemData"><?php echo number_format( get_field('calorie') );?> ⏎
kcal</span>
```

● アレルギーのチェックボックスを表示する

アレルギーは、フィールドタイプを「チェックボックス」にしています。チェックボックスの場合は、設定されたカスタムフィールドの値を配列で保存しています。get_field()関数でカスタムフィールドを取得してから、foreachを使って表示します。

PHPの「end()」関数を使うと、配列の最後の値を取得できます。end()関数を使用して、最後以外のときは「、」を出力するようにしています。

```php
<span class="food_itemLabel">アレルギー</span>
<span class="food_itemData">
<?php
  $allergies = get_field('allergies');
  foreach ($allergies as $key => $allergy) {
      echo $allergy;
      if ( $allergy !== end( $allergies ) ) {
          echo '、';
      }
  }
?>
</span>
```

● ブラウザで確認する

テンプレートファイルを修正できたら保存し、テーマディレクトリにアップロードします。ここでは、single-food.php と template-parts/loop-food.php を修正しました。記事ページにアクセスして表示が確認できたら完了です。

このように、Advanced Custom Fields プラグインを利用すると、カスタムフィールドが使いやすくなります。

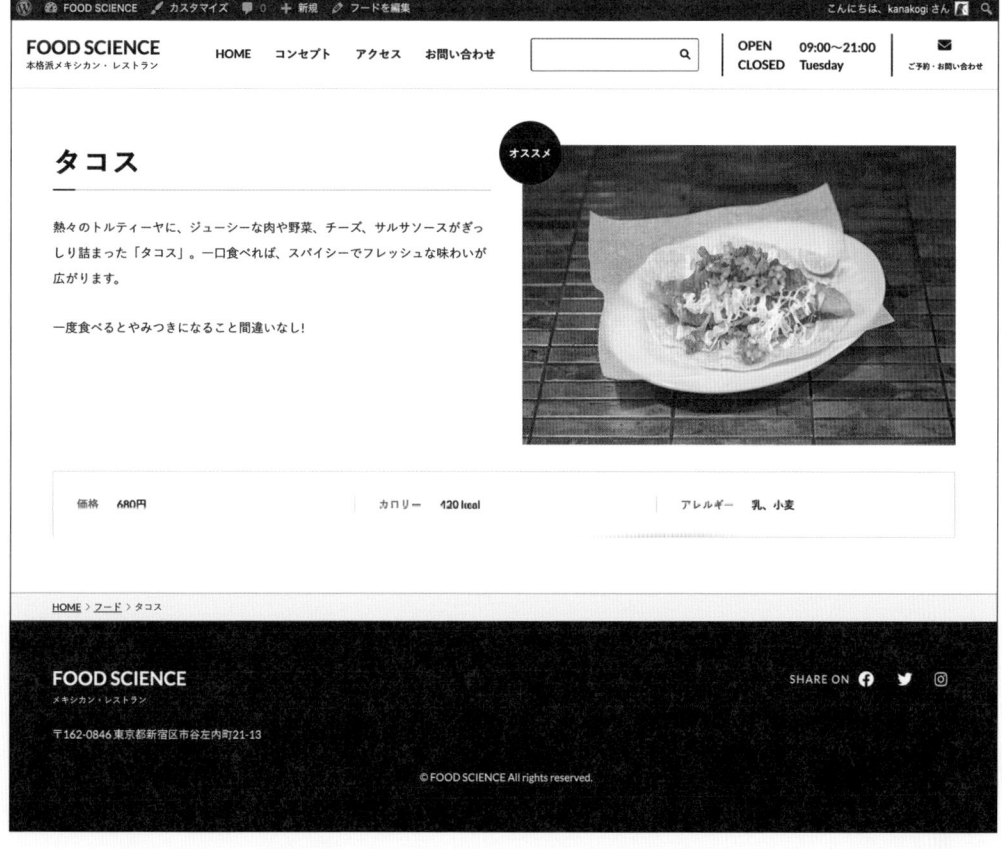

SECTION 03 │ カスタムタクソノミーで独自の カテゴリーやタグを作成する

5-02では、登録したフードの種類が「お食事」か「ドリンク」なのかがわかると親切です。また、フードが増えたときに「一覧ページ」があるとさらに便利になります。ここでは、カスタムタクソノミーを利用して、この機能を実装してみます。

> 学習用素材　「WP_sample」→「html」
> 　　　　　　「WP_sample」→「Chap5」→「Sec03」

▶ カスタムタクソノミー（カスタム分類）とは

投稿の記事は、「カテゴリー」と「タグ」を使用して分類できます。この分類を、WordPressでは「タクソノミー」と呼んでいます。タクソノミーは、カテゴリーとタグ以外にも作成することが可能で、独自に作成した分類のことを「カスタムタクソノミー（カスタム分類）」と言います。

投稿のカテゴリーでは、「お知らせ」と「コラム」を作りました。このカテゴリーのおかげで、記事を分類するだけでなく、「お知らせ一覧ページ」のように属するカテゴリーの記事一覧ページを作ることもできるのです。「カスタムタクソノミー」を使うことで、さらに別の分類を作ることも可能です。

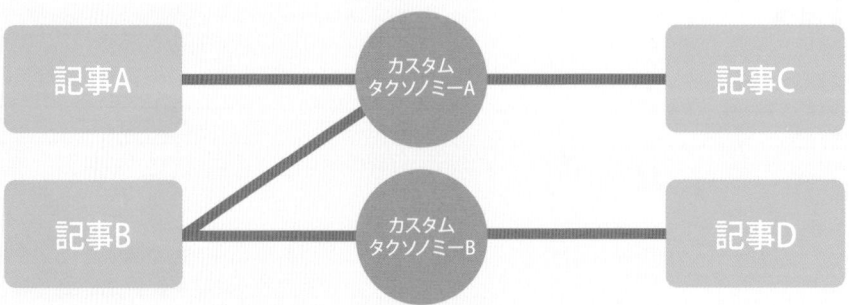

▶ Custom Post Type UIでカスタムタクソノミーを作成する

カスタムタクソノミーを作成するには、functions.phpに記述する方法と、プラグインを使う方法があります。functions.phpに記述する方法は、たくさんのコードを記述する必要があり管理も大変です。ここでは、プラグインを使ってカスタムタクソノミーを管理することにします。

カスタムタクソノミーを管理するプラグインとして、5-01でインストールした「Custom Post Type UI」を利用します。

● カスタムタクソノミーを作成する

5-01でインストールした「Custom Post Type UI」が有効化されているのを確認してください。有効化

されていれば、メインナビゲーションメニューの［CPT UI］→［タクソノミーの追加と編集］をクリックして、設定画面を表示します。

●基本設定ボックス

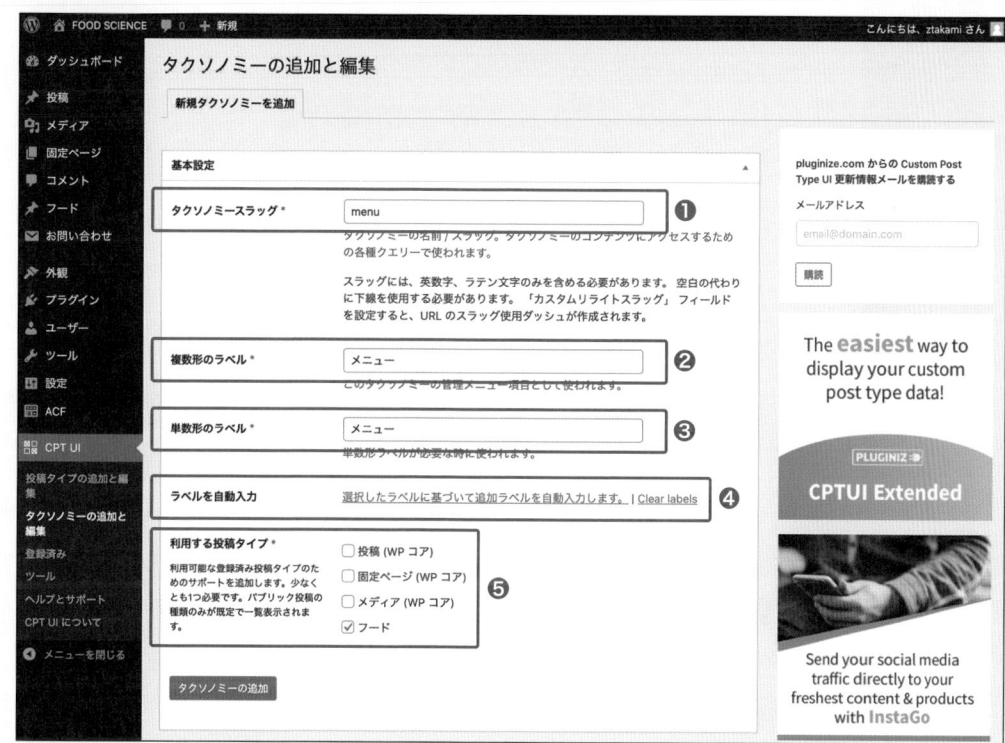

❶ タクソノミースラッグ

作成するタクソノミー名を入力します。半角英数で32字以内にする必要があります。ここでは「menu」としてください。

❷ 複数形のラベル・❸ 単数形のラベル

管理画面のメニューで表示する際などに使う、ラベル名を設定します。日本語の場合は複数形と単数形をわけるのが難しい場合があるので、わかりやすい表記であれば何にしても問題はありません。ここでは、❷と❸の両方に「メニュー」と入力してください。

❹ ラベルを自動入力

カスタム投稿タイプを作成したときと同様です。ラベルを変更できます。

❺ 利用する投稿タイプ

利用できる投稿タイプが表示されています。作成するカスタムタクソノミーが対象になる投稿タイプを選択してください。ここでは「フード」を選択します。

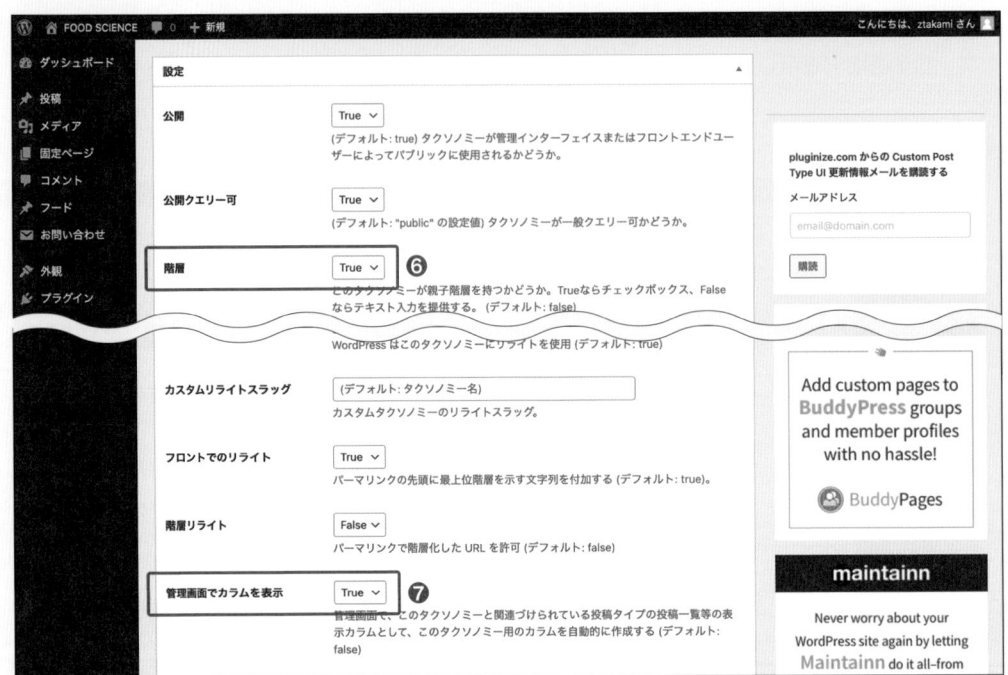

　設定ボックスでは、作成するカスタムタクソノミーの細かな設定を行います。ここでは「階層」❻と「管理画面でカラムを表示」❼を「True」にしてください。その他の主な項目については、次の表を参考にしてください。

● 設定ボックスの主な設定項目

項目名	内容	初期値
階層	分類に階層を付けるかどうか。True にすると「カテゴリー」のようになり、False にすると「タグ」のようになる	False
UIを表示	管理画面の左メニューにカスタム投稿タイプを表示するかどうか	True
管理画面でカラムを表示	このタクソノミーと関連づけられている投稿タイプの一覧で、このタクソノミーを表示する	False
カスタムリライトスラッグ	リライトがTrueのときに文字列を入力すると、表示に関するURLを変えることができる	タクソノミー名

● 表示を確認する

　[タクソノミーを追加]ボタンで設定を保存すると、メインナビゲーションメニュー[フード]の中に[メニュー]が表示されるようになります。カテゴリーと同じ要領で、下記の内容を入力してみましょう。

● ここで入力する内容

名前	スラッグ
お食事	meal
ドリンク	drink

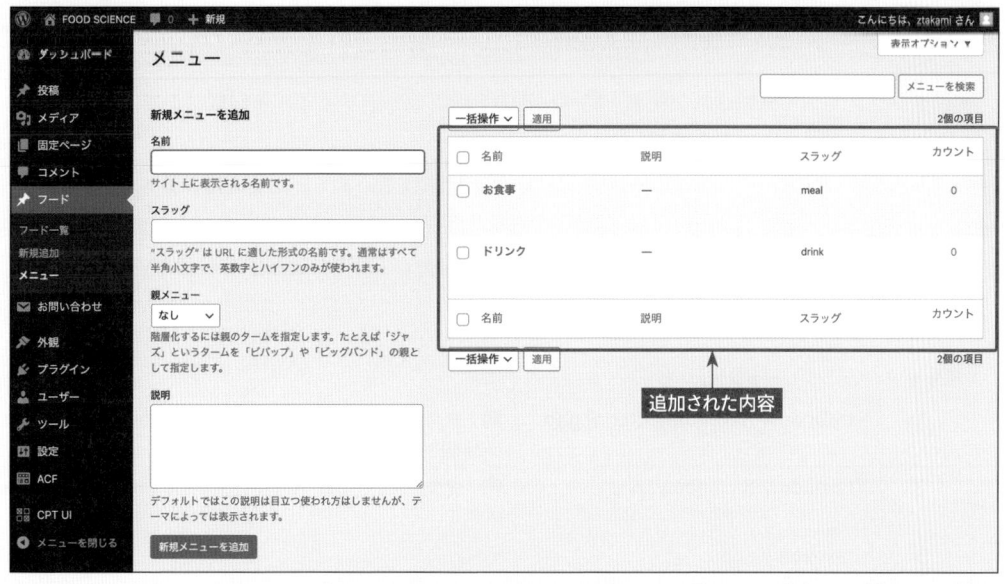

追加された内容

5-02で投稿した「タコス」の投稿ページを開いてみましょう。投稿のときのカテゴリーと同じように、「メニュー」ボックスが表示されているのを確認してください。「お食事」にチェックを付けて（❶）、[更新] ボタン（❷）をクリックします。

CHAPTER

5

投稿タイプ・フィールド・タクソノミーをカスタマイズする

▶ カスタムタクソノミーを表示する

　次にタクソノミーで分類された記事一覧ページのテンプレートファイルを作成します。カスタムタクソノミーのテンプレート階層を確認しましょう。

　カスタムタクソノミーのテンプレート階層は細かく分かれています。たとえば、優先順位が2番目の「taxonomy-menu.php」とすれば、メニューのみのテンプレートファイルを作ることも可能です。今回は、カスタムタクソノミーは1つしか作りませんので、優先順位が3番目の「taxonomy.php」を採用します。

● カスタムタクソノミーのテンプレート階層

優先順位	テンプレートファイル名	備考
1	taxonomy-{taxonomy}-{term}.php	例：タクソノミー名が"menu"、スラッグが"drink"の場合はtaxonomy-menu-drink.php
2	taxonomy-{taxonomy}.php	例：タクソノミー名が"menu" の場合はtaxonomy-menu.php
3	taxonomy.php	—
4	archive.php	—
5	index.php	—

学習用素材の「html」フォルダーにある「food-menu.html」をブラウザで開いてデザインを確認します。

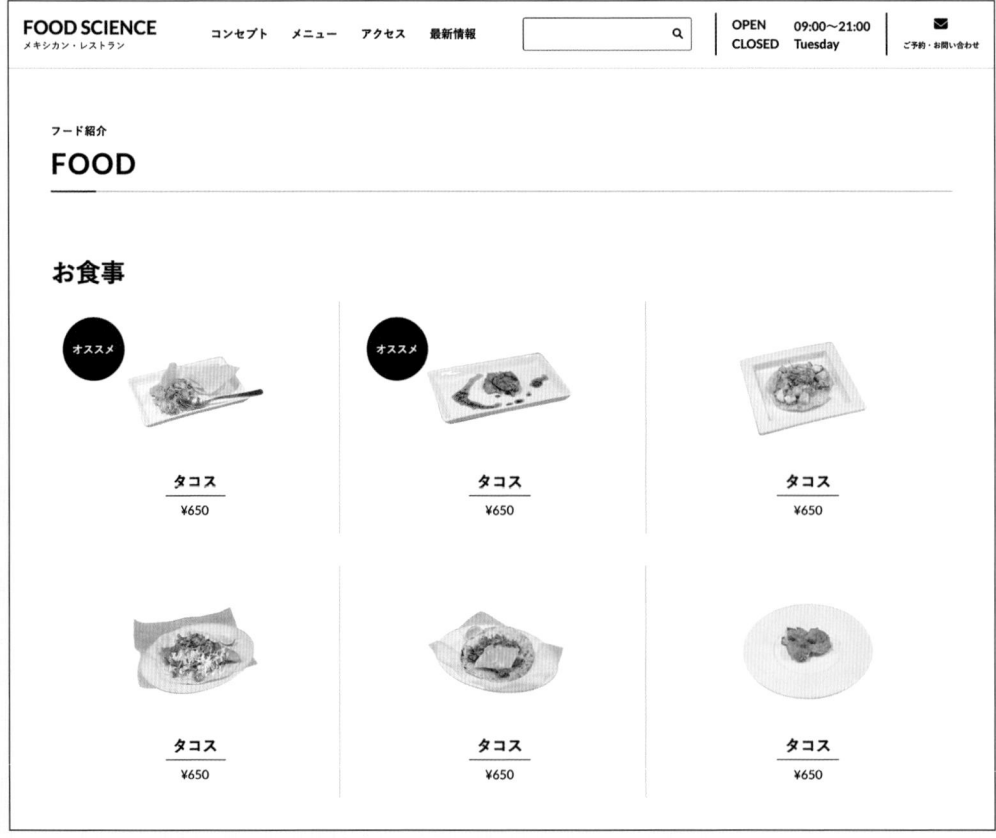

これまでと同じようにfood-menu.htmlを作業フォルダーにコピーし、「taxonomy.php」にリネームします。

続いて、ヘッダーなどをインクルードタグで置き換えます。ページタイトルの箇所は、表示しているタクソノミーの項目名です。表示するには、「single_term_title()」関数を使います。

WordPress関数 single_term_title()

```
single_term_title($prefix, $display)
```

機能　　　現在のページのタームタイトルを表示、または取得する

主なパラメータ　$prefix　タイトルの前に出力するテキスト（デフォルトはなし）

　　　　　　　　$display　タイトルを表示する場合はtrue、取得する場合はfalse（デフォルトはtrue）

taxonomy.phpには、次のように記述します。

リスト taxonomy.php

```php
<?php get_header(); ?>
  <main>
    <section class="section section-foodList">
      <div class="section_inner">
        <div class="section_header">
          <h2 class="heading heading-primary"><span>フード紹介</span>FOOD</h2>
        </div>

        <section class="section_body">
          <h3 class="heading heading-secondary"><?php single_term_title(''); ?> ⏎
<span>MEAL</span></h3>
          <ul class="foodList">
            <?php if ( have_posts() ) : ?>
              <?php while ( have_posts() ) : the_post(); ?>
              <li class="foodList_item">
                <?php get_template_part('template-parts/loop', 'food'); ?>
              </li>
              <?php endwhile; ?>
            <?php endif; ?>
          </ul>
        </section>
      </div>
    </section>
  </main>
<?php get_footer(); ?>
```

表示しているタクソノミーの項目名を表示するために、single_term_title()を使いましたが、タイトル横の英語の箇所は「MEAL」のテキストになっています。これでは、ドリンクページを開いたときも「MEAL」と表示されてしまいます。この部分をスラッグ名にするには少し工夫が必要です。「get_query_var()」関数と、P.117でも解説した「get_term_by()」関数を使います。

get_query_var($var)

機能	グローバル$wp_queryのパブリック・クエリ変数を取得する
主なパラメータ	$var　　　　　変数名

WordPress関数 get_term_by() ※再掲

get_term_by($field , $value , $taxonomy, $output, $filter)

機能	ID、名前、スラッグを指定してカテゴリー・タグなどのターム情報を取得する
主なパラメータ	$field　　　'ID'、'slug'、'name'などの検索する値のフィールド名
	$value　　　検索する値
	$taxonomy　'category'、'post_tag'のようなタクソノミー名
	$output　　OBJECT、ARRAY_A、ARRAY_Nの中から出力時の型を指定（省略時はOBJECT）
	$filter　　フィルター名（省略時は'raw'）

　get_query_var()は、メインクエリが持つクエリ変数を取得できます。今のURLが「https://example.com/menu/meal/」となっていますが、これは「タクソノミー＝フード」を表しています。このとき、メインクエリも menu=meal という値を持っています。get_query_var('menu')と記述すると、mealという値が取得できます。

　一方のget_term_by()ですが、こちらはメインクエリに関わらず、指定したタクソノミーの項目情報（ターム）を取得できます。たとえば、get_term_by('slug', 'menu', 'meal')とすると、「タクソノミーがmenuのうち、slugがmealの情報を取得する」という意味になります。

　テンプレートファイルのタイトル部分を、get_query_var()とget_term_by()を組み合わせて次のように修正します。strtoupper()は、文字列を小文字から大文字に変えるPHP関数です。

リスト taxonomy.php（抜粋）

●修正前

```php
<?php get_header(); ?>
  <main>
    <section class="section section-foodList">
      <div class="section_inner">
        <div class="section_header">
          <h2 class="heading heading-primary"><span>フード紹介</span>FOOD</h2>
        </div>

        <section class="section_body">
          <h3 class="heading heading-secondary"><?php single_term_title(''); ?>    ⏎
<span>MEAL</span></h3>
```
省略

●修正後

```php
<?php
// 開いているタクソノミーページの情報を取得
$menu_slug = get_query_var('menu');
$menu = get_term_by('slug', $menu_slug, 'menu');
```

↗続く

```
?>
<?php get_header(); ?>
  <main>
    <section class="section section-foodList">
      <div class="section_inner">
        <div class="section_header">
          <h2 class="heading heading-primary"><span>フード紹介</span>FOOD</h2>
        </div>

        <section class="section_body">
          <h3 class="heading heading-secondary"><?php single_term_title(''); ?>    ⏎
<span><?php echo strtoupper($menu->slug); ?></span></h3>
```
省略

テンプレートファイルの修正ができたら保存して、テーマディレクトリにアップロードします。
https://example.com/menu/meal/ にアクセスして、表示が確認できれば完了です。

▶ **フード紹介ページを調整する**

　フード紹介ページ（https://example.com/food/）には、フードの一覧が表示されていますが、どのフードがお食事かドリンクかわかりません。次のようにフードの種類で整理されたページにしてみましょう。

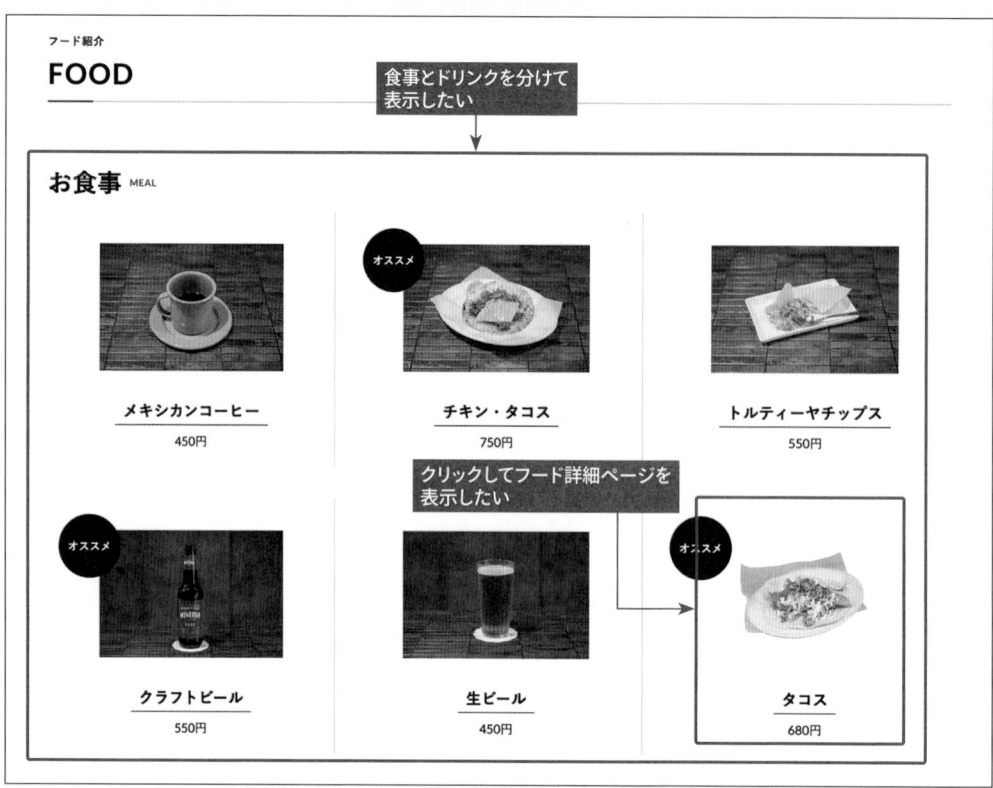

なお、現時点ではフードにはタコスだけが登録されている状態です。フード紹介ページの制作に進む前に、他のフード情報をいくつか登録しておきましょう。学習用素材の「Chap5」→「Sec03」→「投稿用素材」に、食事とドリンクの写真素材を用意しています。これらを使って、フードの情報をいくつか登録してみてください（タイトル、本文などのテキスト素材は用意していません）。

● 種類ごとにブロックを分ける

現段階では、登録したフードの情報が一覧として表示されますが、これを「お食事」「ドリンク」といった種類ごとにブロックを分けて表示します。

WordPressに登録されているタクソノミーを取得するには「get_terms()」関数を使います。

WordPress関数 get_terms()

get_terms($args)			
機能	条件を指定してタクソノミー情報を配列で取得する		
主なパラメータ	$args	taxonomy	タクソノミーを指定（category、post_tagなど）
		orderby	ソート対象を指定（count、name、slug、term_group、none、idなど）　※省略時は'name'
		order	ソート順を示すASCかDESC　※省略時はASC
		hide_empty	投稿記事がないタクソノミーを取得しない場合はtrue　※省略時はtrue
		exclude	取得したくないタクソノミーのID（複数指定する場合は,で区切る）

↗続く

exclude_tree	取得したくないタクソノミーのID。指定されたIDのタクソノミーが子タクソノミーを持っている場合、それらの子カテゴリーも除外される	
include	取得したいタクソノミーのID（複数指定する場合は,で区切る）	
number	取得件数	
offset	取得開始位置を数値で指定	
fields	情報項目を指定（all、count、ids、namesなど）	
slug	タクソノミーのスラッグを指定	
hierarchical	子タームを持つタームを含めるかどうか	
search	取得したいタクソノミーの名前（その一部）を指定	
name__like	取得したいタクソノミーの名前の先頭部分を指定	
pad_counts	子タクソノミーの投稿件数を親タクソノミーに加算する場合はtrueを指定　※省略時はfalse	
get	すべてのカテゴリー情報を取得する場合にallを指定	
child_of	指定したタームの子孫をすべて取得。子タームのみを取得する場合は次のparentを指定	
parent	親カテゴリーのIDを指定	
suppress_filter	フィルター処理しない場合はtrueを指定	

`<section class="section_body">`～`</section>`ごとに、取得した配列をforeachで1つずつ処理します。タイトル部分は、タームオブジェクトの中にname、slugがあるので差し替えます。

リスト archive-food.php（抜粋）

省略

```php
<section class="section section-foodList">
  <div class="section_inner">
    <div class="section_header">
      <h2 class="heading heading-primary"><span>フード紹介</span>FOOD</h2>
    </div>

    <?php
    $menu_terms = get_terms(['taxonomy' => 'menu']);
    if ( !empty($menu_terms) ):
    ?>
    <?php foreach ($menu_terms as $menu): ?>
      <section class="section_body">
        <h3 class="heading heading-secondary"><?php echo $menu->name; ?><span>⏎
<?php echo strtoupper($menu->slug); ?></span></h3>
        <ul class="foodList">
          <?php if ( have_posts() ) : ?>
            <?php while ( have_posts() ) : the_post(); ?>
            <li class="foodList_item">
              <?php get_template_part('template-parts/loop', 'food'); ?>
            </li>
            <?php endwhile; ?>
```

続く

```
            <?php endif; ?>
          </ul>
        </section>
      <?php endforeach; ?>
      <?php endif; ?>

    </div>
  </section>
```
省略

「お食事」や「ドリンク」のテキストの箇所に、taxonomy.phpへのリンクを設定します。ターム情報から「get_term_link()」関数（P.118でも解説）でアーカイブページのURLを取得できます。

WordPress 関数 get_term_link()　※再掲

get_term_link($term, $taxonomy)	
機能	カテゴリーなどのタームページのリンクを取得する
主なパラメータ	$term　　　　　タームのIDかオブジェクトを指定　※オブジェクトのときは $taxonomyは省略可
	$taxonomy　　タクソノミー名を指定（'category'、'post_tag'など）

リスト archive-food.php（抜粋）

省略
```php
<section class="section section-foodList">
  <div class="section_inner">
    <div class="section_header">
      <h2 class="heading heading-primary"><span>フード紹介</span>FOOD</h2>
    </div>

    <?php
    $menu_terms = get_terms(['taxonomy' => 'menu']);
    if ( !empty($menu_terms) ):
    ?>
    <?php foreach ($menu_terms as $menu): ?>
      <section class="section_body">
        <h3 class="heading heading-secondary"><a href="<?php echo get_term_link ⏎
($menu); ?>"><?php echo $menu->name; ?></a><span><?php echo strtoupper($menu->slug) ⏎
; ?></span></h3>
        <ul class="foodList">
```
省略

最後に、WordPressループの箇所を修正します。ここはWP_Queryを使って、foreach中のタクソノミーとスラッグを指定します。

リスト archive-food.php
```php
<?php get_header(); ?>
  <main>
    <section class="section section-foodList">
      <div class="section_inner">
        <div class="section_header">
```

↗続く

```html
        <h2 class="heading heading-primary"><span>フード紹介</span>FOOD</h2>
      </div>

      <?php
      $menu_terms = get_terms(['taxonomy' => 'menu']);
      if ( !empty($menu_terms) ):
      ?>
      <?php foreach ($menu_terms as $menu): ?>
        <section class="section_body">
          <h3 class="heading heading-secondary"><a href="<?php echo get_term_ ↵
link($menu); ?>"><?php echo $menu->name; ?></a><span><?php echo strtoupper($menu ↵
->slug); ?></span></h3>
          <ul class="foodList">
            <?php
            // メニューの投稿タイプ
            $args = [
              'post_type' => 'food',
              'posts_per_page' => -1,
            ];
            // メニューの種類で絞り込む
            $taxquerysp = ['relation' => 'AND'];
            $taxquerysp[] = [
              'taxonomy' => 'menu',
              'terms' => $menu->slug,
              'field' => 'slug',
            ];
            $args['tax_query'] = $taxquerysp;
            $the_query = new WP_Query($args);
            if ( $the_query->have_posts() ) : ?>
              <?php while ( $the_query->have_posts() ) : $the_query->the_post(); ?>
              <li class="foodList_item">
                <?php get_template_part('template-parts/loop', 'food'); ?>
              </li>
              <?php endwhile; ?>
              <?php wp_reset_postdata(); ?>
            <?php endif; ?>
          </ul>
        </section>
        <?php endforeach; ?>
      <?php endif; ?>

    </div>
  </section>
 </main>
<?php get_footer(); ?>
```

　これでテンプレートファイルの修正ができました。アップロードして確認してみましょう。次のように、種類ごとに表示されれば完了です。少し難しかったと思いますが、変数・オブジェクトの中身をイメージすることが重要です。

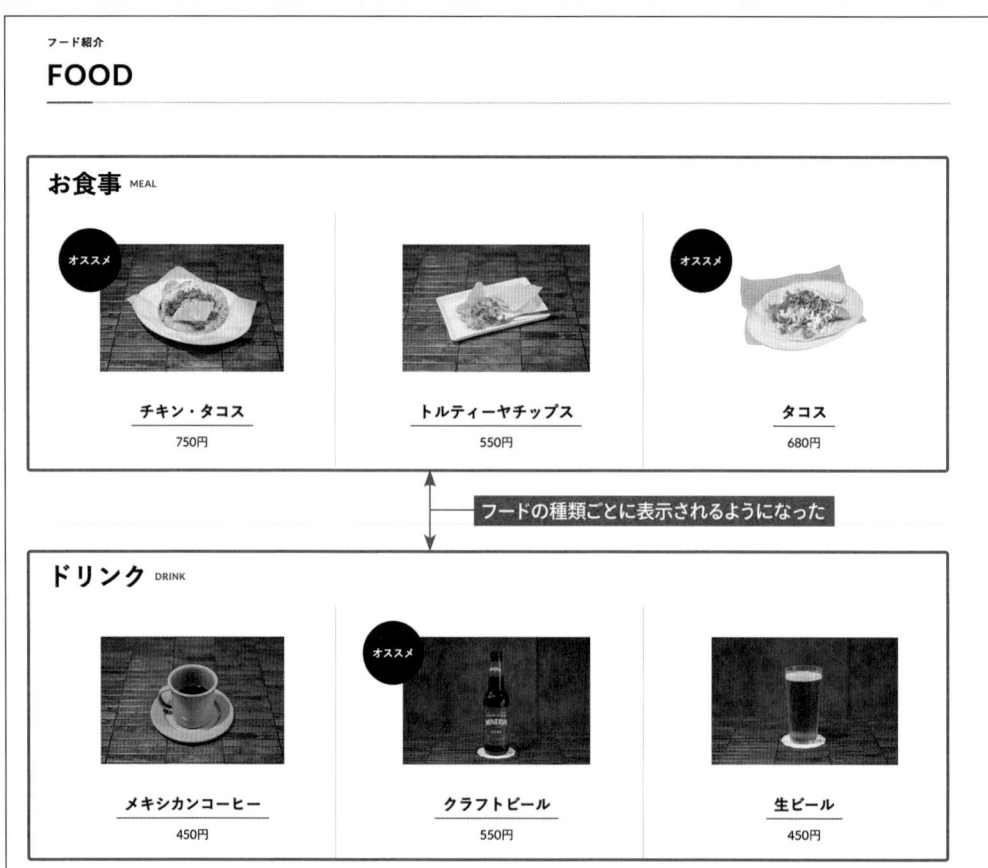

グローバルメニューを修正する

　最後に、グローバルメニューからも「フード」にアクセスできるようリンクを修正しましょう。メインナビゲーションメニューの［外観］→［メニュー］から修正します。

　「編集するメニューを選択」を「global-navigation」にし［選択］ボタンをクリックします（❶）。「メニューを編集」画面の左側から「カスタムリンク」ボックス（❷）を表示します。カスタム投稿ページへのリンクは、URLで設定する必要があります。「フード」ページのURLを調べて表のように入力し、［メニューに追加］ボタン（❸）をクリックします。最後に［メニューを保存］（❹）をクリックします。

● ここで設定する内容

項目	内容
URL	https://example.com/food/
リンク文字列	フード

04 | メインビジュアルを 更新できるようにする

このCHAPTERでは、ここまでカスタム投稿タイプ・カスタムフィールド・カスタムタクソノミーを学びました。最後に応用で、トップページのメインビジュアルを更新できるようにします。

●メインビジュアルを管理画面から更新する

▶ トップページのメインビジュアルを更新する

本サイトのトップページには、写真を大きく使ったメインビジュアルがあります。このビジュアルは、3枚の写真がループして表示されています。この写真を管理画面から更新できるようにしましょう。

◉ 公開しない投稿タイプを作成する

　メインビジュアルの写真を投稿するための投稿タイプを作成します。[CPT UI] →[投稿タイプの追加と編集]を表示します。

　ここで作成するメインビジュアル投稿タイプは、トップページに表示する写真を変更するだけのものです。したがって、個別投稿ページはありません。このような投稿タイプは、「公開」の項目などをFalseにします。CPT UIの初期状態から変更する項目は次のようになります。設定を終えたら[投稿タイプを追加]をクリックします。

●入力時に変更する項目：基本設定ボックス

項目	設定内容
投稿タイプスラッグ（❶）	main-visual
複数形のラベル（❷）	メインビジュアル
単数形のラベル（❷）	メインビジュアル

●入力時に変更する項目：設定ボックス

項目	設定内容
公開（❸）	False
一般公開クエリ可（❹）	False
検索から除外（❺）	True

↗続く

CHAPTER
5
投稿タイプ・フィールド・タクソノミーをカスタマイズする

サポート（❻）	下記項目にチェック
	- タイトル
	- リビジョン（※チェックなしでも問題なし）
	- 投稿者（※チェックなしでも問題なし）

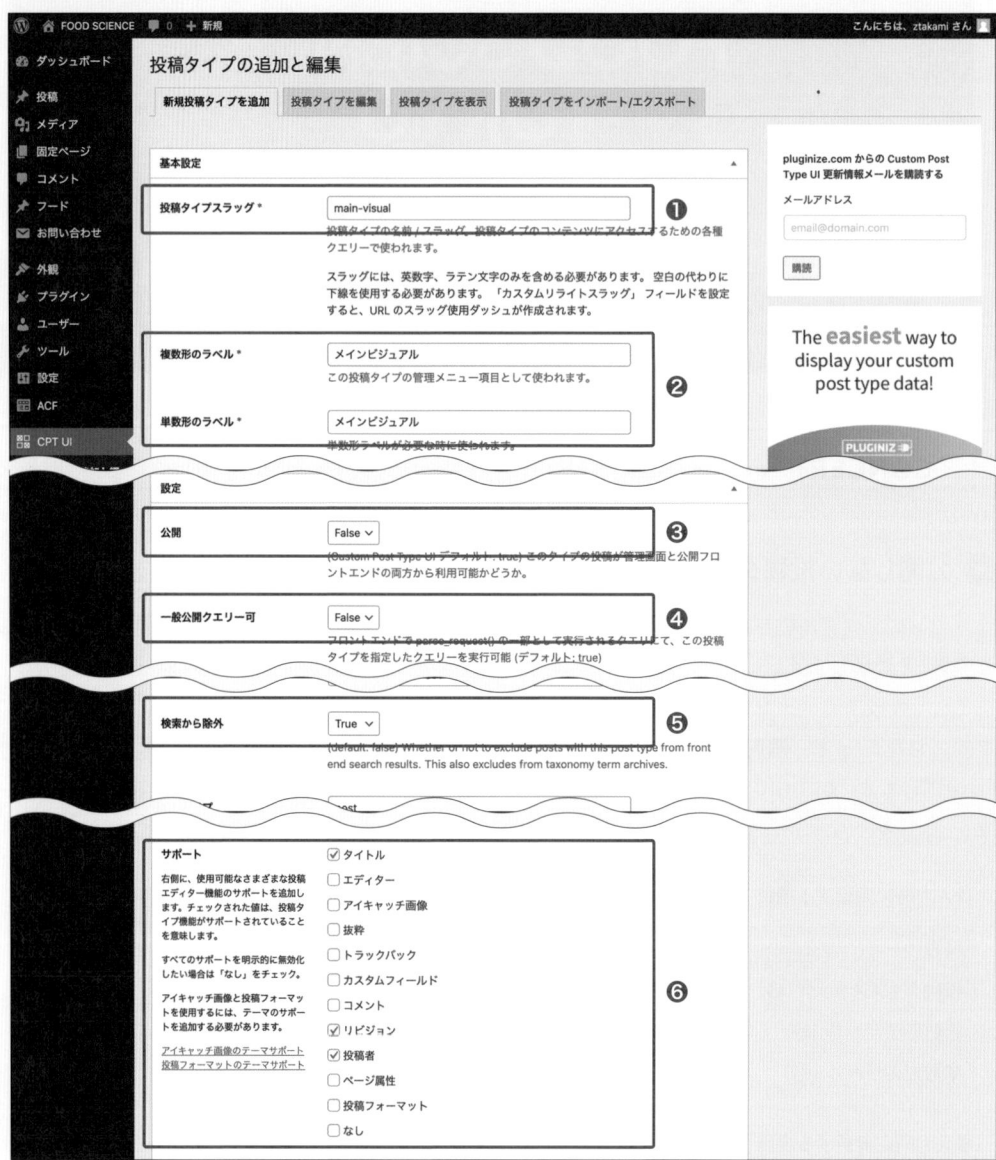

カスタムフィールドを作成する

メインビジュアル投稿タイプのカスタムフィールドを作成します。[ACF]→[新規追加]を選択します。「メインビジュアル」という名前のフィールドグループを作成します。フィールドは次のように「写真」の1つです。最後の[設定]では「"投稿タイプ""等しい""メインビジュアル"」となるようにします。

●作成するフィールド

フィールドタイプ	フィールドラベル	フィールド名	Validation
画像	写真	pic	Required を ON

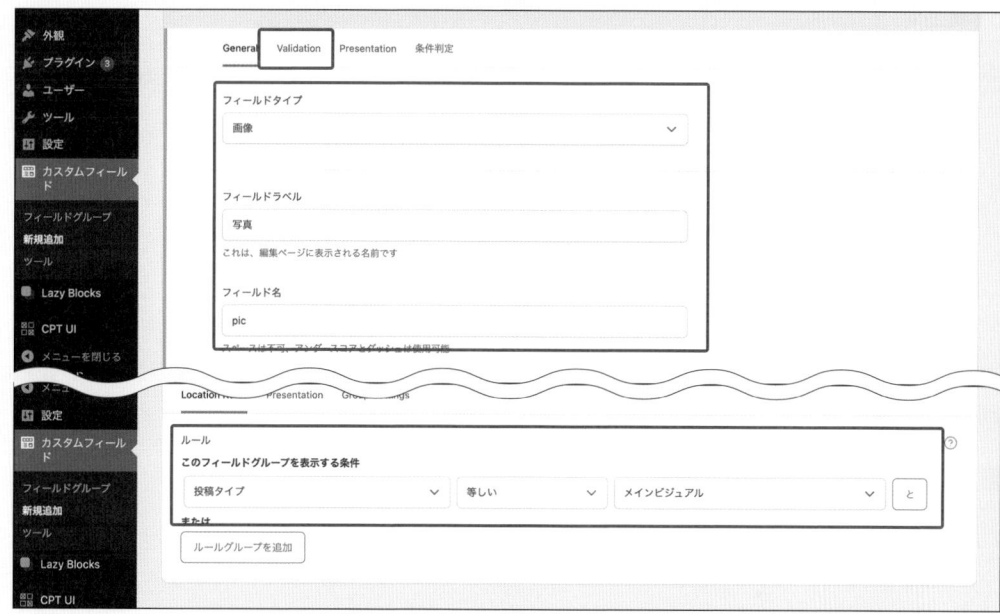

● 写真を投稿する

　管理画面から更新する準備ができました。メインナビゲーションの［メインビジュアル］→［新規追加］を選択します。投稿タイプの「公開」をfalseにしたので、パーマリンクが表示されていません。

　学習用素材の「Chap5」→「Sec04」フォルダー内の「投稿用素材」フォルダーの投稿用写真を使い、写真を追加してください。タイトルはわかりやすいものであれば問題ありません。

● テンプレートを変更する

トップページのテンプレートファイルは、front-page.phpです。メインビジュアル部分のコードは次の箇所です。

リスト front-page.php（抜粋）

省略

```
<div class="kv_slider js-slider">
  <div class="kv_sliderItem" style="background-image: url('<?php echo get_template_ ↵
directory_uri(); ?>/assets/img/home/kv-01@2x.jpg');"></div>
  <div class="kv_sliderItem" style="background-image: url('<?php echo get_template_ ↵
directory_uri(); ?>/assets/img/home/kv-02@2x.jpg');"></div>
    <div class="kv_sliderItem" style="background-image: url('<?php echo get_template_↵
tdirectory_uri(); ?>/assets/img/home/kv-03@2x.jpg');"></div>
</div>
```

省略

WP_Queryを利用して、投稿したデータを表示します。「posts_per_page」に-1を与えると、投稿されている全件を表示します。上記の箇所を次のように修正します。

リスト front-page.php（抜粋）

省略

```
<?php
$args = [
  'post_type' => 'main-visual',
  'posts_per_page' => -1,
];
$the_query =  new WP_Query($args);
if ($the_query->have_posts()) :
?>
<div class="kv_slider js-slider">
  <?php
  while ($the_query->have_posts()) : $the_query->the_post();
    $pic = get_field('pic');
  ?>
    <div class="kv_sliderItem" style="background-image: url('<?php echo $pic['url']; ↵
?>');"></div>
  <?php endwhile; ?>
  <?php wp_reset_postdata(); ?>
</div>
<?php endif; ?>
```

省略

トップページを表示してみましょう。写真が変わって、管理画面から更新できているのがわかります。このように個別の投稿記事を持たずに、データのみを管理画面から更新できます。

▶ 表示の終了時間を設定する

　メインビジュアルの各写真は1つの投稿なので、「投稿日」を未来の日付にすることで、「その時間になったら公開」とすることができます。カスタムフィールドとWP_Queryを利用すると、逆に終了日時を設定して、その時間以後は表示しないようにする、といったことも可能です。

● 表示終了のカスタムフィールドを設定する

　先ほど作成した「メインビジュアル」のフィールドグループを表示します。新たに「公開終了日」のフィールド追加します。次の値で作成します。

●作成するフィールド

フィールドタイプ	フィールドラベル	フィールド名	表示形式	戻り値の形式	Validation
日時選択ツール	公開終了日	end_date	Y-m-d H:i:s	Y-m-d H:i:s	なし

● テンプレートを変更する

テンプレートのWP_Queryも修正しましょう。カスタムフィールドをWP_Queryの対象にするときは「meta_query」キーを使用します。

表示したい投稿は「公開終了日が未来のもの」と「公開終了日に入力がないもの」が対象です。「relation」を「OR」にして、次のように記述します。

リスト front-page.php（抜粋）

```php
<?php
$args = [
  'post_type' => 'main-visual',
  'posts_per_page' => -1,
];
$meta_query = ['relation' => 'OR'];
// 公開終了日が未来のもの
$meta_query[] = [
  'key' => 'end_date',
  'type' => 'DATETIME',
  'compare' => '>',
  'value' => date('Y-m-d H:i:s'),
];
// 公開終了日が空のもの
$meta_query[] = [
  'key' => 'end_date',
  'value' => ''
];
$meta_query[] = [
  'key' => 'end_date',
  'compare' => 'NOT EXISTS'
];
$args['meta_query'] = $meta_query;
```

▶続く

```
$the_query =  new WP_Query($args);
if ($the_query->have_posts()):
?>
<div class="kv_slider js-slider">
  <?php
  while ($the_query->have_posts()) : $the_query->the_post();
    $pic = get_field('pic');
  ?>
    <div class="kv_sliderItem" style="background-image: url('<?php echo $pic['url']; ⏎
?>');"></div>
  <?php endwhile; ?>
  <?php wp_reset_postdata(); ?>
</div>
<?php endif; ?>
```

● 表示を確認する

　投稿画面から公開終了日の箇所を、未来や過去の日時に変更して確認してください。時間に合わせて
表示が切り替われば成功です。

　このように、カスタム投稿タイプやカスタムフィールドを組み合わせると、自由に表示をコントロー
ルできます。もっと複雑な条件も可能です。巻末の「APPEDIX 03　WP_Queryのパラメータ」を確認して、
いろいろと試してください。

◘ COLUMN

WordPress のコミュニティに参加してみよう

　WordPressの情報を得る方法として、技術書やネットだけでなく、コミュニティに参加することもおすすめです。世界中ではさまざまなWordPress関連のイベントが開催されています。

　その中でも有名なのが、地域単位の集まりである「WordPress Meetup」と、WordPressの公式イベントである「WordCamp」です。とくにWordCampは大規模なイベントで、たとえば東京では「WordCamp Tokyo」として開催されています。さらに、アメリカやヨーロッパ、アジアなどでも「WordCamp US」「WordCamp Europe」「WordCamp Asia」といった大規模なイベントが行われています。

　WordPressのイベントには、Webデザイナーや開発者だけでなく、ブロガーや個人事業主、Webディレクターなどさまざまな業種の人々が参加しており、普段出会わない人たちと交流できます。参加することで新たなWordPressの側面を知ることができ、「こんな使い方があるんだ」「こんな人がいるんだ」といった普段の悩みの解決法や新たな気づきを得られるでしょう。

　まずは、ご自身の地域で開催されるWordPress Meetupに参加してみることをおすすめします。そこで新たなWordPressの世界が広がるかもしれません。ぜひチャレンジしてみてください。WordPressの素晴らしさを実感することで、新しい体験がきっと待っています。

■ WordCamp Tokyo 2019の写真

●著者が登壇したときの様子

https://www.flickr.com/photos/wctokyo/49023350337/

Photo by Taro Oikawa / CC BY-SA 4.0
(https://creativecommons.org/licenses/by-sa/4.0/)

●アフターパーティー（懇親会）の様子

https://www.flickr.com/photos/wctokyo/49033404688/

Photo by Yuriko IKEDA / CC BY-SA 4.0
(https://creativecommons.org/licenses/by-sa/4.0/)

WordPress の
ブロックエディター

01 ブロックエディターの基礎

WordPress 5.0以降、投稿するときのエディターが大きく変わりました。新しいブロックエディターは、ブロックを積み重ねることで、柔軟に機能性の高い記事を構築できます。CHAPTER1でも基本的な使い方は触れましたが、このCHAPTERでは実践的な使い方を紹介します。

▶ クラシックエディター

ブロックエディターに触れる前に、WordPress 4.9以前のエディター（クラシックエディター）を使う方法を紹介します。

● Classic Editorプラグインをインストールする

［プラグイン］→［新規追加］画面で「Classic Editor」と検索（❶）し、プラグインを有効化（❷）します。有効化すると投稿画面がブロックエディターからクラシックエディターになります。

● クラシックエディターとブロックエディターを切り替える

Classic Editorを有効化した後も、ブロックエディターを使うことは可能です。［設定］→［投稿設定］に進むと「すべてのユーザーのデフォルトエディター」と「ユーザーにエディターの切り替えを許可」の項目が表示されます。

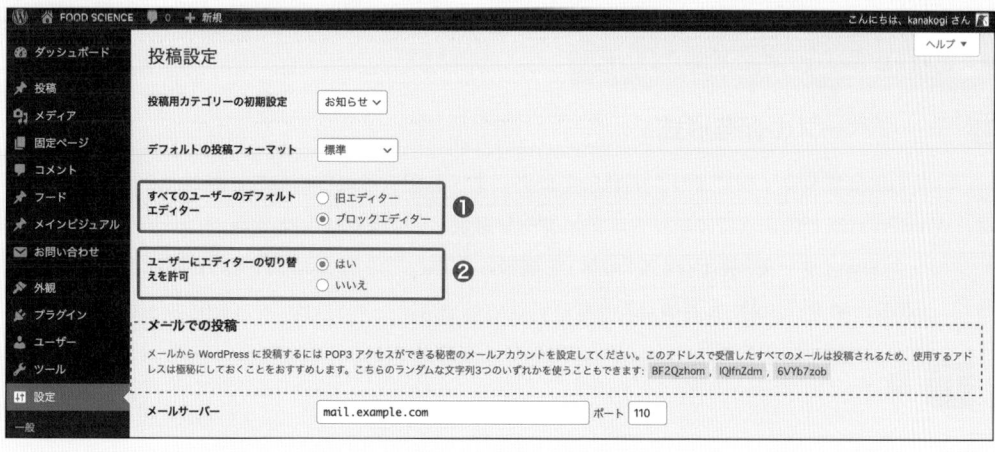

●エディターの切り替え項目

	項目	内容
❶	すべてのユーザーのデフォルトエディター	ユーザーが新規投稿をする際に、初期状態のエディターを設定する
❷	ユーザーにエディターの切り替えを許可	クラシックエディターとブロックエディターの切り替えができるようにする

「ユーザーにエディターの切り替えを許可」を「はい」にしてみましょう。クラシックエディターのときは「エディター」ボックスの中に、ブロックエディターのときは投稿画面の「プラグイン」の中に、切り替えボタンが表示されるようになります。

●クラシックエディターへの
切り替え

●ブロックエディターへの
切り替え

● ブロックエディターの仕組み

● データベースの保存形式

　Classic Editor プラグインにより、問題なくエディターを切り替えられることがわかりました。それでは、WordPress はどのようにブロックエディターを実現しているのでしょうか。

　ブロックエディターで「見出し」と「段落」を適当に入力してみましょう。その後に、ツールと設定から「コードエディター」(❶) を選択してください。

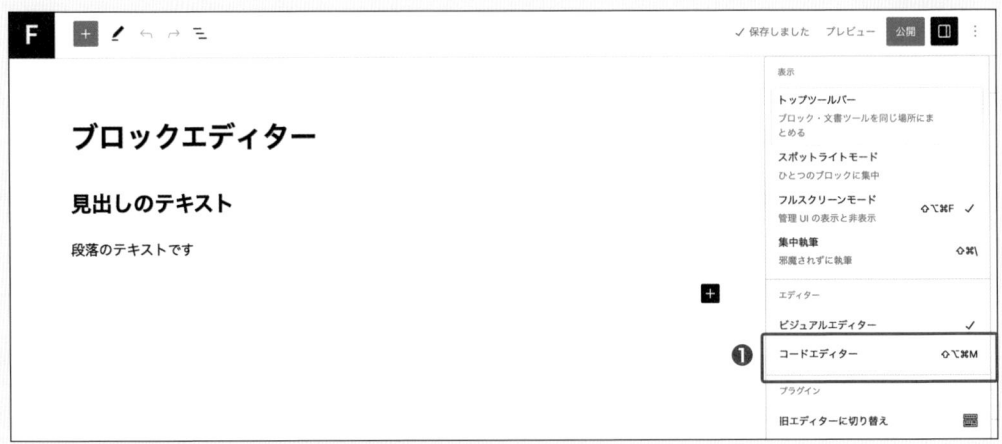

　エディターの本文には次のように、<!-- wp:heading -->といったコメントアウトで囲まれたHTMLのようなデータが表示されます。

```
<!-- wp:heading -->
<h2 class="wp-block-heading">見出しのテキスト</h2>
<!-- /wp:heading -->

<!-- wp:paragraph -->
<p>段落の見出しです</p>
<!-- /wp:paragraph -->
```

　ブロックごとにコメントアウトで囲まれています。このようなコメントとHTMLを組み合わせた文字列を「コンテンツデータ」といいます。コンテンツデータをデータベースに保存し、サイトに表示するときに、これらのコンテンツデータによってブロックエディターで作られたかどうかを判断しています。

● ブロックエディターのCSS

　CHAPTER 2では、「テーブル」ブロックを使いました。テーブルブロックはスタイルを変更でき、ストライプにすると、行ごとに背景色が交互に変わる表が作成できました。背景色が変わるということは、CSSのスタイルが指定されているということです。他のブロックにもCSSのスタイルが指定されているものがあります。

　ブロックエディターで作成された記事を出力するときは、ブロックエディター専用のCSSも一緒に読み込んでいます。このCSSファイルは、WordPressの次のディレクトリに存在します。

```
/wp-includes/css/dist/block-library/style.min.css
```

　style.min.cssは圧縮されたファイルですが、同階層のstyle.cssは圧縮前のCSSファイルです。このファイルを見てみると、どのような指定があるかわかります。

　なお、これらのCSSファイルの変更は禁止です。WordPressがアップデートされた際に、ファイルが戻る可能性があります。

ブロックエディター独自の
CSSが適用されている

▶02 ブロックエディターの 実践的な使い方

> ブロックエディターは、非常に多彩な機能を備えています。ここでは、ブロックエディターを 使いこなすためのノウハウを解説します。

▶ 入力をサポートする

ブロックエディター上部には、入力をサポートする機能のボタンが存在します。

◉ ツール

たくさんのブロックを使いながら本文を作っていくと、狙ったブロックにカーソルが当たりにくいことがあります。「ツール」の中にある「選択」モードにすると、ブロックを選択しやすくなります。「選択」モードには、[Esc]キーでも切り替えられます。

◉ リスト表示

[ドキュメント概観]ボタンをクリックすると、ブロック全体のナビゲーションが示される[リスト表示]が現れます。このリスト表示を利用して、特定のブロックを選択し、カーソルをそのブロックに当てられます。たとえばカラムブロックを使用すると、どのカラムを編集しているか迷うことが多くなります。リスト表示を利用しながら編集することでミスが少なくなります。

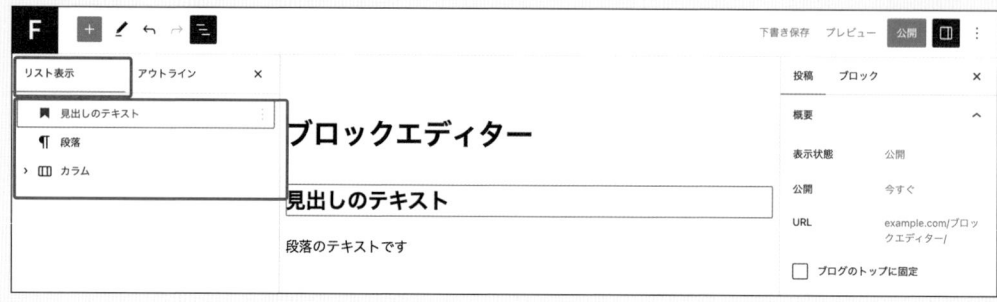

● アウトライン

作成中の投稿のブロック構造が表示されます。文書の概要に表示されている見出しをクリックすると、ブロックエディターのその位置にジャンプします。コンテンツが長くなったときに活用すると便利です。

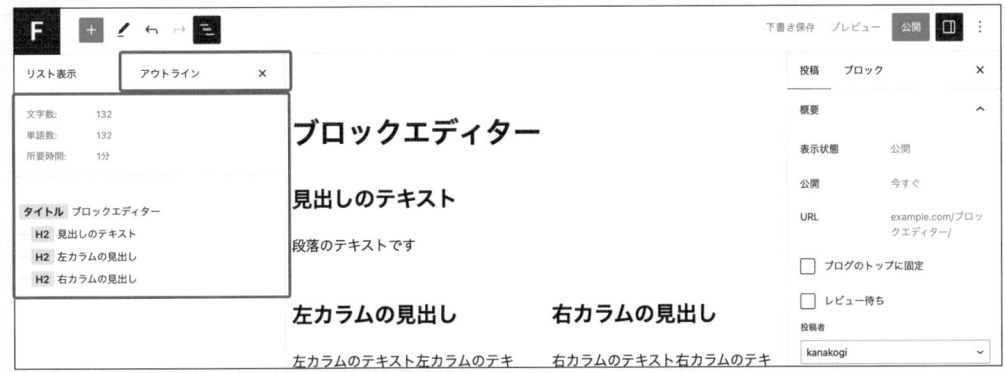

▶ ブロックのコピー＆ペースト

● すべてのブロックをコピーする

新規投稿をする際に、以前に作ったページと似ているのであれば、ブロックをコピーして作ると合理的です。［設定］の中から［すべてのブロックをコピー］をクリックすると、開いているブロックがすべてコピーされます。

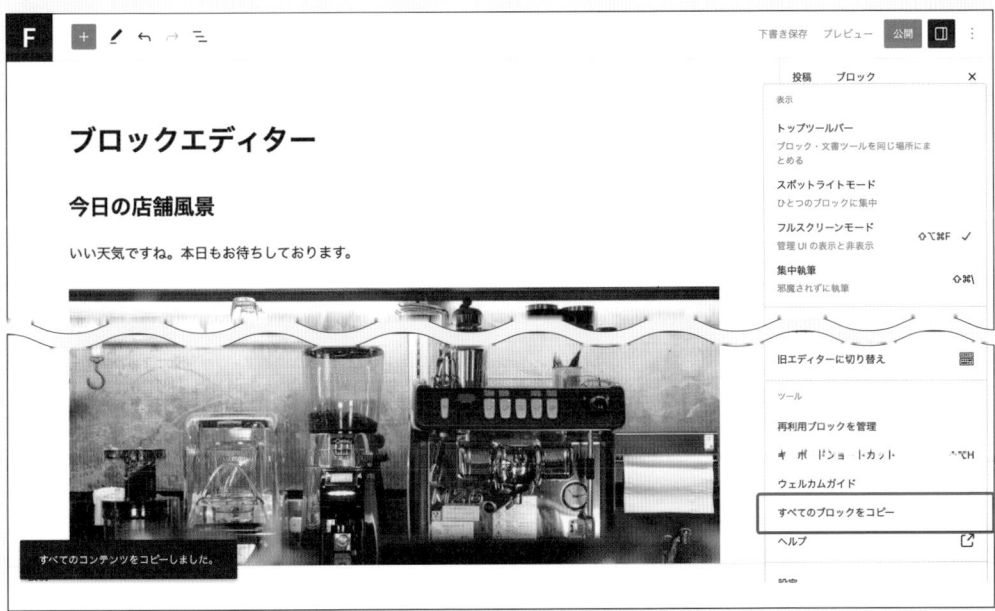

コピーしたコンテンツを貼り付けたいページを開いて、カーソルをブロックの中に置きます。ブラウザの上部にある［編集］→［貼り付け］を選択すると、先ほどコピーしたコンテンツがペーストされます（ブラウザによってコピーとペーストの方法は異なるので、適宜使用しているブラウザに合わせて操作してください）。

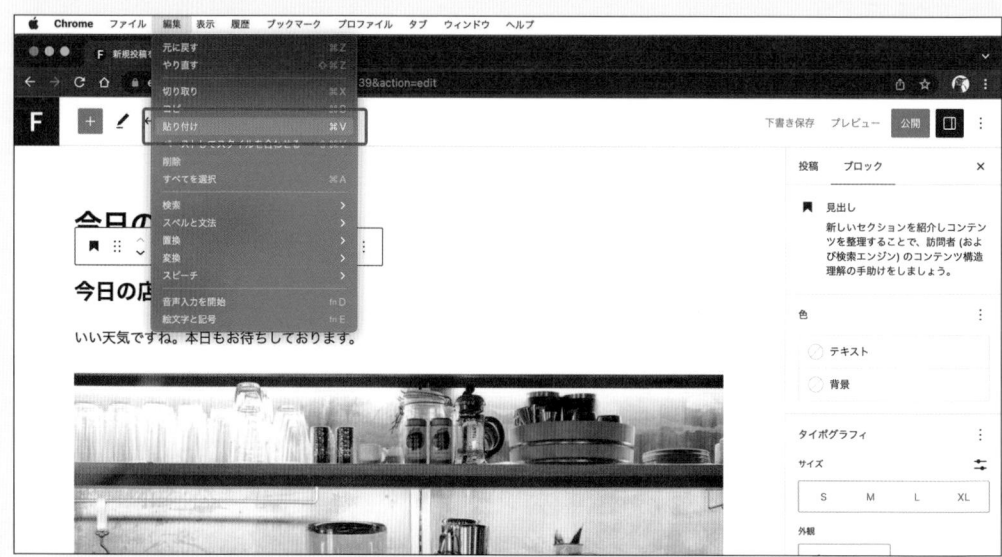

ブロック単位でコピー＆ペーストする

ブロックエディターで作成したブロックは、コピー＆ペーストも可能です。コピーしたいブロックを選択し、[オプション]をクリックすると[ブロックをコピー]があります。コピー後に別のブロックにカーソルを置いた状態でペーストすると、先ほどコピーしたブロックがペーストされます。

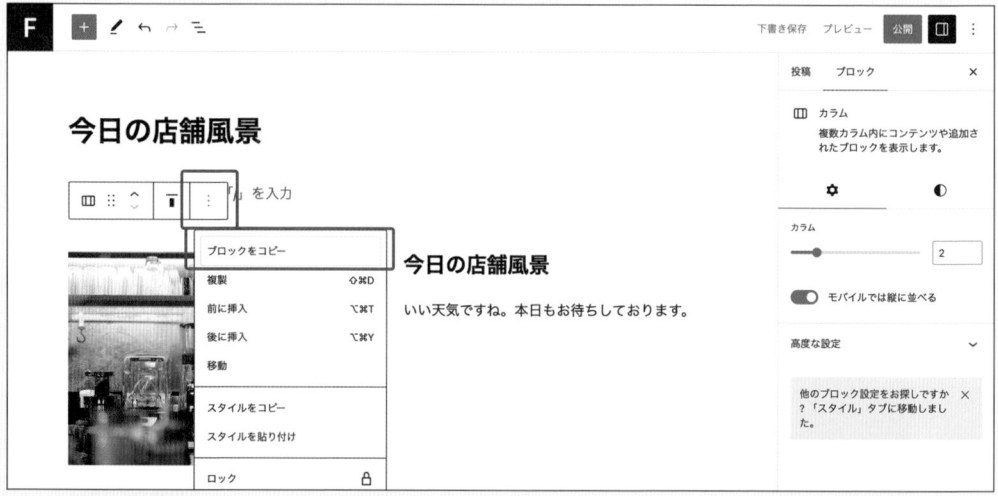

▶ 再利用ブロックを使う

サイトを運営していくと、別の投稿で作ったものと同じボックスが出てくることがあります。一度作ったブロックを使いまわしたいときのために、「再利用ブロック」機能があります。

● 再利用ブロックを使用する

次のようなお問い合わせを記載したテーブルブロックを、他の投稿でも再利用できるようにします。

ブロックの［オプション］から［再利用ブロックを作成］（❶）をクリックします。

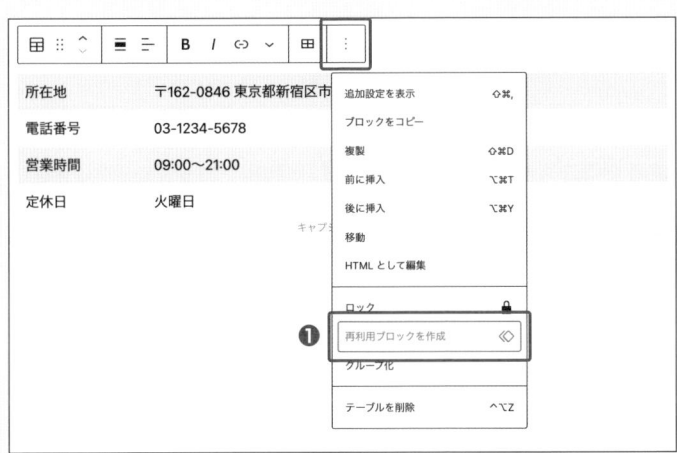

「再利用ブロック」の名前を入力する欄（❶）が表示されるので、入力して保存（❷）します。

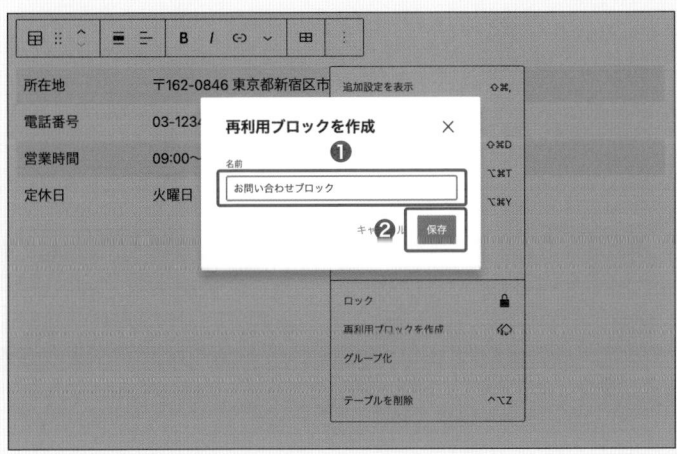

　別の投稿に移動して再利用ブロックを使ってみましょう。［ブロック挿入ツール］の中に「再利用可能」が増えているのがわかります。先ほど作成したブロック名（❶）をクリックすると、同じブロックが追加されました❷。

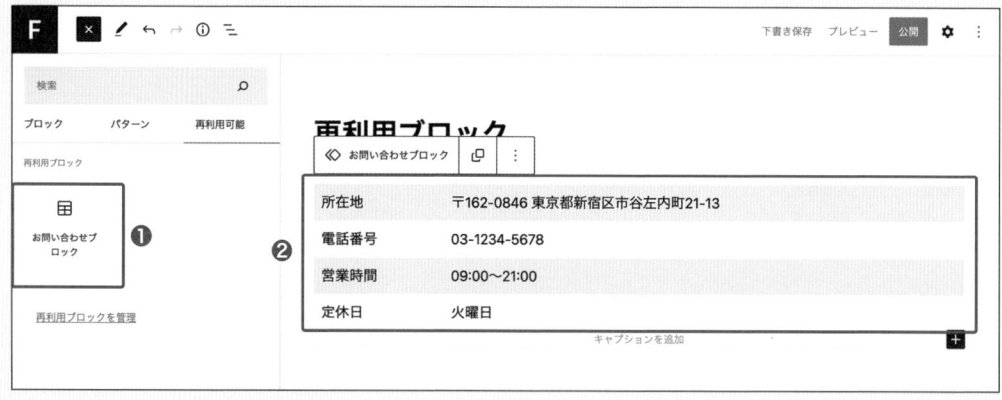

再利用ブロックを編集する

作成した再利用ブロックを管理するには、[オプション]の中にある[再利用ブロックを管理]をクリックします。

これまでに作成したブロックの一覧が表示されます。ここから各ブロックを編集することが可能です。ここで編集されたブロックは、使用しているすべてのブロックの内容が変わります。

▶ ブロックパターンを利用する

◉ ブロックパターンとは

ブロックパターンとは、複数のブロックを集めて雛形として登録したものです。WordPressが初期状態で用意しているもの、テーマが持っているものがあります。ブロックパターンを増やすプラグインなどもあります。

◉ ブロックパターンを使用する

ブロックパターンを使ってみましょう。ブロック挿入ツールから［パターン］タブ（❶）を選択すると、登録されているブロックパターンが表示されます。表示されているカテゴリー（❷）を選択すると、それぞれのカテゴリーごとにパターンが表示されます。

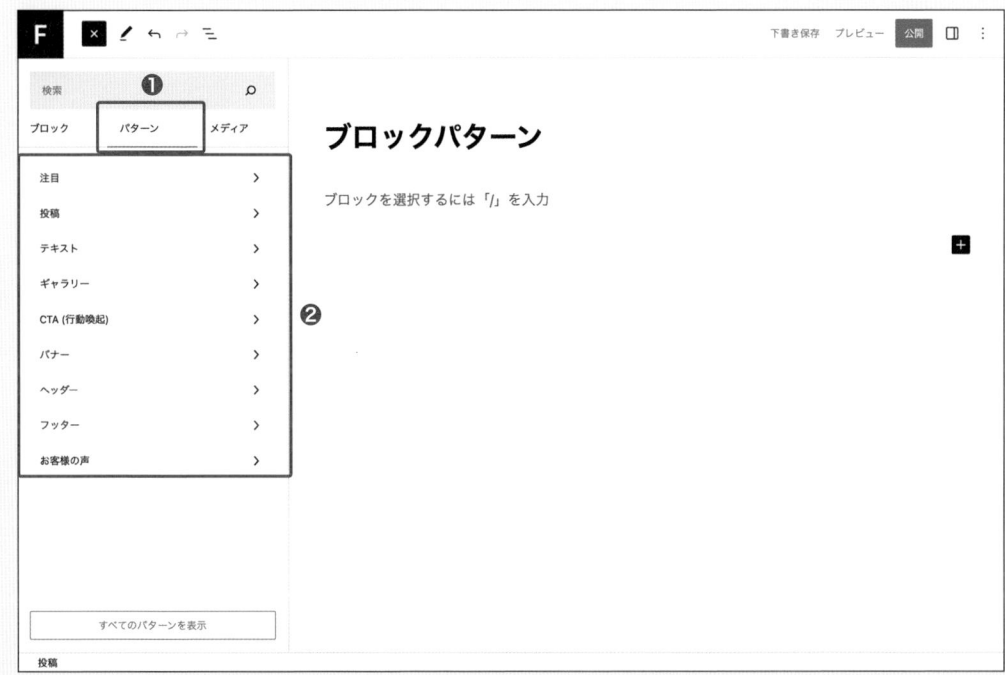

表示されているブロックパターンをクリックすると、次ページの画面のように本文エリアに挿入されます。このブロックパターンは変更して使うことができます。

▶ 独自のブロックパターンを作成する

オリジナルのブロックパターンを作成することも可能です。

次のような、今月のビールを紹介するブロックがあります。このブロックはカラムタグを使って、テキストと画像を組み合わせています。翌月には、テキストと画像を変更した投稿を作る必要があります。

● VK Block Patterns を利用する

　ブロックパターンの登録には、functions.phpにコードを記述する必要があります。記述内容も複雑になってしまうので、ここではプラグイン「VK Block Patterns」を使用します。

　まずは、管理画面の［プラグイン］→［新規追加］から「VK Block Patterns」を検索（❶）し、インストールしてプラグインを有効にします（❷）。

● VK Block Patterns の設定

　「VK Block Patterns」が有効化されたら、メインナビゲーションメニューに「VKブロックパターン」が追加されています。新しく登録するには［VKブロックパターン］→［新規追加］を選択します。

　ブロックエディターの画面が表示されるので、ブロックを組み合わせて登録したいブロックだけを作成します。タイトル（❶）には、ブロックパターン名を入力してください。作成後は、「公開」（❷）をクリックして保存します。

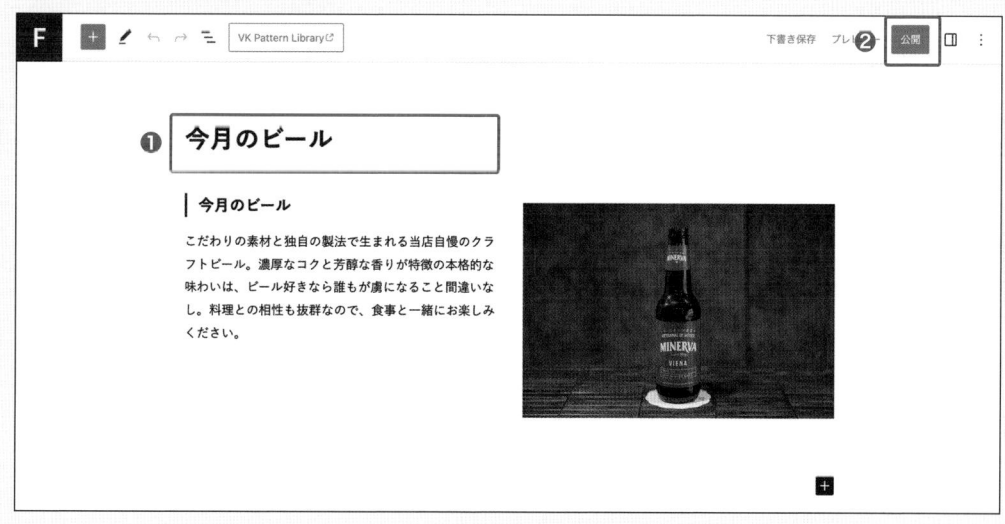

「VKブロックパターン」のページに戻ると、先ほど作ったブロックパターンが登録されているのがわかります。ここから変更することも可能です。カテゴリーを作成してブロックパターンを分類することもできます。

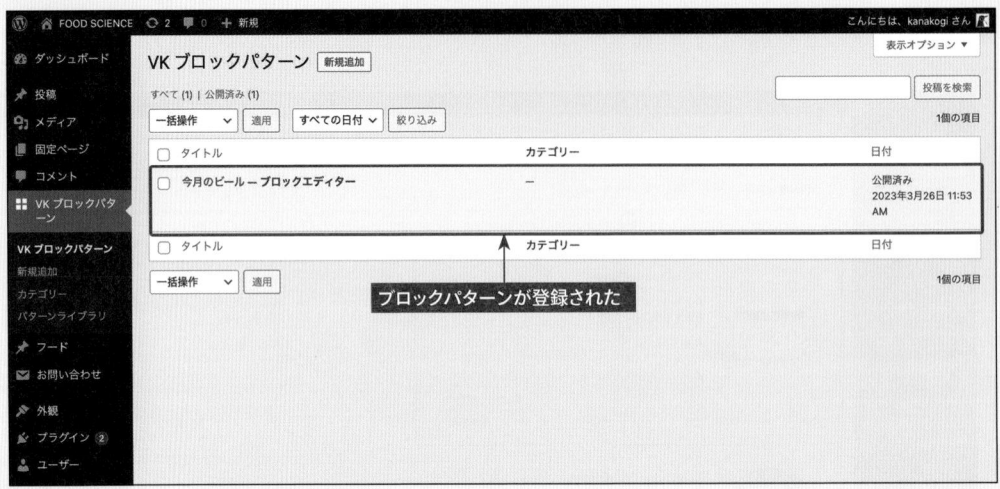

投稿画面に戻ってみましょう。ブロック挿入ツールから[パターン]タブを選択すると、「VK Block Patterns」カテゴリーに作成したパターンが表示されています。クリックすると本文に挿入されます。

ブロックパターンは、あくまで雛形です。「VK ブロックパターン」のページからベースとなるパターンを変更しても、すでに挿入された投稿の内容には影響はありません。

SECTION

03 ブロックエディターを カスタマイズする

> ブロックエディターは標準状態のままでも使えますが、カスタマイズするとより便利に使えます。ここでは、ブロックエディターをカスタマイズする方法を解説します。
>
> 学習用素材 「WP_sample」→「Chap6」→「Sec03」

▶ ブロックエディターにCSSを適用する

本文入力欄にはCSSが指定されておらず、実際に表示されるときのデザインとは違うものが表示されます。

たとえば、ブロックエディターでは「イタリックは斜体」「リンクは青色」です。しかし、投稿ページで表示するときは「見出しのH2は左ボーダー」「イタリックは太字の斜体」「リンクは黒色」のようにCSSで設定されています。

●ブロックエディター

●投稿ページでの表示

そこで、ブロックエディターにCSSを適用し、投稿ページと同じように見えるようにしましょう。

まず、functions.phpに「add_theme_support('editor-styles')」と記述してエディターにCSSを適用する指定をします。続いて、add_editor_style()関数でCSSファイルのパスを指定します。

WordPress関数 add_editor_style()

```
add_editor_style( $stylesheet )
```

機能　　　　　　スタイルシートをエディターへ関連付ける

主なパラメータ　$stylesheet　テーマディレクトリから相対パスで指定されたスタイルシートファイル、または複数のスタイルシートファイルへのリンクを含む配列（空のときは'editor-style.css'になる）

学習用素材の[Chap6]→[Sec03]の中に、エディター用スタイルシートのeditor-style.cssを用意しています。テーマディレクトリの中で、assets/css/editor-style.cssの箇所に設置してください。functions.

phpに次のように追記します。

リスト functions.php（追加する内容）

```
/**
 * ブロックエディターにCSSを読み込む
 */
add_action('after_setup_theme', 'my_editor_suport');
function my_editor_suport()
{
    add_theme_support('editor-styles');
    add_editor_style('assets/css/editor-style.css');
}
```

　ブロックエディターを表示して、スタイルシートが適用されているか確認してください。なお、このスタイルシートはクラシックエディター時も適用されます。

●ブロックエディター

●クラシックエディター

▶ エディター用CSSの作り方

　add_editor_style()関数で指定するCSSファイルは、次のように要素について直接スタイルを指定するように記述します。

リスト エディター用のCSSファイルの例

```
h2 {
    font-size: 20px;
    border-left: 3px solid #000;
    font-weight: bold;
    margin-bottom: 15px;
    padding-left: 15px;
}

a {
    color: #000;
}

em {
    font-weight: bold;
    font-style: italic;
}
```

CSSファイルでh2、strong、em要素に直接スタイルを指定すると、サイト全体に影響してしまいます。サンプルHTMLファイルでは投稿内容が表示される箇所、つまりthe_content()関数を記述している箇所を`<div class="content">`～`</div>`で囲んでいます。

リスト single.php、page.php

```
<div class="content">
  <?php the_content(); ?>
</div>
```

次のような形でセレクタを指定することにより、エディターが表示される部分にのみスタイルを適用します。

リスト 投稿ページでの表示箇所のスタイル指定の例

```
.content h2 {
  font-size: 20px;
  border-left: 3px solid #000;
  font-weight: bold;
  margin-bottom: 15px;
  padding-left: 15px;
}

.content a {
  color: #000;
}

.content em {
  font-weight: bold;
  font-style: italic;
}
```

しかし、これではエディター用のCSSとWebサイト用のCSSのようにファイルを2つ作ることになり、管理が二重になってしまいます。これを1つのファイルにまとめるコツを紹介します。

● Sassを使用する

エディター用のCSSファイルを作成する際は、Sass（Syntactically Awesome StyleSheet）を利用すると便利です。

Sassとは、簡単に説明するとCSSをより効率的に書けるようにした言語です。SASS記法とSCSS記法があり、拡張子はそれぞれ.sassと.scssになります。どちらもファイルをコンパイルすることで、CSSファイルに変換可能です。この本ではSCSS記法で説明します。

先ほどのエディター表示箇所のスタイル指定の例ならば、次のように記述することが可能です。

リスト 投稿ページでの表示箇所のスタイル指定の例（SCSS記法）

```
.content {
  h2 {
    font-size: 20px;
    border-left: 3px solid #000;
    font-weight: bold;
    margin-bottom: 15px;
    padding-left: 15px;
  }

  a {
    color: #000;
  }

  em {
    font-weight: bold;
    font-style: italic;
  }
}
```

セレクタを波括弧{}で囲むことで、シンプルに記述できます。また、@import "ファイルパス"と記述することで、別の.scssファイルを読み込むことが可能です。

リスト 他のファイルを読み込みときの例

```
@import "other.scss"
```

サンプルHTMLで読み込んでいるCSSファイルもSassで作成しており、複数のSCSSファイルを@importで1つにまとめて、CSSファイルを作成しています。イメージとしては次のような形です。

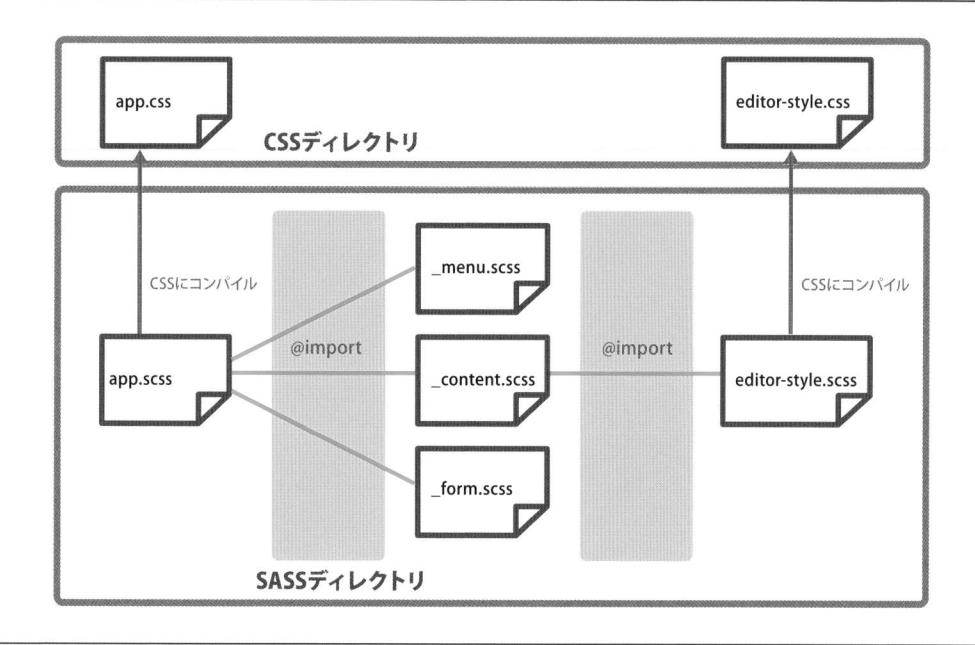

本書ではSass自体について詳しく説明はしませんが、Sassには他にも便利な機能があるので、ぜひ調べて使用してください。

● エディター用のSCSSファイルの構成

エディター用のCSSファイルの説明に戻ります。まず、エディターに読み込ませるためのSassとして、editor-style.scssを作成して要素セレクタのみで記述します。

リスト　**editor-style.scss（例）**

```scss
h2 {
  font-size: 20px;
  border-left: 3px solid #000;
  font-weight: bold;
  margin-bottom: 15px;
  padding-left: 15px;
}

a {
  color: #000;
}

em {
  font-weight: bold;
  font-style: italic;
}
```

<div class="content">～</div>に適用するためのSCSSファイルは、次のように記述します。

リスト　_content.scss（例）

```
.content {
  @import "editor-style.scss";
}
```

最後にWebサイト用のSCSSファイルで1つにまとめます。

リスト　app.scss

```
@import "_content.scss";
@import "_form.scss";
省略
```

　このようにファイルを構成すると、エディター用の記述を1つにまとめた状態で、Webサイト用の
CSSとエディター用のCSSファイルを作成できます。

　サンプルHTMLのSCSSファイルはディレクトリごとにまとめているので少し違いますが、ここで紹
介した方法はあくまで1つの例として、工夫をしてファイルを作成しましょう。

▶ カスタムブロックを作る

　ブロックエディターは、JavaScriptをメインに構築されているため、独自のカスタムブロックを作る
にはJavaScriptとReact（JavaScriptのライブラリ）の知識が必要です。

　本書では、JavaScriptの知識がない方も負担なくカスタムブロックを作れるように、プラグインを利
用したカスタムブロックの作り方を紹介します。ブロックを作成できるプラグインはいくつかあります
が、本書では「Custom Blocks Constructor – Lazy Blocks」を使用します。

● 作成するブロック

　フードページでは、次のようなメニューが並ぶようにしました。投稿本文でも、このようなブロック
を表示する場合はどうすれば良いでしょうか。カスタムHTMLブロックにHTMLを入力すれば良いかも
しれませんが、あまりにも手間がかかります。そこでこれを表示するためのオリジナルのブロックを作
成します。

Custom Blocks Constructor – Lazy Blocks をインストールする

JavaScript を使わずにカスタムブロックを作成するために、Custom Blocks Constructor – Lazy Blocks プラグイン（以下、Lazy Blocks）を利用します。［プラグイン］→［新規追加］画面で「Custom Blocks Constructor」を検索し（**❶**）、インストールします（**❷**）。

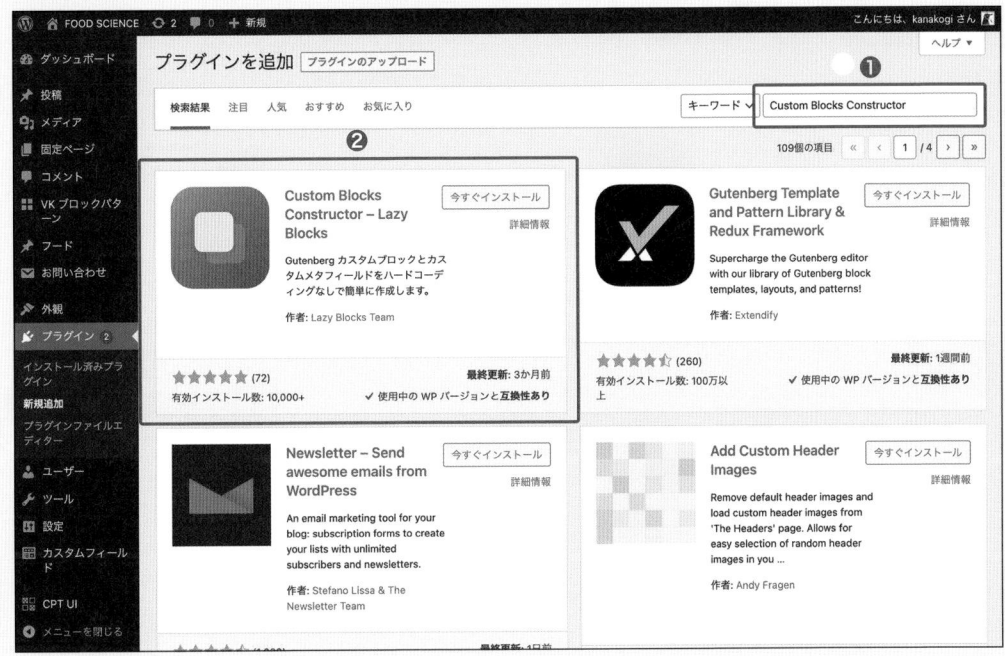

Lazy Blocks プラグインを有効にすると、メインナビゲーションメニューの中に［Lazy Blocks］が表示されるので、［新規追加］をクリックしてください。

ブロックを登録する

Lazy Blocks 画面では、作成するブロックの設定をします。各項目は次のようになります。

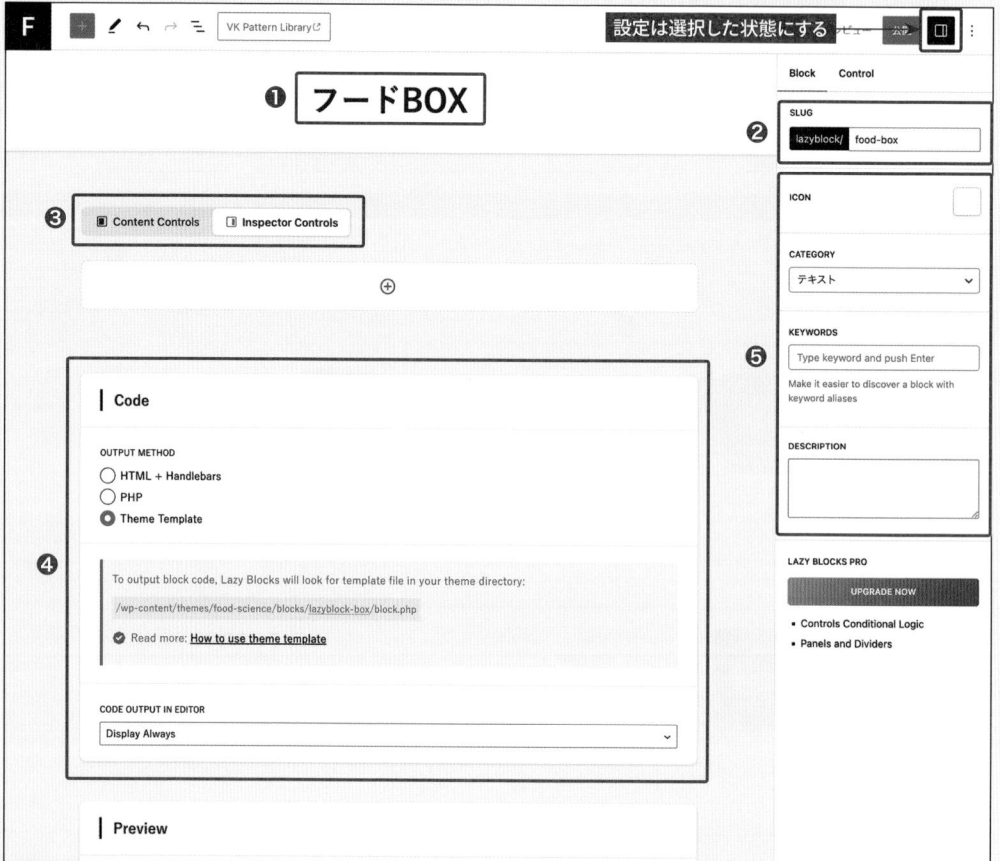

設定は選択した状態にする

❶ ブロック名

作成するブロック名を入力します。ここでは「フードBOX」とします。

❷ スラッグ名

このブロックのスラッグ名を入力します。スラッグ名は他のブロックと重複できません。ここでは「food-box」とします。

❸ 入力項目

入力項目を登録します。タブは「Inspector Controls」を選択してください。作成するブロックの入力項目は次の4ヵ所です。[+] ボタンをクリックすると項目を増やせます。

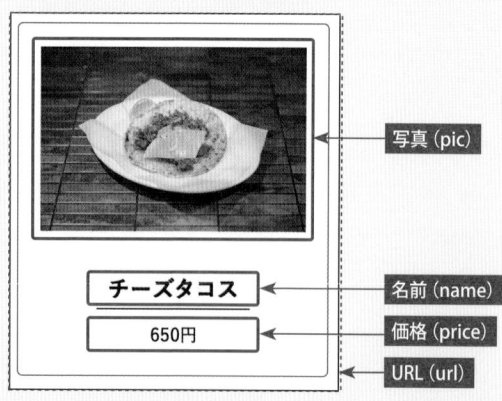

写真 (pic)

名前 (name)

価格 (price)

URL (url)

❹ Code

出力部分のHTMLの記述方法を決めます。「Theme Template」を選択してください。

❺ 設定欄

このブロックのアイコンや、ブロックエディターでどのカテゴリーに属させるかを決めます。

● 入力項目を設定する

「Inspector Controls」から入力項目を作成します。項目の内容は右サイドバーで設定します。

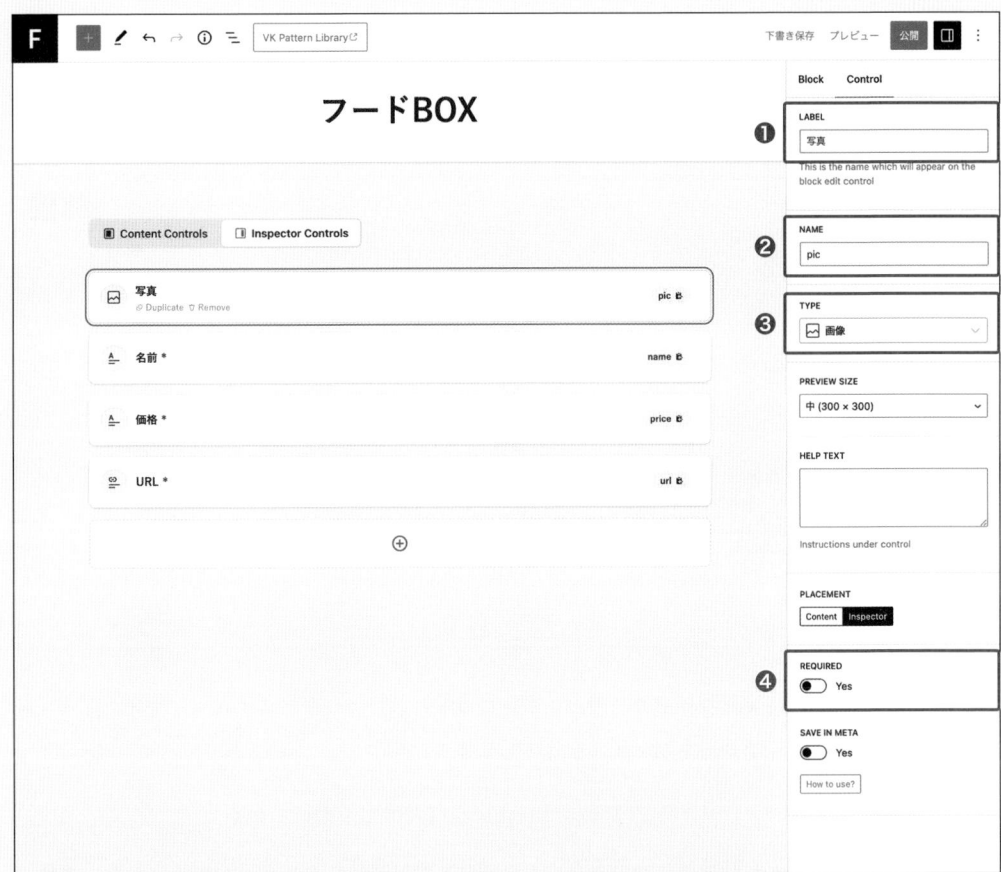

❶ LABEL

この項目の名称です。

❷ NAME

項目のスラッグになります。半角英数で他の項目と重複しないようにします。

❸ TYPE

テキストや画像など、項目のタイプを設定します。

❹ REQUIRED

必須項目にするかどうかを設定します。

各項目は次のように設定してください。

●ここで設定する内容

LABEL	NAME	TYPE	REQUIRED
写真	pic	画像	—
名前	name	テキスト	Yes
価格	price	テキスト	Yes
URL	url	URL	Yes

ブロックテンプレートファイルを作成する

次に表示用のブロックテンプレートファイルを作成します。Lazy BlocksのCodeボックスの箇所を見てみましょう。青背景の箇所にファイル名が確認できます。

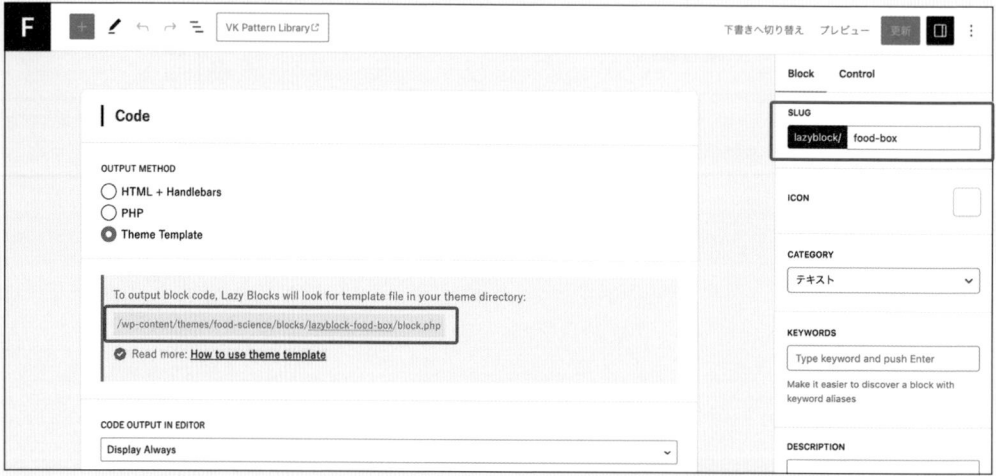

このテンプレートファイルを作成する際の、ディレクトリ名とファイル名のルールです。Lazy Blocksでは、次のルールでテンプレートファイルを作成します。

```
/wp-content/themes/ {テーマ名} /blocks/lazyblock-{SLUG名}/block.php
```

SLUGを「food-box」としたので、次のディレクトリ名とファイル名がルールが表示されたのです。

```
/wp-content/themes/food-science/blocks/lazyblock-food-box/block.php
```

学習用素材[Chap6] → [Sec03] の中にfood-box.htmlがあります。これが、作成するブロックのHTMLファイルになります。このファイルのファイル名をblock.phpに変更し、テーマディレクトリの中に「blocks/lazyblock-food-box/block.php」となるように配置します。

HTMLを置き換える

ブロックテンプレートには、$attributes配列に入力した値が入っています。たとえば、NAMEをpriceとした項目なら$attributes['price']になります。次のように記述します。学習用素材[Chap6] → [Sec03] の blocks/lazyblock-food-box/block.phpにこのファイルがあります。

リスト blocks/lazyblock-food-box/block.php

```php
<div class="foodCard foodCard-border">
  <a href="<?php echo $attributes['url']; ?>">
      <div class="foodCard_pic">
        <?php
        $pic = $attributes['pic'];
        if(!empty($pic)):
        ?>
          <img src="<?php echo $pic['url']; ?>" alt="">
        <?php else: ?>
          <img src="<?php echo get_template_directory_uri(); ?>/assets/img/common ⏎
/noimage.png" alt="">
        <?php endif; ?>
      </div>
      <div class="foodCard_body">
        <h4 class="foodCard_title"><?php echo $attributes['name']; ?></h4>
        <p class="foodCard_price"><?php echo $attributes['price']; ?></p>
      </div>
  </a>
</div>
```

◉ 表示を確認する

ブロックエディターの画面で、ブロック挿入ツールを見てみましょう。作成した「フードBOX」が確認できます。

ブロックを挿入すると、右サイドで各項目を設定することが可能です。

各項目を入力したらページを表示してみましょう。メニューブロックが表示されていれば完成です。

JavaScriptを使わなくとも、Lazy Blocks プラグインを利用することでオリジナルのカスタムブロックを作ることができました。

Lazy Blocks には有料のProバージョンもあり、そちらを使用すると複雑なブロックを作ることが可能です。また、これまでに使用したAdvanced Custom Fields プラグインでも、有料のProバージョンではカスタムブロックを作れます。高機能なブロックを作成したいときは、一度検討してみると良いでしょう。

⬤ ブロックテンプレートファイルのスタイルを指定する

最後にSCSS ファイル構成について解説します。assets/cssディレクトリの中のapp.css、editor-style.cssには、このフードBOXのスタイルをすでに記述しているので、ブロックエディターでもデザインが

表示されていますが、このときのSCSSファイルの構成例を示します。

　フードBOX部分のみのSCSSファイルを_foodCard.scssとして作成しています。Webサイト用SCSSファイルのapp.scssと、エディター用SCSSファイルのeditor-style.scssの両方から、この_foodCard.scssを@importします。

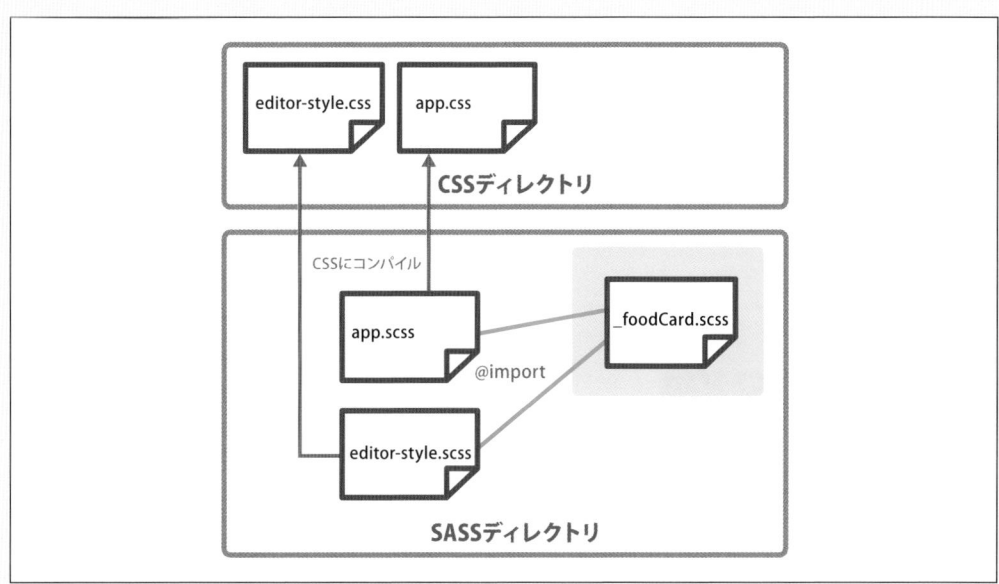

　このようにファイルを構成すると、ブロック部分の記述を1つにまとめた状態で、Webサイト用のCSSファイルとエディター用のCSSファイルを作成できます。SCSSファイルの構成については、WordPressではなくCSS設計の分野ですので、あくまでWebサイト制作する際の参考にしてください。

▶ 表示するブロックをコントロールする

　ブロックエディターは便利ですが、使用できるブロックの数が多すぎるかもしれません。また、オリジナルのテーマですべてのブロックを使うとなると、すべてのブロックのCSSの定義が必要になります。そこで、使用できるブロックをあえて制限することも可能です。

● 使用するブロックを指定する

　functions.php を使って使用するブロックのみを指定することが可能です。「allowed_block_types_all」フィルターを使うと、使用するブロックを配列形式で指定できます。

　「見出し」「段落」「リスト」ブロックのみ使用可能にする際は次のように記述します。

リスト functions.php（追加する内容）

```
/**
 * 表示するブロックをコントロールする
 */
add_filter('allowed_block_types_all', 'my_allowed_block_types_all', 10, 2);
function my_allowed_block_types_all($allowed_blocks, $editor_context)
{
    $allowed_blocks = [
```

↗続く

```
        'core/heading', // 見出し
        'core/paragraph', // 段落
        'core/list', // リスト
    ];
    return $allowed_blocks;
}
```

管理画面を確認すると「見出し」「段落」「リスト」ブロックのみになりました。ここで指定している「'core/heading'」などのブロック名は、巻末の「主なブロック一覧」を確認してください。

投稿タイプによって使用ブロックを変更する

投稿タイプによって表示するブロックを変更するには、投稿タイプを調べます。第2引数の $editor_context には表示しているエディターの情報が格納されています。投稿タイプは$editor_context->post->post_typeに入っています。

固定ページのみ「画像」ブロックも使えるようにしてみます。次のようにfunctions.php に記述します。

リスト functions.php（抜粋）

```
/**
 * 表示するブロックをコントロールする
 */
add_filter('allowed_block_types_all', 'my_allowed_block_types_all', 10, 2);
function my_allowed_block_types_all($allowed_blocks, $editor_context)
{
    $allowed_blocks = [
        'core/heading', // 見出し
        'core/paragraph', // 段落
        'core/list', // リスト
    ];
    // 固定ページの投稿タイプ「page」を指定
    if ('page' === $editor_context->post->post_type) {
        $allowed_blocks[] = 'core/image'; // 画像
    }
    return $allowed_blocks;
}
```

固定ページの新規投稿画面を見ると次のように「画像」ブロックが追加されたのがわかります。

固定ページでは画像ブロックも
利用可能

◎ *SECTION*

04 theme.jsonでブロックエディターの設定を定義する

このSECTIONでは、ブロックエディターの機能を設定できるtheme.jsonについて解説します。

学習用素材 「WP_sample」→「Chap6」→「Sec04」

▶ theme.jsonとは

ブロックエディターは、レイアウト・スタイルなど多くの機能を持っています。これらの機能をコントロールできる、JSONファイルのことをtheme.jsonといいます。

theme.jsonによって、たとえば使用できるフォントを増やすことなども可能です。しかし、定義できる項目は多数あり、CSSの作り方まで考慮しなければならないものもあります。このSECTIONでは、最低限のものだけ解説します。

◉ theme.jsonを準備する

theme.jsonの機能を使うための準備は、テーマディレクトリ直下にtheme.jsonファイルを設置するだけです。学習用素材 [Chap6] → [Sec04] の中に「theme.json」があります。このファイルをテーマディレクトリにコピーしてください。theme.jsonの中身は次のように記述されています。

リスト theme.json

```
{
    "$schema": "https://schemas.wp.org/trunk/theme.json",
    "version": 2,
    "settings": {},
    "styles": {},
    "patterns": [],
    "customTemplates": [],
    "templateParts": []
}
```

$schemaなど各項目には、次のような内容を記述できます。

● theme.jsonの項目

項目名	内容
$schema	JSONで設定する項目に関する情報を参照するURLを指定する。「https://schemas.wp.org/trunk/theme.json」は最新版を参照する。「https://schemas.wp.org/wp/6.0/theme.json」のようにWordPressのバージョンを指定することも可能
version	バージョンを指定する。執筆時点 (WordPress 6.2) では「2」を指定する (必須項目)
settings	テーマに関する設定を記述する (本書では扱いません)
styles	ルート要素や各ブロックに関する設定を記述する (本書では扱いません)

◢続く

patterns	パターンディレクトリで公開されているパターンを登録するために使用する
templateParts	テンプレートパーツに関する情報を記述する（本書では扱いません）
customTemplates	テンプレートに関する情報を記述する（本書では扱いません）

▶ theme.json を利用する

ここからはtheme.jsonの利用方法を紹介します。

● コンテンツ幅を設定する

theme.jsonをテーマに加えたら投稿画面を確認してみましょう。本文欄が端まで広がっているのがわかります。

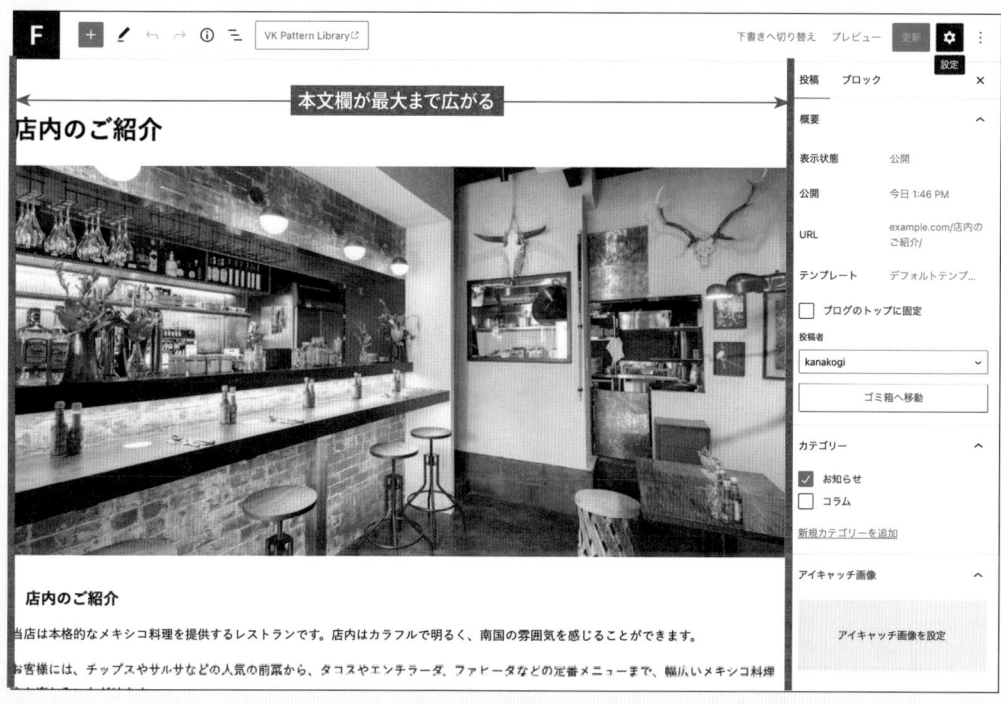

これは、theme.jsonをテーマに追加した時点でeditor-styles機能が自動的に有効となるためです。次の機能が自動的に有効になります。

```
add_theme_support( 'post-thumbnails' );
add_theme_support( 'responsive-embeds' );
add_theme_support( 'editor-styles' );
add_theme_support( 'html5', ['style','script'] );
add_theme_support( 'automatic-feed-links' );
```

前のSECTIONでadd_theme_support('editor-styles');を使ってエディター用のスタイルシートは読み込んでいますが、それ以外の機能もONとなり、コンテンツ幅が最大まで広がりました。

theme.jsonで幅を指定する

コンテンツの幅には、「通常幅」「幅広（wide）」「全幅（full）」の3種類があります。theme.jsonの settings 項目の中で、layout キーでサイズを指定可能です。theme.json に次のように記述します。

●コンテンツの幅指定

幅タイプ	キー	本書での指定サイズ
通常幅	contentSize	800px
幅広	wideSize	1200px

リスト theme.json

```
{
    "$schema": "https://schemas.wp.org/trunk/theme.json",
    "version": 2,
    "settings": {
        "layout": {
            "contentSize": "800px",
            "wideSize": "1200px"
        }
    },
    "styles": {},
    "patterns": [],
    "customTemplates": [],
    "templateParts": []
}
```

あらためて管理画面を確認すると、本文欄が指定した800pxの幅になったことが確認できます。

画像ブロックを選択すると幅の指定が増えています。ここでブロック単位での幅を変更できるようになりました。画像以外にも、見出しブロックなどでも有効になっています。

●幅広

●全幅指定

コンテンツ幅に対応するCSSの書き方

管理画面上ではコンテンツ幅を指定できましたが、表示画面側でもCSSを対応させる必要があります。サンプルHTMLはすでに対応しているので、ここでは書き方を説明します。

ブロックエディターで出力される本文エリア（the_content()で出力される箇所）は、CSSで横幅に制限を付けないようにします。サンプルHTMLでは、`<main>`のclass属性に`is-full`を付けるとこの状態になるようにCSSを定義しています。

リスト single.php（抜粋）

```php
<?php get_header(); ?>
  <main class="is-full">
```
省略

テーマがtheme.jsonを持っているかどうかは、WordPress 6.2以降なら「wp_theme_has_theme_json()」で調べられます。WordPress 6.1以前では「WP_Theme_JSON_Resolver::theme_has_support()」を使用してください。

先ほどの<main>の箇所は、次のように記述することも可能です。

リスト single.php（WordPress 6.2以降）

```
<main <?php if(wp_theme_has_theme_json()): ?>class="is-full"<?php endif; ?>>
```

リスト single.php（WordPress 6.1以前）

```
<main <?php if(WP_Theme_JSON_Resolver::theme_has_support()): ?>class="is-full" ↵
<?php endif; ?>>
```

single.phpにおいて、コンテンツの箇所は次のHTMLのようになっています。<div class="content">の直下にブロックエディターのHTMLが出力される構成です。

```
<div class="content">
  <?php the_content(); ?>
</div>
```

theme.jsonで指定した幅は、CSS変数に自動的に格納されています。通常幅は「-wp--style--global--content-size」、幅広は「-wp--style--global--wide-size」のCSS変数名です。これを各ブロックのmax-widthに指定します。

幅広を指定したブロックには「alignwide」が、全幅のブロックには「alignfull」のclass属性が出力されます。したがって、次のようにSCSSを書くことでコンテンツの幅指定に対応できます。

リスト コンテンツ部分のSCSSの例

```scss
.content {
    // 直下のすべての要素
    >* {
        margin-right: auto;
        margin-left: auto;
    }
    // 通常幅
    >*:not(.alignwide),
    >*:not(.alignfull) {
        max-width: var(--wp--style--global--content-size);
    }
    // 幅広
    >*.alignwide {
        max-width: var(--wp--style--global--wide-size);
    }
    // 全幅
    >*.alignfull {
        max-width: none;
    }
}
```

このようにtheme.jsonで設定した記述は、CSS変数として出力されています。テーマ側のCSSを対応させることによって、ブロックエディターの表示を柔軟に変えられます。

▶ ブロックエディターのテキストを設定する

● 色を指定する

ブロックエディターでテキストを選択して［ハイライト］を選ぶと、色を変えられます。

この色の種類を変更するには、settings項目のcolor.paletteキーで指定します。「name」「slug」「color」に、それぞれ「名前」「スラッグ」「色番号」を指定します。赤色と青色を指定するには次のように記述します。

リスト theme.json（抜粋）

```
{
    "$schema": "https://schemas.wp.org/trunk/theme.json",
    "version": 2,
    "settings": {
        "layout": {
            "contentSize": "800px",
            "wideSize": "1200px"
        },
        "color": {
            "palette": [
                {
                    "name": "Red",
                    "slug": "red",
                    "color": "#e60033"
                },
                {
                    "name": "Blue",
                    "slug": "blue",
                    "color": "#004be1"
                }
            ]
        }
    },
    省略
}
```

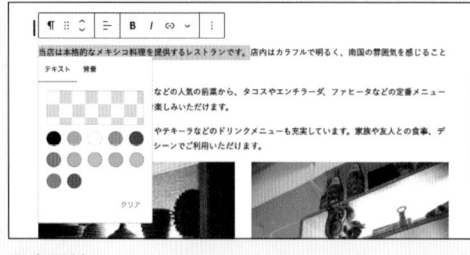

●変更前

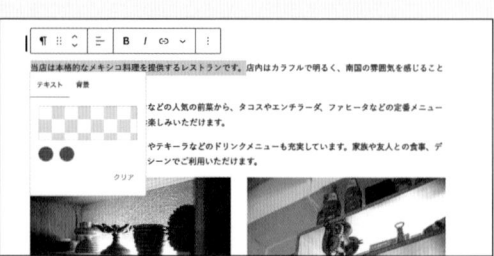

●変更後

● フォントを選択できるようにする

テキストの一部分だけを別のフォントにすることもできます。settings項目のtypography.
fontFamiliesを指定します。「name」「slug」「fontFamily」に、それぞれ「名前」「スラッグ」「CSSのfont-
family」を指定します。明朝体を追加する場合は次のように記述します。

[リスト] theme.json（抜粋）

```
{
    "$schema": "https://schemas.wp.org/trunk/theme.json",
    "version": 2,
    "settings": {
        "layout": {
            "contentSize": "800px",
            "wideSize": "1200px"
        },
        "color": {
            "palette": [
                {
                    "name": "Red",
                    "slug": "red",
                    "color": "#e60033"
                },
                {
                    "name": "Blue",
                    "slug": "blue",
                    "color": "#004be1"
                }
            ]
        },
        "typography": {
            "fontFamilies": [
                {
                    "name": "游明朝体",
                    "slug": "mincho-font",
                    "fontFamily": "\"游明朝体\",\"Yu Mincho\",YuMincho,\"ヒラギノ     ⏎
明朝 Pro\",\"Hiragino Mincho Pro\",serif"
                }
            ]
        }
    },
    省略
}
```

テキストのブロック設定で、[タイポグラフィ]→[オプション]に[フォント]が表示されるようにな
ります。チェックを入れると、追加した「明朝体」がフォントのプルダウンで選べるようになります。

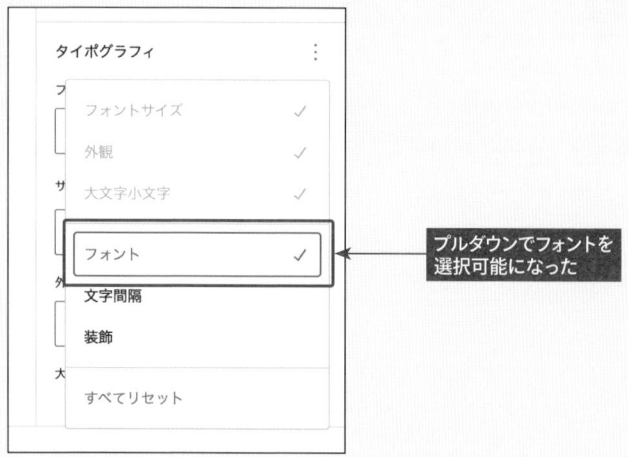

プルダウンでフォントを
選択可能になった

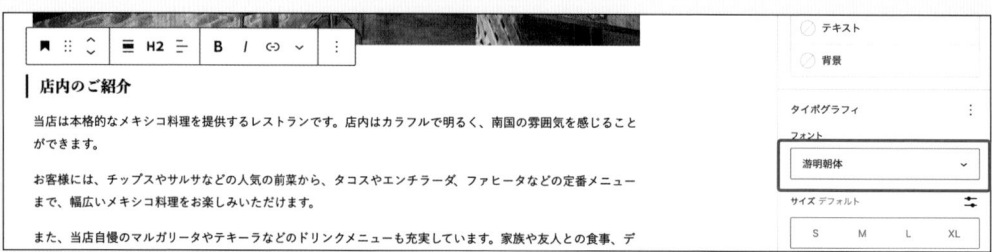

● Webフォントを選択できるようにする

外部のWebフォントを指定できるようにすることも可能です。先ほどと同じですが、新たに「fontFace」
キーを指定します。次の例は、Google WebフォントのCaveatを指定したものです。

リスト theme.json

```
{
    "$schema": "https://schemas.wp.org/trunk/theme.json",
    "version": 2,
    "settings": {
      省略
      "typography": {
        "fontFamilies": [
          {
            "name": "游明朝体",
            "slug": "mincho-font",
            "fontFamily": "\"游明朝体\",\"Yu Mincho\",YuMincho,\"ヒラギノ    ⏎
明朝 Pro\",\"Hiragino Mincho Pro\",serif"
          },
          {
            "name": "Caveat",
            "slug": "cursive",
            "fontFamily": "\"Caveat\", cursive",
            "fontFace": [{
              "fontFamily": "Caveat",
              "fontWeight": "bold",
              "fontStyle": "normal",
              "fontStretch": "normal",
```

↗続く

```
                        "src": ["https://fonts.googleapis.com/css2?family=Caveat& ⏎
     display=swap"]
                    }]
                }
            ]
        }
    },
    省略
}
```

srcキーに、Google WebフォントのURLを指定します。なお、サーバーにアップロードしたフォントファイルを直接指定する場合は次のようになります。

```
"src": [ "file:./assets/fonts/newyork/NewYork.ttf" ]
```

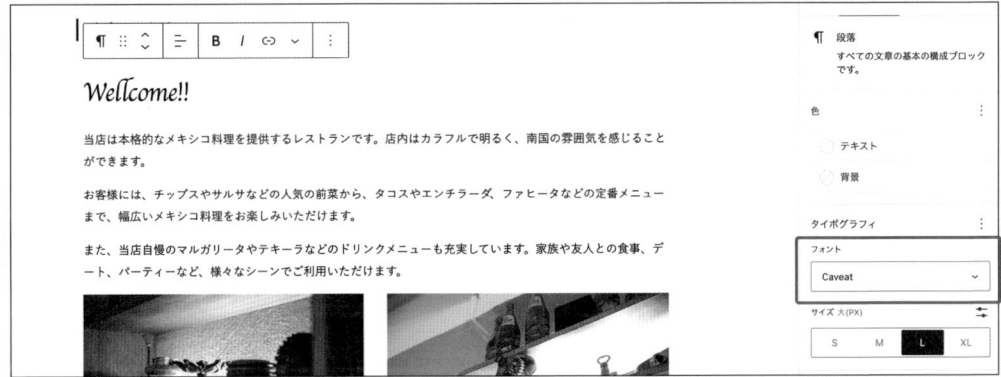

▶ ブロックパターンを追加する

WordPress公式サイトの「パターン」のページには、たくさんのブロックパターンが公開されています。これらの公開されているパターンを、テーマに追加することが可能です。

●ブロックパターンディレクトリ

URL：https://ja.wordpress.org/patterns/

パターンページから追加したいパターンを選択します。ここでは「価格表」のパターンを追加します。

URL は「https://ja.wordpress.org/patterns/pattern/pricing-table-ja/」です。 こ の URL の 末 尾 の「pricing-table-ja」がキーになります。theme.json の patterns 項目に配列で、このキーを記述します。

リスト theme.json

```
{
    "$schema": "https://schemas.wp.org/trunk/theme.json",
    "version": 2,
    "settings": {
        省略
    },
    "styles": {},
    "patterns": [ "pricing-table-ja" ],
    "customTemplates": [],
    "templateParts": []
}
```

theme.json に記述したら、パターンの箇所を見てみましょう。選択したパターンが選べるようになりました。

複数のパターンを登録するときは、次のように記述を追加します。

```
"patterns": [ "pricing-table-ja", "event-details-ja" ],
```

▶ 公式サイトを確認する

　ここまでで紹介した機能は、theme.jsonのごく一部です。本書では、editor-style.cssを使用してブロックエディターにCSSを適用しましたが、実際にはtheme.jsonにはブロックエディターのほとんどの設定ができるほどの機能が備わっています。

　ブロックエディターについて「この箇所を設定したい」といった要望が出たときは、公式サイトを確認したり、インターネットでも検索したりしてみてください。このSECTIONで取り扱った記述方法を参考にしながら調べてみましょう。

●グローバル設定とスタイル（theme.json）

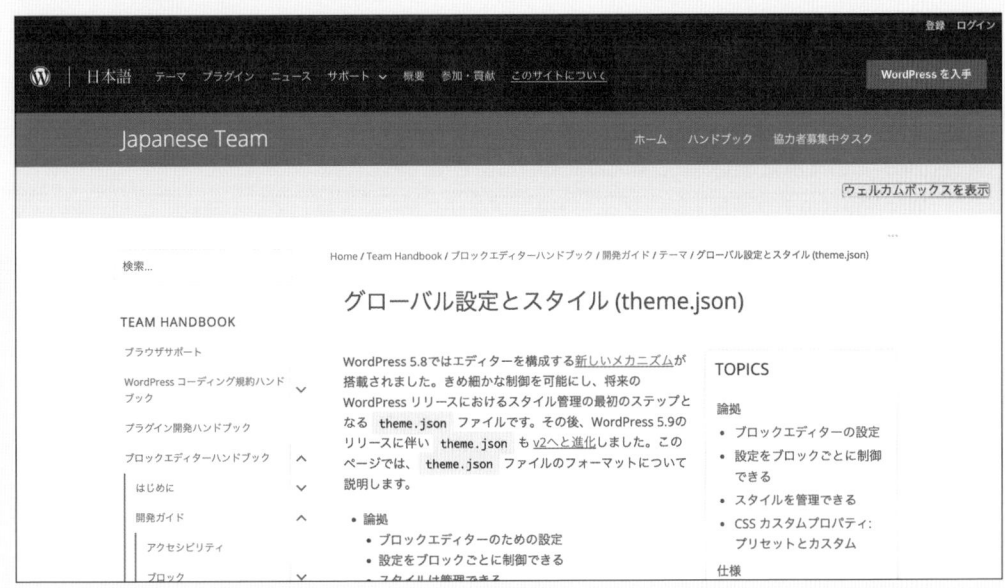

URL：https://ja.wordpress.org/team/handbook/block-editor/how-to-guides/themes/theme-json/

◉ COLUMN

クラシックテーマとブロックテーマ

　WordPress 6.2のデフォルトテーマであるTwenty Twenty-Threeは、実はヘッダーやフッターも管理画面から編集可能です。Twenty Twenty-Threeテーマを有効化すると、［外観］→［エディター］から編集画面を開けます。

●Twenty Twenty-Three テーマの編集画面

　このような機能を、「フルサイト編集（Full Site Editing）機能」といいます。そして、フルサイト編集に対応したテーマを「ブロックテーマ」と呼びます。対して、従来のテーマを「クラシックテーマ」、クラシックテーマにtheme.jsonのようなブロックテーマの機能を取り入れたものを「ハイブリッドテーマ」と呼びます。

　本書のCHAPTER 5までは「クラシックテーマ」の作り方、CHAPTER 6で「ハイブリッドテーマ」の作り方を解説していると言えるかもしれません。

　WordPressのデフォルトテーマは、今後はブロックテーマを推していく流れになると思われます。では、クラシックテーマは使われなくなるのか？　というと、そうはならないと思います。

　クライアントワークでは、Webサイトの要件に正確に対応する必要があります。要件に対して、一からブロックテーマを制作するには、制作メンバー全員の深い知識が必要になります。また、作業工数もクラシックテーマより増えるかもしれません。

　いずれにせよ、ブロックテーマの制作方法を覚える前に、基本であるクラシックテーマの制作方法を習得しましょう。WordPressの今後の動向や仕事の現場における要件など、さまざまなことに目を向けながら学習を続けていきましょう。

CHAPTER

7

管理画面をカスタマイズする

▶ **01** 管理画面の一覧画面を
カスタマイズする

> WordPressをクライアントワークで使用すると、管理画面に対する要望が出てくることがよく
> あります。このCHAPTERでは、クライアントワークでよく使う管理画面のカスタマイズ方法を
> 解説します。

▶ なぜ管理画面をカスタマイズするのか

　クライアントワークでWordPressを使用してWebサイトを構築すると、クライアントは管理画面からWebサイトの運用を行うことになります。

　WordPressの管理画面には、日々の運用には関係ないメニューもたくさんあり、そのままの状態で利用していると思わぬトラブルに繋がる可能性があります。たとえば［プラグイン］メニューから勝手にプラグインをインストールされて、制作者の意図していない動作をするかもしれません。そもそもクライアントは、WordPressというもの自体、知る必要がないのかもしれません。

　いずれにせよ、クライアントに対してWordPressを使いやすくカスタマイズすることは、運用面において不可欠です。ここでは、クライアントから要望が出やすいであろうポイントを踏まえ、管理画面のカスタマイズ方法を解説します。

▶ Admin Columns プラグインをインストールする

　管理画面のカスタマイズは、これまでも出てきたようにfunctions.phpを修正することで実現可能です。しかし、細かい部分までカスタマイズするとなると、膨大な記述が必要になり、とても大変です。このSECTIONでは、管理画面の一覧をカスタマイズできる「Admin Columns」プラグインを使ってカスタマイズしてみましょう。

◉ Admin Columns プラグインをインストールする

　まずはAdmin Columnsをインストールします。管理画面の［プラグイン］→［新規追加］から「Admin Columns」を検索します（❶）。プラグインをインストールしたら、有効化してください（❷）。

▶ 投稿一覧の表示を変更する

メインナビゲーションメニューの［投稿］を開いてみましょう。Admin Columnsが有効化されると、一覧の上に設定ボタン（❶）が表示されるのでこれをクリックします。

Admin Columnsプラグインの設定画面が表示されます。このページは、メインナビゲーションメニューの［設定］→［Admin Columns］からも表示できます。この画面には、投稿一覧に表示されている列が項目として表示されています。

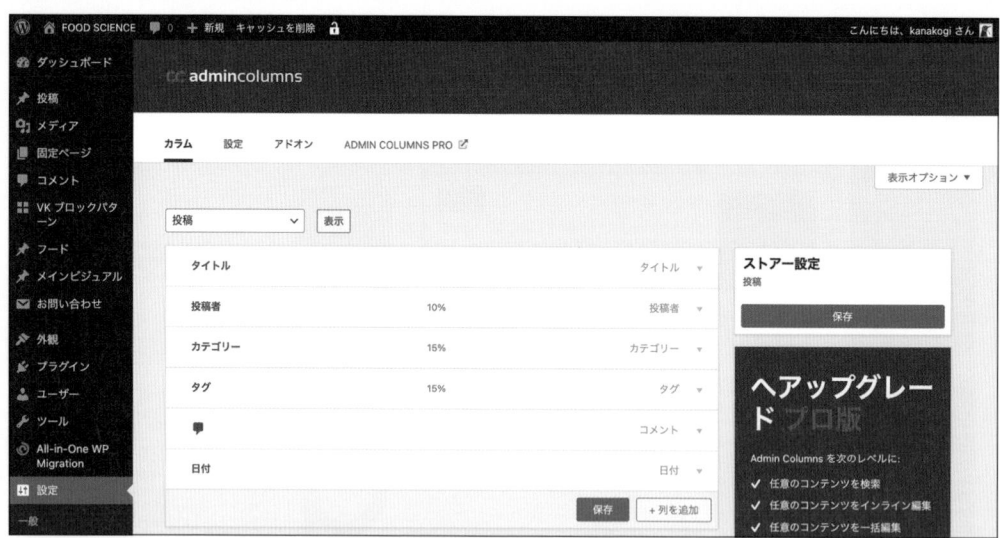

◉ アイキャッチ画像を一覧画面に表示する

投稿画面にアイキャッチ画像を追加してみます。［列を追加］ボタン（❶）をクリックすると項目が追加されます。❷のように「タイプ」を「アイキャッチ画像」にし、「ラベル」に「サムネイル」と入力してください。最後に項目の左横にあるハンドルアイコンをドラッグ＆ドロップして一番上に移動します。

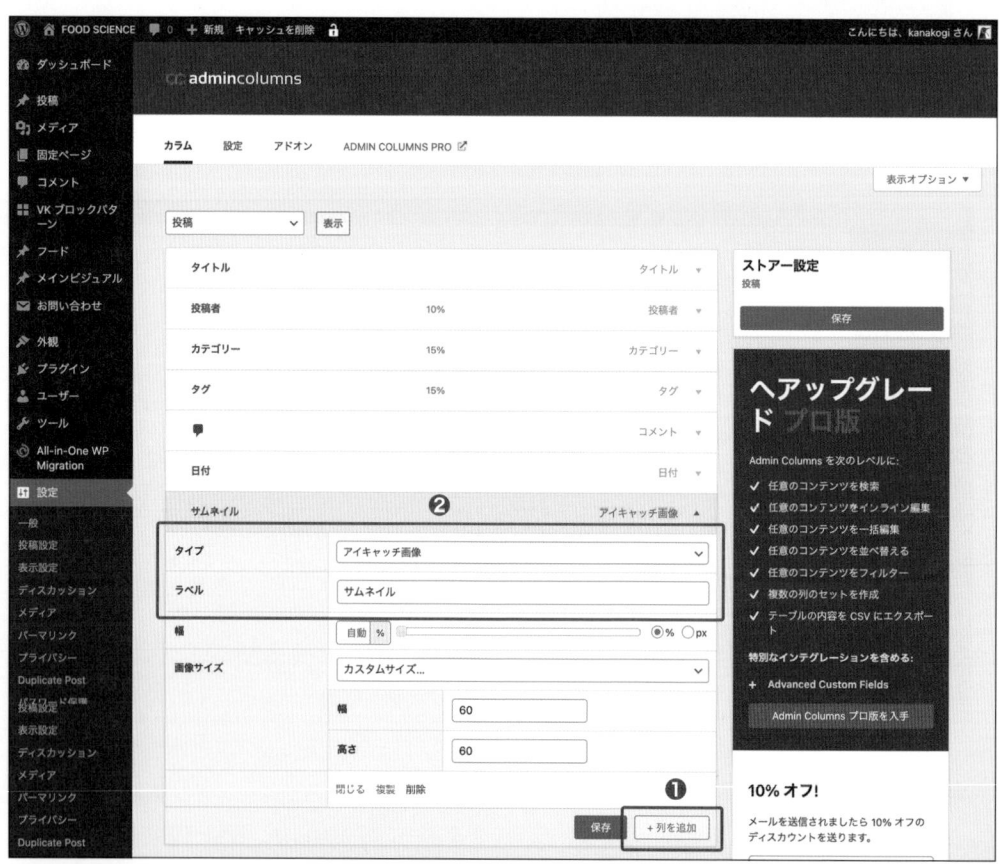

［保存］または［更新］ボタンを押して保存したら、投稿一覧画面をあらためて確認しましょう。アイキャッチ画像 (サムネイル) が先頭に表示されています。

▶ カスタム投稿タイプの一覧画面をカスタマイズする

　一覧画面のカスタマイズは、投稿以外でも可能です。カスタム投稿タイプ「フード」の一覧ページは最低限の情報しか表示されていないので、変更してみましょう。フードの一覧ページから、［設定］ボタン (❶) をクリックします。

● カスタムフィールドを表示する

　このカスタム投稿タイプでは、メニューの価格をカスタムフィールドで作成しているので表示してみます。［列を追加］ボタン (❶) をクリックし、次のように入力します。

●ここで入力する内容

項目	内容
タイプ	カスタムフィールド
ラベル	価格
フィールド	price

カスタムフィールドの画像を表示する

Advanced Custom Fields プラグインで追加したメニュー画像のカスタムフィールドも表示することもできます。フィールドタイプ（❶）を画像にして、次のように入力します。

●ここで入力する内容

項目	内容
タイプ	カスタムフィールド
ラベル	写真
フィールド	pic
フィールドタイプ	画像

● 表示を確認する

　設定ができたら適宜順番を並び替え、［更新］ボタンを押します。一覧画面をあらためて表示してみましょう。表示される項目が追加されます。このように一覧画面をカスタマイズすることが可能です。

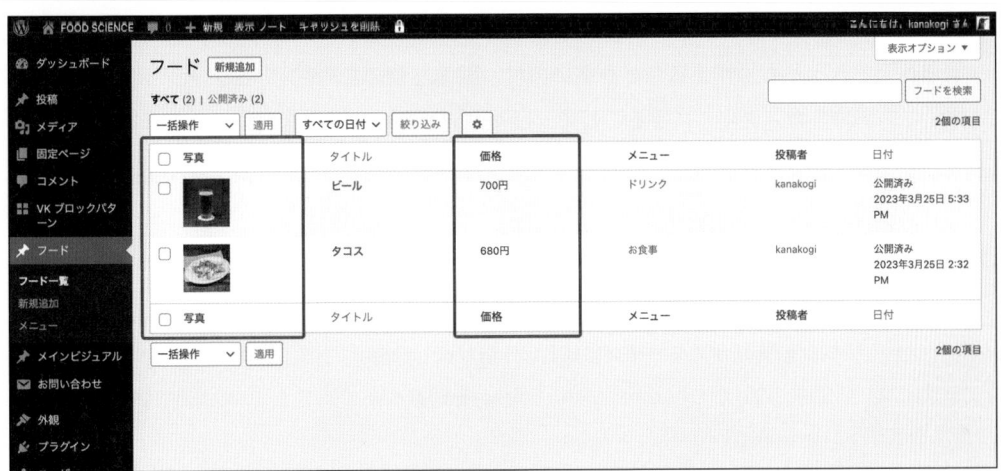

■ SECTION
02 | メインナビゲーションメニューを使いやすくする

管理画面でもっとも操作することが多いのは、画面左側の「メインナビゲーションメニュー」です。この部分をカスタマイズすることで、日々のWordPressの運営が楽になります。

▶ Admin Menu Editorプラグインをインストールする

メインナビゲーションのカスタマイズには「Admin Menu Editor」プラグインが便利です。管理画面の[プラグイン]→[新規追加]から「Admin Menu Editor」を検索してインストールします（❶）。インストール後はプラグインを有効化してください。

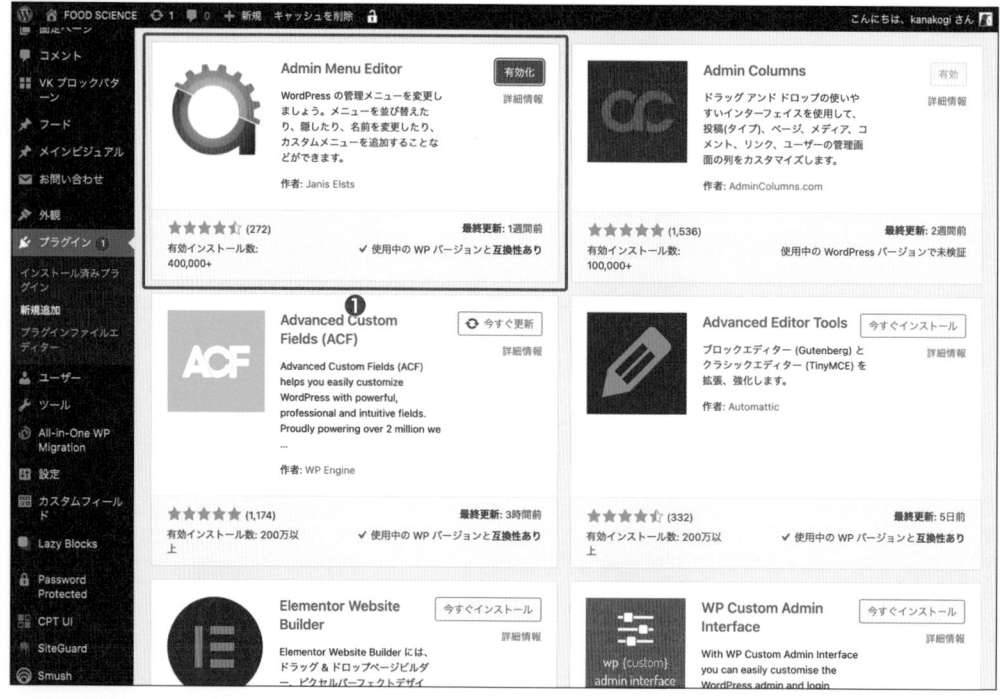

▶ メインナビゲーションメニューを変更する

Admin Menu Editorを有効化すると、メインナビゲーションメニューの［設定］→［Menu Editor］が表示されます。選択すると、メインナビゲーションメニューと同じ項目が並んでいる画面が表示されます。

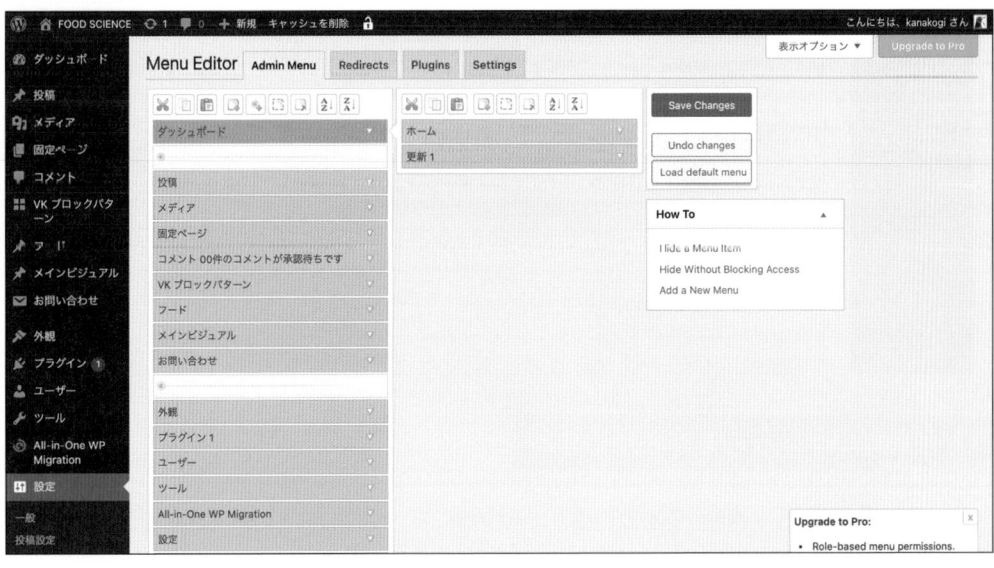

メニュー項目を変更する

　「投稿」という名称は少しわかりづらいかもしれません。「投稿」を「新着情報」に変更します。Menu Editorの中の「投稿」（❶）をクリックすると設定項目が表示されます。「Menu Title」（❷）を「新着情報」に変更し、「Save Changes」ボタン（❸）をクリックして変更を保存します。

　メインナビゲーションメニューの「投稿」が「新着情報」に変更されたのが確認できます。

▶ 使わないメニューを非表示にする

Webサイトにコメント機能が必要ない場合は、［設定］→［ディスカッション］から設定できます。コメント機能を使わないのであれば、メニューも見えないようにしておきましょう。

Menu Editorの中の「コメント」(❶) をクリックして、選択状態にします。そのままの状態でボックス上部の［Hide］ボタン (❷) をクリックし、［Save Changes］ボタン (❸) をクリックして変更を保存します。

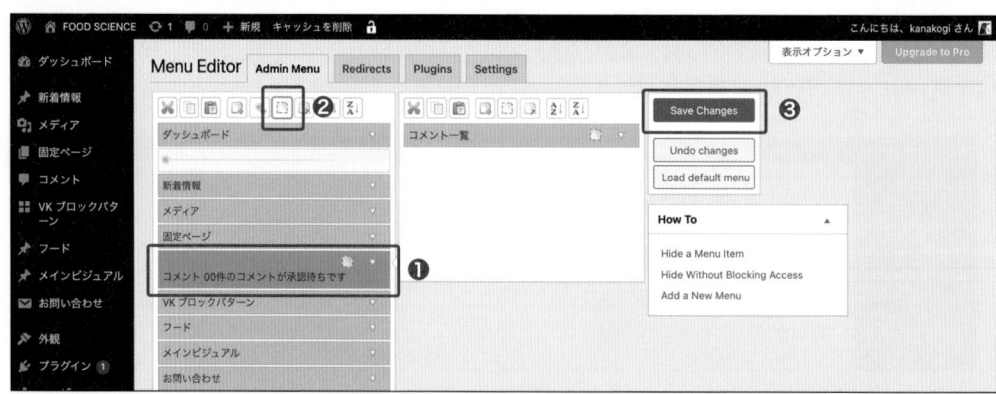

メインナビゲーションメニューの「コメント」が非表示になりました。Menu Editorの画面を見ると、非表示にした「コメント」には、［Hide］ボタンと同じマークが表示されます。もう一度、クリックすると表示を戻せます。

▶ メニューの並び順を変更する

　メニュー項目は表示順を変えることも可能です。各メニューをドラッグ＆ドロップして変更します。
「新着情報」の下に「フード」を移動してみましょう。［Save Changes］ボタン（❶）を押して変更を保存し
ます。

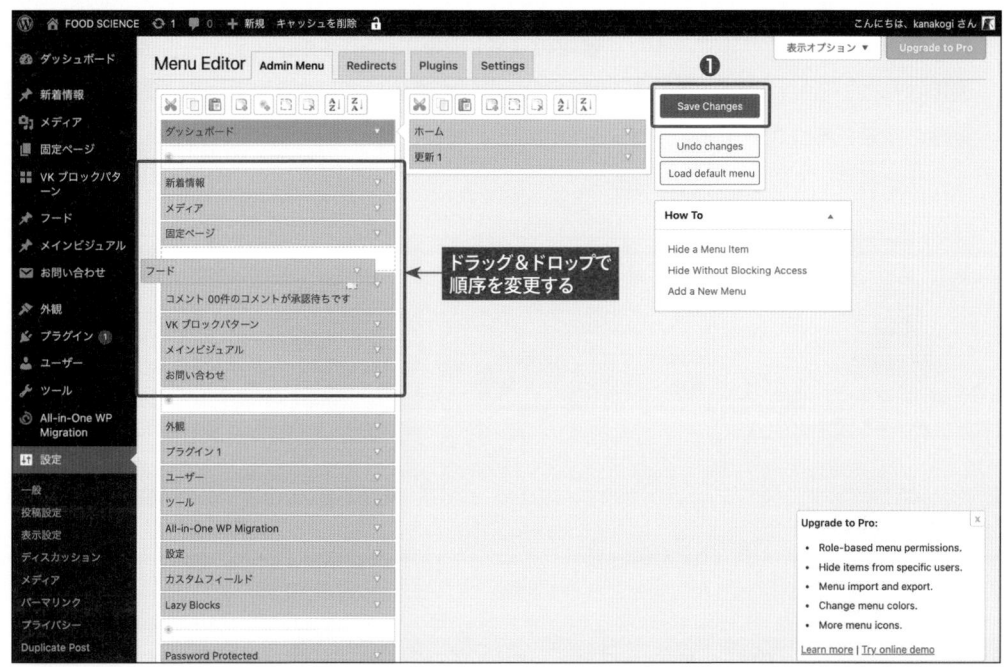

　これで、「新着情報」の下に「フード」が表示されるようになりました。このように、よく使うメニュー
を上にすることで、日々の運用を楽にできます。

SECTION 03 | 権限に応じて管理画面をカスタマイズする

管理者権限があればテーマの編集ができてしまうので、クライアントワークでは思わぬトラブルに繋がることがあります。また、普段の運営に関係のないメインナビゲーションメニューが表示されていると、クライアントは操作がわからず混乱してしまうでしょう。運営に必要な最低限の権限を持つユーザーアカウントを作成し、権限に応じて管理画面をカスタマイズすると、ユーザビリティと保守性が向上します。

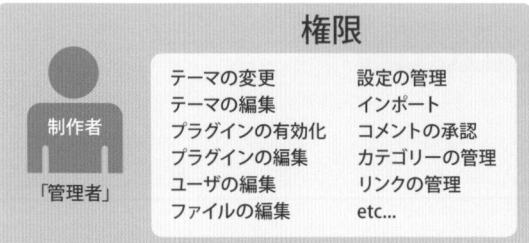

権限

制作者
「管理者」

- テーマの変更
- テーマの編集
- プラグインの有効化
- プラグインの編集
- ユーザの編集
- ファイルの編集

- 設定の管理
- インポート
- コメントの承認
- カテゴリーの管理
- リンクの管理
- etc...

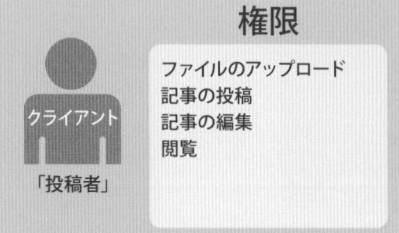

権限

クライアント
「投稿者」

- ファイルのアップロード
- 記事の投稿
- 記事の編集
- 閲覧

権限を必要なものだけにして人為的ミスを無くす

▶ User Role Editor プラグインで権限を自由に設定する

WordPressはデフォルトで5つの権限グループ（P.026参照）が用意されていますが、もっと詳細に権限を設定したいときには、「User Role Editor」プラグインを使うと便利です。User Role Editor プラグインをインストールするには、［プラグイン］→［新規追加］から行います。「User Role Editor」で検索し（❶）、インストールしてください（❷）。

● 権限を設定する

　プラグインを有効化すると、メインナビゲーションメニューに［ユーザー］→［User Role Editor］が表示されるようになります。なお、メインナビゲーションメニューの［設定］の中にも［User Role Editor］が表示されていますが、こちらは User Role Editor プラグイン全般の設定をするためのものです。

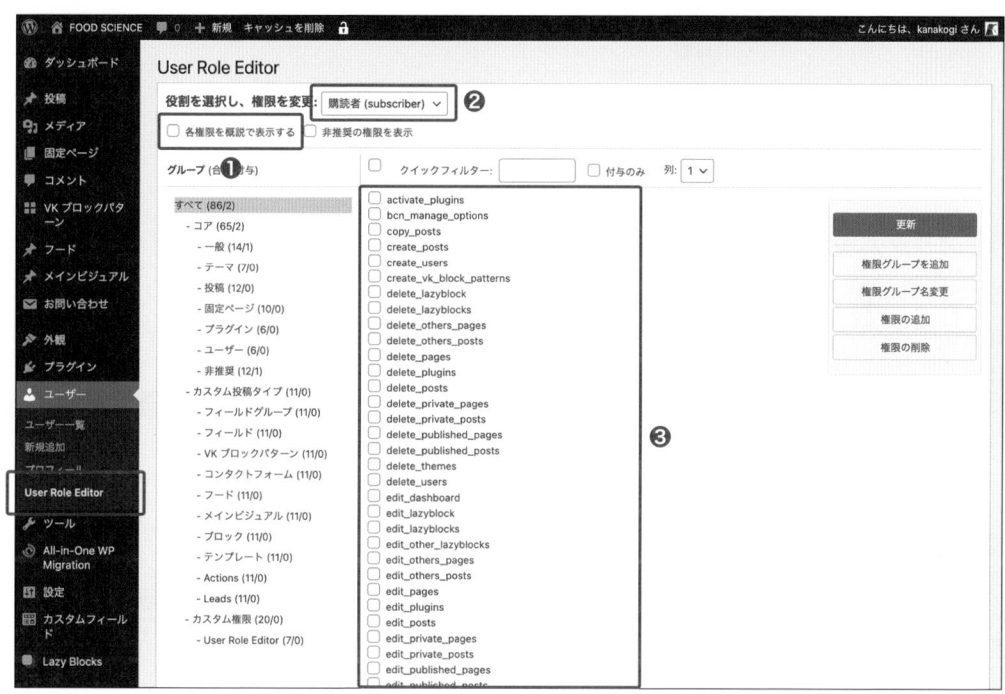

❶ 各権限を概説で表示する

　この欄にチェックを付けると、各権限の説明がわかりやすく表示されます。チェックを付けた状態にしておくと使いやすいでしょう。

❷ 現在の権限グループ

　このプルダウンで設定する権限グループを選択します。その権限グループが使用可能な権限にチェックが付いています。たとえば「購読者」は、デフォルトでは閲覧しかできませんが、他の項目にチェックを付けることで権限を追加することも可能です。

❸ 設定する権限の一覧

　❷で選択している権限グループが持っている権限の一覧です。たとえば「delete_posts」にチェックが付いていると、「投稿の削除」権限を持っていることになります。たくさんの権限が用意されていますが、たとえば削除権限の場合は「delete 〜」のように、決まった形になっています。次のようなものがあります。

● 用意されている主な権限

名前	概要
delete_○○	削除権限
edit_○○	新規投稿・編集権限
manage_○○	管理権限
publish_○○	公開権限
read_○○	閲覧権限
update_○○	更新権限

オリジナルの権限グループを作成する

User Role Editorは、オリジナルの新しい権限グループを作ることが可能です。ためしに「運営者」という権限グループを作ってみましょう。右側にある［権限グループを追加］ボタン（❶）をクリックします。

「新規権限グループを追加」ポップアップが表示されます。次の内容を入力し（❶）、［権限グループを追加］（❷）をクリックします。

● ここで入力する内容

項目	入力内容	補足
権限グループ名（ID）	sitemanager	他の権限グループと重複しないIDを半角英数で入力
表示する権限名	運営者	表示される権限グループのラベル名
コピー元	なし	他の権限グループをコピーして作成する場合に選択

保存すると、権限グループのプルダウンに先ほど作成した「運営者」が新しく追加されています。デフォルトの5つの権限グループとは別に、新しい権限グループを作成できました。

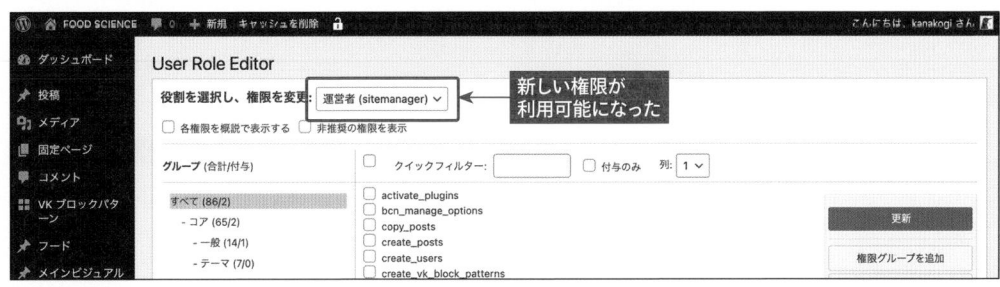

「運営者」グループには、投稿に関してのみすべての権限を与え、固定ページなどはいっさい編集できないようにしてみましょう。投稿に関する権限は「○○_posts」です。グループの中で「投稿」（❶）をクリックすると、投稿に関する権限が表示されます（❷）。これらの項目にチェックを付けます。また、「一般」の中にある「read」にもチェックされているか確認して、[更新] ボタン（❸）をクリックします。

「運営者」グループのユーザーを作成し、ログインしてみましょう。メインナビゲーションメニューには、投稿に関するものだけが表示されるようになりました。このように、Webサイトを運営するときには担当するユーザーに合わせて権限を設定します。

▶ カスタム投稿タイプの権限を設定する

「運営者」グループのユーザーで管理画面を開いたときに、固定グループは表示されませんでしたが、「フード」は表示されていました。また、「運営者」には「投稿」の権限しか追加しなかったのに、グループの中の「フード」の権限にもチェックが付いています。これはどうしてでしょうか。

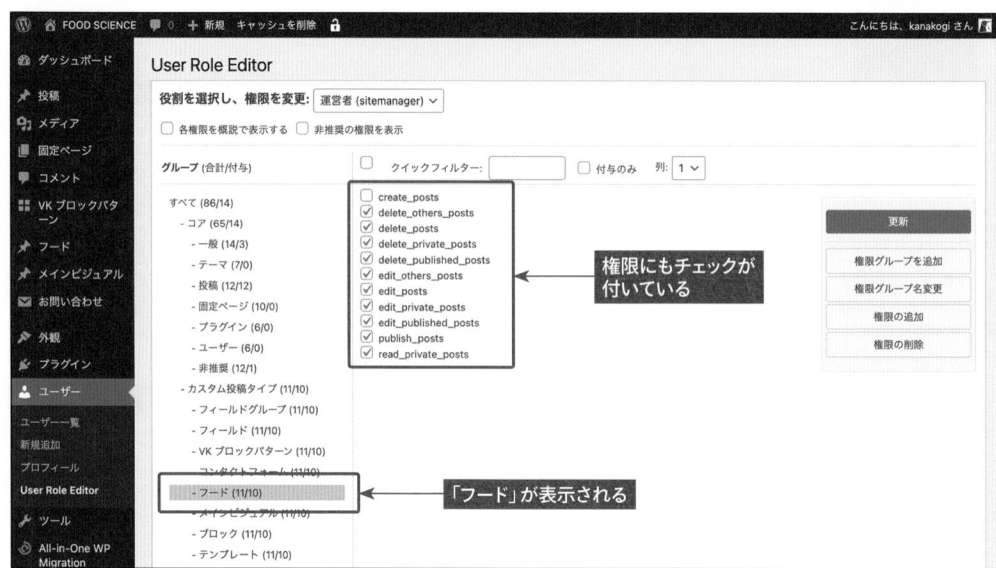

カスタム投稿タイプの「フード」は、Custom Post Type UIプラグインを利用して作成しました。ここでもう一度、「フード」の設定画面を確認してみましょう。メインナビゲーションメニューの[CPTUI] →[投稿タイプの追加と編集] →[投稿タイプを編集]を選択します。プルダウンから「メニュー」を選択して[設定]ボックスの中の「権限タイプ」を確認すると、この項目が「post」になっているのがわかります。

つまり、「フード」の権限が「post」と同じということです。「フード」の権限を明示的に指定したい場合は、この項目を「food」に変えて[投稿タイプを保存]ボタンで保存し、「フード」の新しい権限を作ります。

WordPressは、決められたルールに基づいて「フード」の権限名を自動的に作成します。主な権限名のルールは次の通りです。利用タイプ名の末尾に「s」が付き、「foods」と複数形になっている点に注意してください。たとえば、「フード」の編集権限名は「edit_foods」になります。

●権限名を自動作成するルール

権限のルール	概要
edit_{権限タイプ}s	自分の投稿を編集する権限
edit_others_{権限タイプ}s	他のユーザーの投稿を編集する権限
publish_{権限タイプ}s	投稿を公開する権限
read_private_{権限タイプ}s	プライベート投稿を閲覧する権限
delete_{権限タイプ}s	自分の投稿を削除する権限
delete_private_{権限タイプ}s	プライベート投稿を削除する権限
delete_published_{権限タイプ}s	公開済み投稿を削除する権限
delete_others_{権限タイプ}s	他のユーザーの投稿を削除する権限
edit_private_{権限タイプ}s	プライベート投稿を編集する権限
edit_published_{権限タイプ}s	公開済みの投稿を編集する権限

User Role Editorの設定画面に戻ります。Groupのメニューには、「delete_others_foods」のように、先ほど追加した「food」の権限が追加されていることが確認できます。これらの項目にチェックを付けると、選択している権限グループに権限を追加できます。

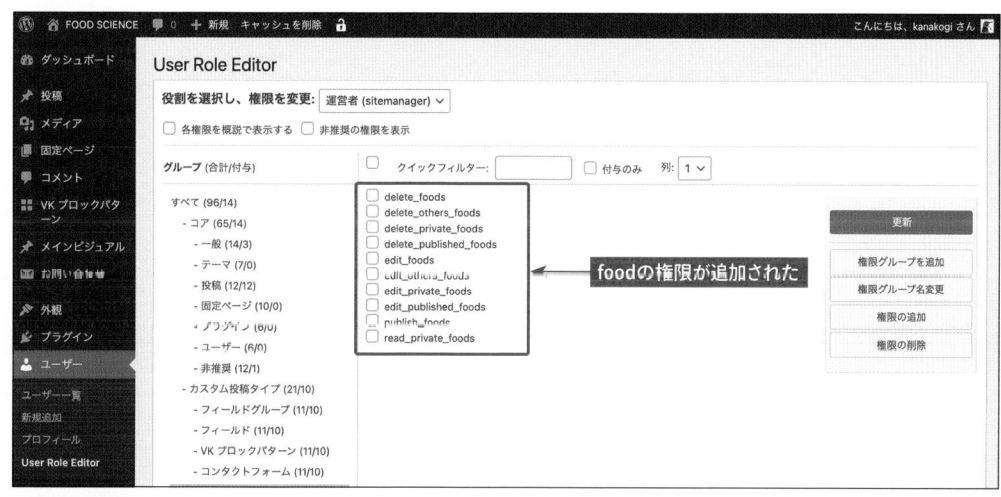

● 「管理者」権限グループに権限を追加する

User Role Editorプラグインは、「管理者」権限グループの権限を設定することはできません。「管理者」権限グループにカスタム投稿タイプの権限を追加するには、「get_role()」関数を使ってfunctions.phpを編集します。

```
get_role($role)
```

機能	権限グループの定義を取得する
主なパラメータ	$role　権限グループ名 管理者：administrator、編集：editor、投稿者：author、 寄稿者：contributor、購読者：subscriber

　たとえば、「管理者」権限グループに「food」の権限をすべて設定する場合は、アクションフックを使って次のように記述します。追加する権限名は、ルールに従い「edit_foods」のように設定します。

リスト functions.php（追加する内容）

```php
/**
 * 管理者の権限グループを設定する
 */
add_action('admin_init', 'my_admin_init');
function my_admin_init()
{
    //権限を取得
    $role = get_role('administrator');
    //権限を追加するとき
    $role->add_cap('edit_others_foods');
    $role->add_cap('edit_foods');
    $role->add_cap('edit_private_foods');
    $role->add_cap('edit_published_foods');
    $role->add_cap('publish_foods');
    $role->add_cap('read_private_foods');
    //権限を削除するとき
    $role->remove_cap('delete_others_foods');
    $role->remove_cap('delete_foods');
    $role->remove_cap('delete_private_foods');
    $role->remove_cap('delete_published_foods');
}
```

高度な機能を活用する

01 SEO対策をする

SEO（Search Engine Optimization）とは、Googleのような検索エンジンの検索結果ページで、上位に表示されるように対策をすることです。しかし、内部要因や外部要因などさまざまな要因が関係し、Webサイトのコンテンツ内容も重視されるため、「この設定をしておけば良い」と一概に断定することはできません。ここでは、クライアントワークにおいてSEOを考慮した際、サイト制作者として最低限設定すべき作業を解説します。

▶ Yoast SEOプラグインでSEO対策をする

「Yoast SEO」は、SEO対策の設定をまとめて管理できるプラグインです。かなり高機能なプラグインで設定項目も多く、少し難しく感じるかもしれません。しかし、SEO対策をするうえではとても便利なプラグインなので、活用できるようにしておきましょう。

Yoast SEOプラグインのインストールは、メインナビゲーションメニューの［プラグイン］→［新規追加］から行います。「Yoast SEO」で検索し（❶）、インストールします（❷）。プラグインを有効化したら、メインナビゲーションメニューに［SEO］が表示されるのを確認します。

● 投稿画面を確認する

Yoast SEOを有効化したら、投稿画面を表示してみましょう。Yoast SEOのボックスが確認できます。ここで、投稿のタイトルやディスクリプションを細かく設定できます。

投稿のタイトルなどを設定する

Yoast SEOのボックスの中では、<title>タグのような、その投稿ページの<head>タグ内の情報を設定できます。

SEOタイトルとメタディスクリプション

スニペットプレビューの中に表示されているカードをクリックすると、タイトル（❶）とメタディスクリプション（❷）が設定できます。どちらにも入力されていない場合は、投稿のタイトルと本文から自動生成しますが、手動で適切な情報を入力できます。入力した内容は、<head>タグ内の<title>や、投稿に関するOGP（Open Graph Protocol）に反映されます。

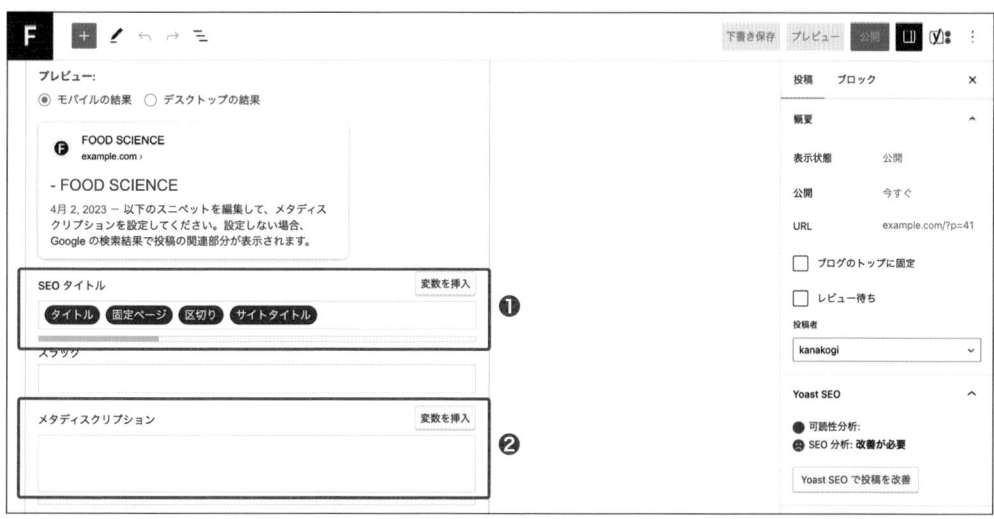

● ソーシャルの設定

「ソーシャル」タブ（❶）を表示すると、FacebookとTwitterの入力欄が表示されます。各SNSでシェアされたときのタイトルや説明文、サムネイルとして表示される画像を設定できます（❷）。

▶ <title>タグを最適化する

◉ サイトの基本設定

メインナビゲーションメニューの［Yoast SEO］を選択すると、Yoast SEOの設定画面が表示されます。多くの項目があるので、以降で主要な箇所のみを解説します。

<title>タグは、SEOにおいて重要な要素です。ページごとに適切なテキストが表示されるように設定します。メインナビゲーションの［Yoast SEO］→［設定］を選択してください。左サイドにある［一般］の中にある［サイトの基本］を選択します。

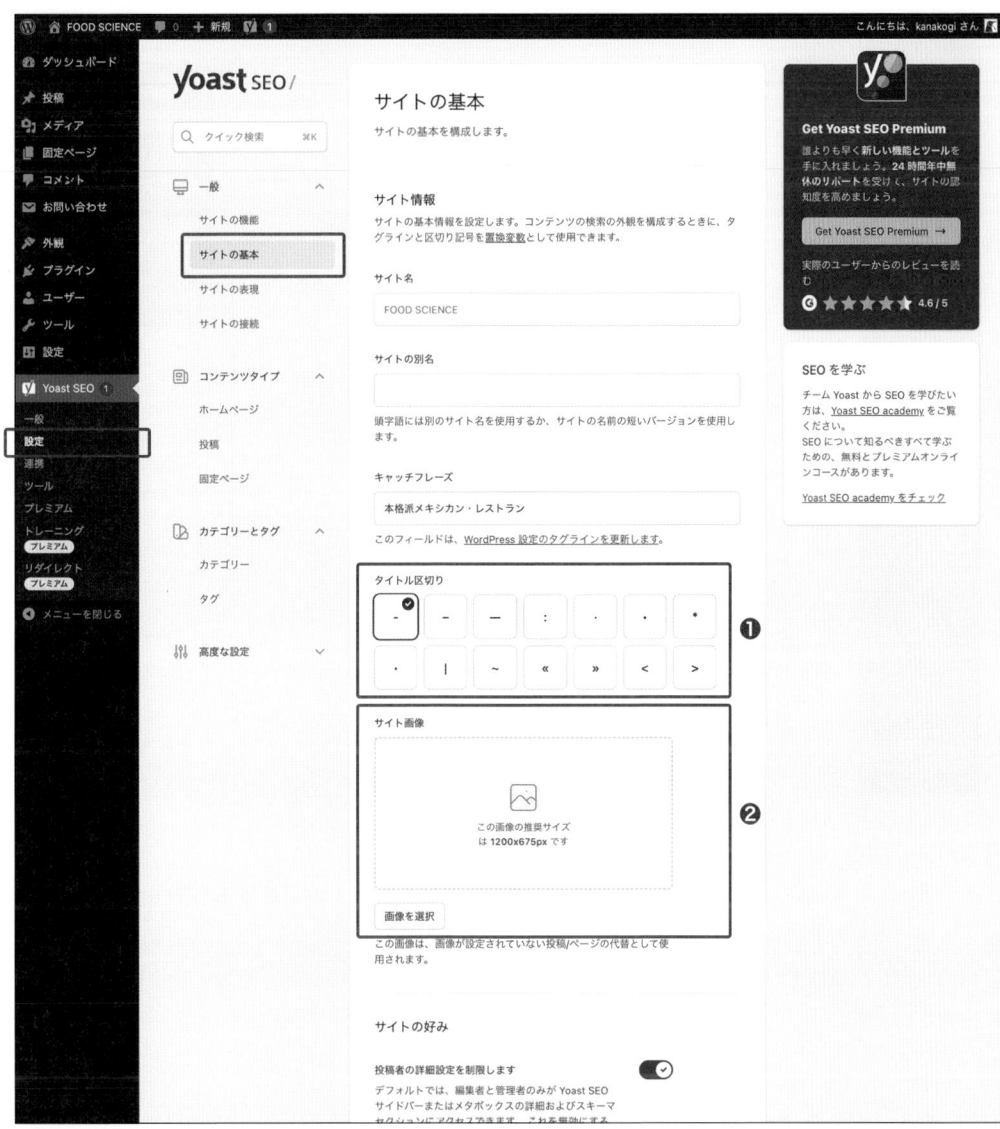

❶ タイトル区切り

<title> タグで使用する区切り文字を設定します。たとえば、「-」（ハイフン）を選択した場合、次のように表示されます。

```
<title>ページタイトル － サイトタイトル</title>
```

❷ サイト画像

FacebookとTwitterなどの各SNSでシェアされたときに表示されるOGP画像を設定します。ここで設定した画像より、投稿画面のソーシャルで設定した画像のほうが優先されます。

● コンテンツタイプの設定

トップページや投稿、固定ページの <title> タグや <meta> タグの設定をします。［コンテンツタイプ］→［ホームページ］を選択します。

❶ SEOタイトル・メタディスクリプション

トップページの<title>タグと、<meta name="description">タグや関連するOGPを設定できます。ここでは、あらかじめ用意された変数を使えます。たとえば、先ほどの「タイトル区切り文字」をハイフンに設定した状態で、「"サイトタイトル" "区切り" "キャッチフレーズ"」と設定すると、以下のように出力されます。

```
<title>サイトタイトル － キャッチフレーズ</title>
```

トップページの<title>タグは、独自のテキストにすることも多いので、その際は変数を使わずにテキストを入力しても問題ありません。

左サイドバーでは[ホームページ]以外にも、[投稿]や[固定ページ]や[カテゴリー]なども同じように設定可能です。

⚙ 不要なコンテンツを無効化する

WordPressは自動的にページを生成します。制作者が必要としていないページは、Yoast SEOの機能で無効化するべきです。左サイドの[高度な設定]には、カテゴリーなどとは違った特別なページの設定が可能です。

たとえば[投稿者アーカイブ]は、ユーザーの投稿をまとめたページです。WordPressは「https://example.com/author/ユーザー名/」のURLで、自動的にページを生成しています。このページが必要でない場合は「投稿者アーカイブを有効化」（❶）をOFFにします。

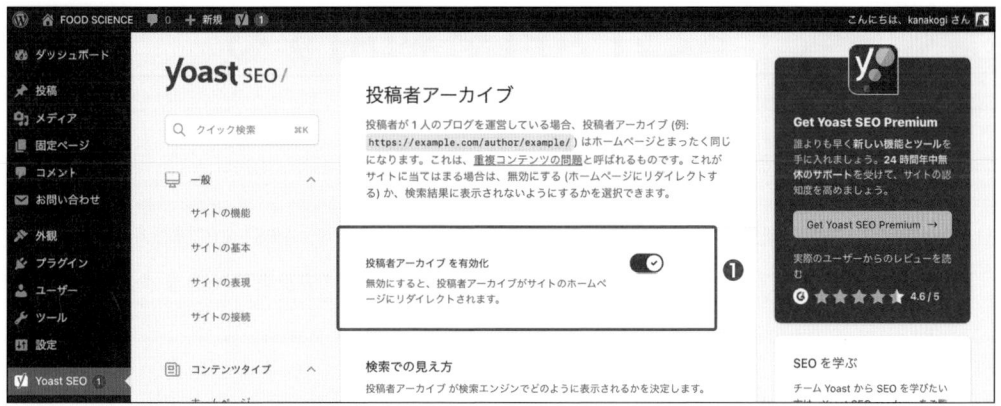

XML Sitemapについて

　Yoast SEOプラグインを有効化するとXML Sitemapが自動的に設定されます。XML SitemapのURLは、ドメインの直後に「sitemap_index.xml」を付けたURLになります。

リスト XML SitemapのURL（例）

```
https://example.com/sitemap_index.xml
```

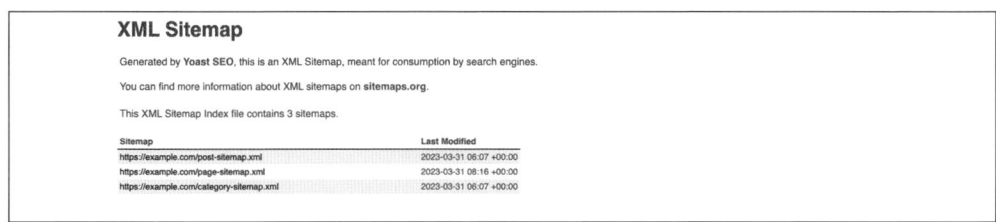

　sitemap_index.xmlには、投稿一覧のXML SitemapなどURLの一覧が表示されます。Google Search Consoleに登録するときなどは、このsitemap_index.xmlだけで問題ありません。

　このXML Sitemapの一覧は、先ほどの設定画面の［検索結果に投稿を表示］（❶）がONになっているものが表示されます。

WordPressには、REST APIが標準機能として実装されています。REST API機能を使うと、外部のWebサイトやアプリケーションから、WordPressのデータにアクセスできます。

▶ REST APIとは

REST APIは、WordPressのコンテンツやデータを簡単に取得・操作できるAPIです。WebサイトのデータがJSON形式で提供されます。

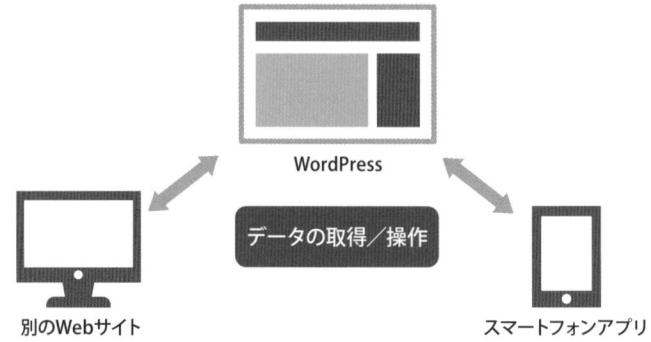

別のWebサイト　　　　データの取得／操作　　　　スマートフォンアプリ

WordPress

▶ 投稿のJSONデータを取得する

WordPressでは、REST APIはすぐに利用することが可能です。最新の投稿データを取得してみましょう。ドメイン直後の「/wp-json/wp/v2/posts」を付けたURLにアクセスしてみましょう。

```
https://example.com/wp-json/wp/v2/posts
```

次のような複雑な文字列が表示されるのがわかります。

[{"id":14,"date":"2023-03-31T14:52:15","date_gmt":"2023-03-31T05:52:15","guid":{"rendered":"https:\/\/example.com\/?p=14"},"modified":"2023-03-31T14:52:23","modified_gmt":"2023-03-31T05:52:23","slug":"golden-week","status":"publish","type":"post","link":"https:\/\/example.com\/golden-week\/","title":{"rendered":"\u30b3\u3099\u30fc\u30eb\u30c6\u3099\u30f3\u30a6\u30a3\u30fc\u30af\u55b6\u696d\u65e5\u306e\u304a\u77e5\u3089\u305b"},"content":{"rendered":"<div class=\"wp-block-image\">\n<figure class=\"aligncenter size-full\"><img decoding=\"async\" loading=\"lazy\" width=\"704\" height=\"400\" src=\"https:\/\/example.com\/wp-content\/uploads\/2023\/03\/pic-03-1.png\" alt=\"\" class=\"wp-image-15\" srcset=\"https:\/\/example.com\/wp-content\/uploads\/2023\/03\/pic-03-1.png 704w, https:\/\/example.com\/wp-content\/uploads\/2023\/03\/pic-03-1-600x341.png 600w\" sizes=\"(max-width: 704px) 100vw, 704px\" \/><\/figure></div>\n\n\n\n<p>\u4eca\u5e74\u306e\u30b4\u30fc\u30eb\u30c7\u30f3\u30fb\u30a6\u30a3\u30fc\u30af\u306f8\u9023\u4f11\u3067\u3059\u306d\u3002
\u30b4\u30fc\u30eb\u30c7\u30f3\u30fb\u30a6\u30a3\u30fc\u30af\u306f15\u6642\u304b\u3089\u30aa\u30fc\u30d7\u30f3\u3057\u3066\u304a\u308a\u307e\u3059\u3002
\u7f8e\u5473\u3057\u3044\u304a\u6599\u7406\u3068\u304a\u9152\u3092\u63c3\u3048\u3066\u304a\u5f85\u3061\u3057\u3066\u3044\u307e\u3059\u3002<\/p>\n","protected":false},"excerpt":{"rendered":"<p>\u4eca\u5e74\u306e\u30b4\u30fc\u30eb\u30c7\u30f3\u30fb\u30a6\u30a3\u30fc\u30af\u306f8\u9023\u4f11\u3067\u3059\u306d\u3002\u30b4\u30fc\u30eb\u30c7\u30f3\u30fb\u30a6\u30a3\u30fc\u30af\u306f15\u6642\u304b\u3089\u30aa\u30fc\u30d7\u30f3\u3057\u3066\u304a\u308a\u307e\u3059\u3002\u7f8e\u5473\u3057\u3044\u304a\u6599\u7406\u3068\u304a\u9152\u3092\u63c3\u3048\u3066\u304a\u5f85\u3061\u3057\u3066\u3044\u307e\u3059\u3002<\/p>\n","protected":false},"author":1,"featured_media":15,"comment_status":"open","ping_status":"open","sticky":false,"template":"","format":"standard","meta":[],"categories":[1],"tags":[],"yoast_head":"<!-- This site is optimized with the Yoast SEO plugin v20.4 - https:\/\/yoast.com\/wordpress\/plugins\/seo\/ -->\n<title>\u30b3\u3099\u30fc\u30eb\u30c6\u3099\u30f3\u30a6\u30a3\u30fc\u30af\u55b6\u696d\u65e5\u306e\u304a\u77e5\u3089\u305b - FOOD SCIENCE<\/title>\n<meta name=\"robots\" content=\"index, follow, max-snippet:-1, max-image-preview:large, max-video-preview:-1\" \/>\n<link rel=\"canonical\" href=\"https:\/\/example.com\/golden-week\/\" \/>\n<meta property=\"og:locale\" content=\"ja_JP\" \/>\n<meta property=\"og:type\" content=\"article\" \/>\n<meta property=\"og:title\" content=\"\u30b3\u3099\u30fc\u30eb\u30c6\u3099\u30f3\u30a6\u30a3\u30fc\u30af\u55b6\u696d\u65e5\u306e\u304a\u77e5\u3089\u305b - FOOD SCIENCE\" \/>\n<meta property=\"og:description\" content=\"\u4eca\u5e74\u306e\u30b4\u30fc\u30eb\u30c7\u30f3\u30fb\u30a6\u30a3\u30fc\u30af\u306f8\u9023\u4f11\u3067\u3059\u306d\u3002\u30b4\u30fc\u30eb\u30c7\u30f3\u30fb\u30a6\u30a3\u30fc\u30af\u306f15\u6642\u304b\u3089\u30aa\u30fc\u30d7\u30f3\u3057\u3066\u304a\u308a\u307e\u3059\u3002\u7f8e\u5473\u3057\u3044\u304a\u6599\u7406\u3068\u304a\u9152\u3092\u63c3\u3048\u3066\u304a\u5f85\u3061\u3057\u3066\u3044\u307e\u3059\u3002\" \/>\n<meta property=\"og:url\"

JSON形式で投稿データが表示されています。このJSONデータを整理すると、次のようなデータになります。

リスト JSON形式の投稿データ（例）

```
[{
    "id": 14,
    "date": "2023-03-31T14:52:15",
    "date_gmt": "2023-03-31T05:52:15",
    "guid": {
        "rendered": "https:\/\/example.com\/?p=14"
    },
    "modified": "2023-03-31T14:52:23",
    "modified_gmt": "2023-03-31T05:52:23",
    "slug": "golden-week",
    "status": "publish",
    "type": "post",
    "link": "https:\/\/example.com\/golden-week\/",
    "title": {
        "rendered": "ゴールデンウィーク営業日のお知らせ"
    },
    "content": {
```
省略

スマートフォンのアプリケーションなどから、このJSONデータを取得・解析すれば、WordPressの投稿データを表示できます。

条件を指定してデータを取得する

先ほどは投稿データを取得しましたが、「特定のカテゴリーの投稿データ」のように条件を指定して取得することも可能です。投稿IDが14のデータを取得するときは、先ほどの末尾に投稿IDを付与する形式になります。

●投稿IDを指定

形式	https://example.com/wp-json/wp/v2/posts/<id>
例	https://example.com/wp-json/wp/v2/posts/14

カテゴリーを指定して取得するときは、パラメータのcategoriesにカテゴリーIDを指定して、次のURLにアクセスします。

●カテゴリーを指定

形式	https://example.com/wp-json/wp/v2/posts/?categories=<id>
例	https://example.com/wp-json/wp/v2/posts/?categories=1

このようにURLを指定することで、さまざまな形式のJSONデータを取得することが可能です。パラメータについては公式サイトに記載されています。

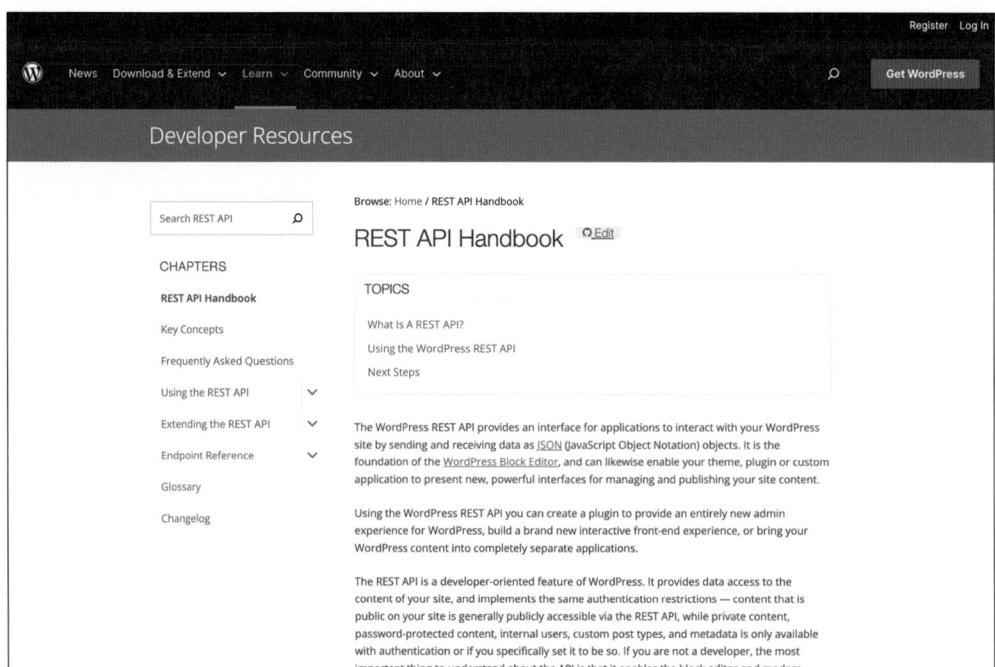

●URL：https://developer.wordpress.org/rest-api/

◉ 投稿タイプを指定してデータを取得する

投稿データと同じように、固定ページのデータを取得するときは「posts」を「pages」に変更するだけです。

```
https://example.com/wp-json/wp/v2/pages
```

サンプルサイトでは、「food」という投稿タイプを作成しました。カスタム投稿タイプのJSONデータを取得するときは、先ほどと同じように「posts」を「food」に変更します。

```
https://example.com/wp-json/wp/v2/food
```

なお、カスタム投稿タイプをCustom Post Type UIプラグインで作成した場合は、設定の中の「REST APIで表示」（❶）がTrueになっている必要があるので注意してください。

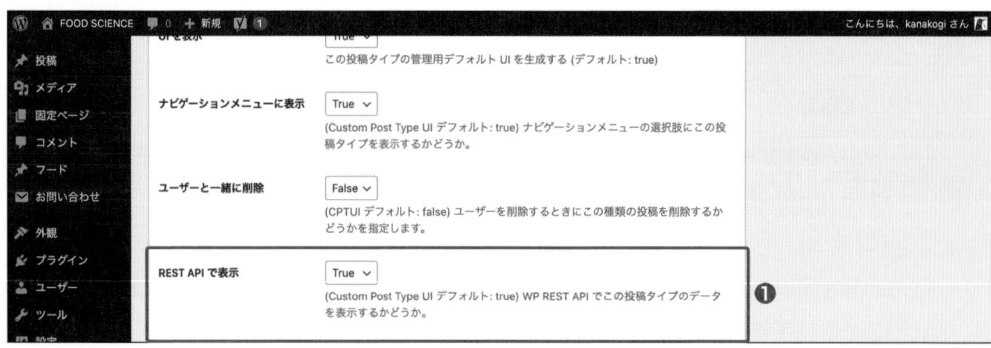

▶ カスタムフィールドをデータに含める

REST APIで取得できるデータには、さまざまな情報が含まれていますが、カスタムフィールドの値は含まれていません。カスタムフィールドの値を含むには、functions.phpで指定する必要があります。

「food」の投稿タイプの中にある「price」と「calorie」のカスタムフィールドをJSONデータに含む場合は、次のように記述します。コメントアウトで記述している箇所で、それぞれ投稿タイプとカスタムフィールドを指定しています。

リスト functions.php（追加する内容）

```php
/**
 * REST APIにカスタムフィールドの値を含ませる
 */
add_action('rest_api_init', 'api_register_fields');
function api_register_fields()
{
    register_rest_field(
        'food', // 投稿ポストを指定
        'price', // カスタムフィールドのキーを指定
        [
            'get_callback' => 'get_custom_field',
            'update_callback' => null,
            'schema' => null,
        ]
    );
    register_rest_field(
        'food', // 投稿ポストを指定
        'calorie', // カスタムフィールドのキーを指定
        [
            'get_callback' => 'get_custom_field',
            'update_callback' => null,
            'schema' => null,
        ]
    );
}
// カスタムフィールドの値を取得する
function get_custom_field($object, $field_name, $request)
{
    return get_post_meta($object['id'], $field_name, true);
}
```

▶ REST APIを停止する

WordPressは、初期状態でREST APIが動作しますが、これを停止することも可能です。「rest_authentication_errors」フィルターフックにWP_Errorオブジェクトを返します。functions.phpに次のように記述します。

```
/**
 * REST API を停止する
 */
function stop_rest_api($access)
{
    return new WP_Error(
        'rest_cannot_access',
        'REST APIは使用できません',
        ['status' => rest_authorization_required_code()]
    );
}
add_filter('rest_authentication_errors', 'stop_rest_api');
```

◉ COLUMN

REST APIでデータを操作する

ここでは、REST APIを使ってデータを取得する方法を解説しました。REST APIはデータを取得するだけでなく、投稿を新規追加・更新することも可能です。しかし、そのためにはOAuth認証の知識や、WordPress側でなく外部アプリケーション側の設定が必要です。実際に利用するときは、OAuth系のプラグインを利用して、外部アプリケーション側のエンジニアと相談・検討してください。

SECTION 03 マルチサイト機能で複数のサイトを作成する

WordPressには、1つのWordPressで複数のWebサイトを管理するための「マルチサイト機能」が備わっています。マルチサイト機能を使えば、中・大規模なWebサイトを作成したり、別々のWebサイトを1つの管理画面で運営したりできるようになります。ここでは、WordPressのマルチサイト機能のインストールから利用方法までを解説します。

サブディレクトリ型とサブドメイン型

マルチサイト機能には、「サブディレクトリ型」「サブドメイン型」の2種類の設定方法があります。

● サブディレクトリ型

サブディレクトリ型では、ドメインの配下にディレクトリごとにWebサイトを作ることができます。たとえば「https://example.com」にWebサイトAを構築している場合に、2つめのWebサイトBを、「https://example.com/siteb/」のように下の階層のディレクトリに作成できます。

1つのドメインで複数のWebサイトを管理できるので、中・大規模サイトを構築することも可能です。

● サブドメイン型

サブドメイン型では、「https://example.com」にWebサイトAを構築している場合に、2つめのWebサイトBを、「https://siteb.example.com」のようにサブドメインを使って構築できます。ただし、サブドメイン型を利用するには、サーバー側の設定も必要です。

ドメインを分けられるので、ユーザーがそれぞれ自分のブログを持つブログサービスなどを構築することもできます。

サイトA
https://example.com

サイトB
https://siteb.example.com

サイトC
https://sitec.example.com

▶ マルチサイト機能を設定する

　マルチサイト機能を有効にする場合、一時的にすべてのプラグインを停止する必要があります。プラグイン一覧ですべてのプラグインにチェックを付け、[一括操作]→[無効化]（❶）を選択して、[適用]（❷）をクリックします。

　次に、wp-config.phpを修正する必要があります。wp-config.phpの最後のほうにある「/* 編集が必要なのはここまでです！WordPress でブログをお楽しみください。 */」のコメントより上に、「define('WP_ALLOW_MULTISITE', true);」と記述してアップロードします。

リスト wp-config.php（追加する内容）

```
// マルチサイト機能の設定
define( 'WP_ALLOW_MULTISITE', true );
```

　管理画面の[ツール]の中に[サイトネットワークの設置]が表示されるようになります。これを選択すると、ネットワークの作成画面が表示されます。

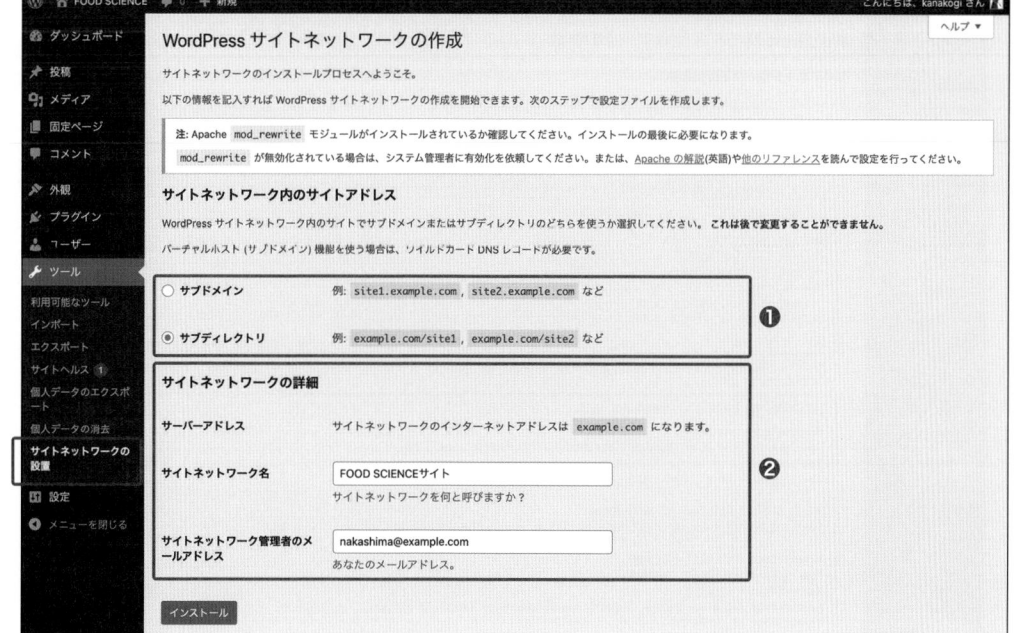

❶ サブドメインとサブディレクトリの選択

　マルチサイト機能として、「サブドメイン」と「サブディレクトリ」のどちらを使うか選択します。本書では、サブディレクトリでインストールを進めます。

❷ ネットワークの詳細

　「サイトネットワーク名」には、マルチサイト機能を使って管理する名称を入力します。管理者のメールアドレスも入力し、インストールに進みます。

● wp-config.php と .htaccess の修正

　［インストール］ボタンをクリックすると、次の画面が表示されます。

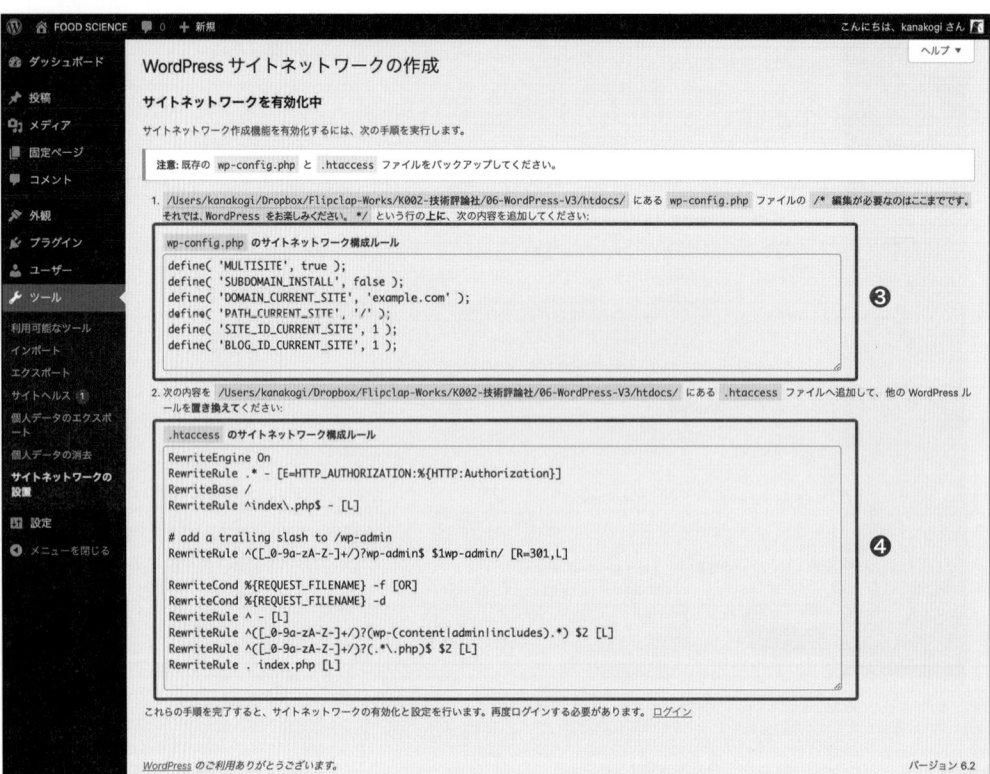

❸ wp-config.php の修正コード

先ほど、wp-config.php に「define ('WP_ALLOW_MULTISITE', true);」を記述しましたが、さらに❸のコードも追記する必要があります。❸のコードをコピーし、wp-config.php にペーストします。

リスト wp-config.php に追加する内容の例（実際は画面のコードをコピーすること）

```
// マルチサイト機能の設定
define( 'WP_ALLOW_MULTISITE', true );
define( 'MULTISITE', true );
define( 'SUBDOMAIN_INSTALL', false );
define( 'DOMAIN_CURRENT_SITE', 'example.com' );
define( 'PATH_CURRENT_SITE', '/' );
define( 'SITE_ID_CURRENT_SITE', 1 );
define( 'BLOG_ID_CURRENT_SITE', 1 );
```

❹ .htaccess の修正コード

WordPress をインストールすると、wp-config.php と同じディレクトリ内に .htaccess ファイルが作成されます。この .htaccess を開いて、❹のコードに置き換えます。置き換える場所は、.htaccess に記述されている「# BEGIN WordPress 〜 # END WordPress」の間が対象です。なお、❹のコードは WordPress のバージョンによって少し異なるので、必ず画面に表示されているコードを使用してください。

```
# BEGIN WordPress
RewriteEngine On
RewriteRule .* - [E=HTTP_AUTHORIZATION:%{HTTP:Authorization}]
RewriteBase /
RewriteRule ^index\.php$ - [L]

# add a trailing slash to /wp-admin
RewriteRule ^([_0-9a-zA-Z-]+/)?wp-admin$ $1wp-admin/ [R=301,L]

RewriteCond %{REQUEST_FILENAME} -f [OR]
RewriteCond %{REQUEST_FILENAME} -d
RewriteRule ^ - [L]
RewriteRule ^([_0-9a-zA-Z-]+/)?(wp-(content|admin|includes).*) $2 [L]
RewriteRule ^([_0-9a-zA-Z-]+/)?(.*\.php)$ $2 [L]
RewriteRule . index.php [L]
# END WordPress
```

CHAPTER 8 高度な機能を活用する

2つのファイルを修正したら、管理画面にログインし直します。マルチサイトが無事に有効化されていれば、管理バーの「参加サイト」に「サイトネットワーク管理者」が表示されるようになります。「ダッシュボード」を選択し、「サイトネットワーク管理者画面」が表示されれば完了です。

なお、マルチサイト機能を有効化すると、既存Webサイトの投稿URLが「https://example.com/blog/〜」のように、「blog」という文字列を途中に挟むURL構造に変更されます。このURL構造は、サイトネットワーク管理画面の［サイト］から、サイトを選択後、［設定］タブ内で表示される項目の「permalink_structure」で変更が可能です。

▶ サイトネットワーク管理者画面とは

マルチサイト機能をインストールしてマルチサイト化したWordPressでは、複数のWebサイトを作成できます。「サイトネットワーク」画面で、作成したWebサイトをまとめて管理します。この画面には、「特権管理者権限」を持っているユーザーのみがアクセス可能です。

ページの上部には、現在アクセスしている管理画面の名前が表示されます。マルチサイト化した後では、この箇所を見て、現在どのWebサイトの管理画面を表示しているのかを確認します。

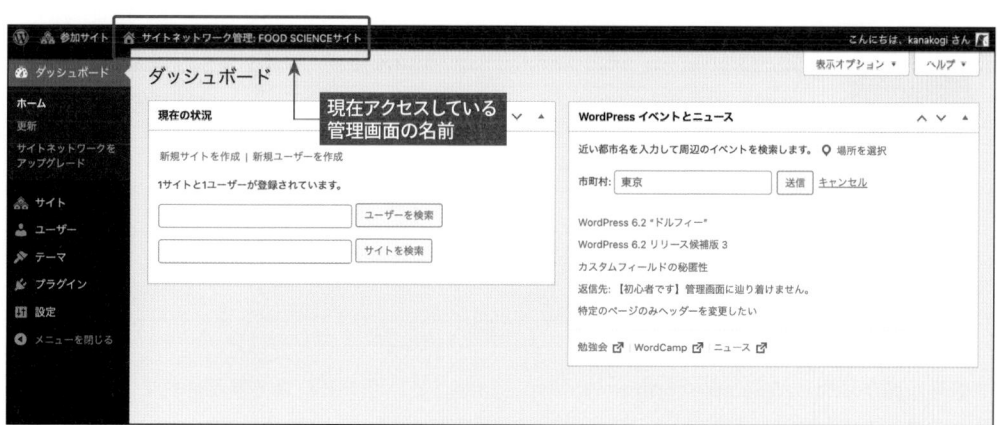

新しいWebサイトを作成してみましょう。メインナビゲーションメニューの［サイト］→［新規追加］を選択します。「サイトアドレス（URL）」「サイトのタイトル」「管理者メールアドレス」をそれぞれ入力したら（❶）、［サイトを追加］ボタン（❷）をクリックします。ここでは次のように入力して進みます。

● ここで入力する内容

項目	入力内容
サイトアドレス（URL）	mexico
サイト名	メキシコ姉妹店
管理者メールアドレス	登録ユーザーのメールアドレスを入力

サイトを追加すると、管理バーの「参加サイト」部分に、新しいWebサイトの名前が表示されるようになります。ここから、インストールされている複数のWebサイトに移動できます。では、新しく作成した「メキシコ姉妹店」を選択してみましょう。

管理画面が「https://example.com/mexico/wp-admin/」というアドレスで表示されているのを確認してください。

▶ ユーザーを管理する

マルチサイト機能で作成した複数のWebサイトには、利用できるユーザーをWebサイトごとに設定できます。最初に、サイトネットワーク上にユーザーを作成し、どのWebサイトに所属するのかを設定します。1人のユーザーが、複数のWebサイトに所属することも可能です。

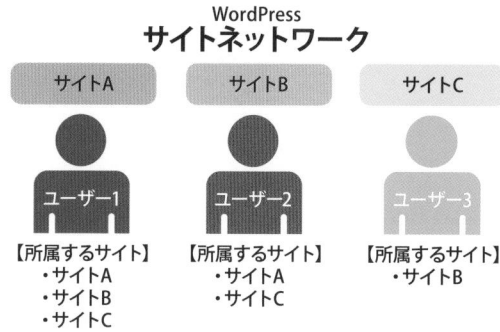

● ネットワーク上にユーザーを追加する

新しくユーザーを追加するには、サイトネットワーク管理画面でメインナビゲーションメニューの［ユーザー］→［新規追加］を選択します。［新規ユーザーを追加］画面が表示されるので、「ユーザー名」「メール（メールアドレス）」を入力します（❶）。［ユーザーを追加］ボタン（❷）をクリックすると、ログイン用のパスワードが記載されたメールが送信されます。

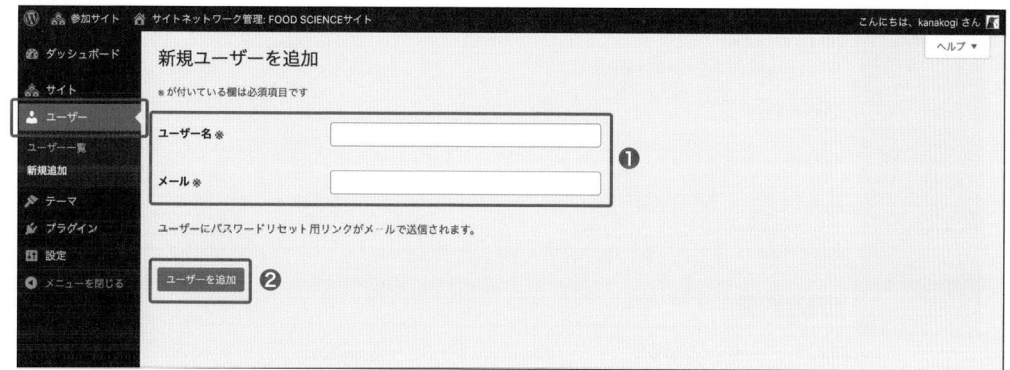

● Webサイトにユーザーを追加する

ユーザーを追加したら、［ユーザー］→［ユーザー一覧］を選択してみましょう。先ほど新しく追加したユーザーが表示されるようになります。

「サイト」の列を見てみましょう。新しく追加したユーザーは空欄になっています。このユーザーは、「サイトネットワーク上ではユーザーとして登録されているが、いずれのWebサイトにも所属していない」という状態です。そのため、現段階でこのユーザーはどのWebサイトにもログインすることはできません。

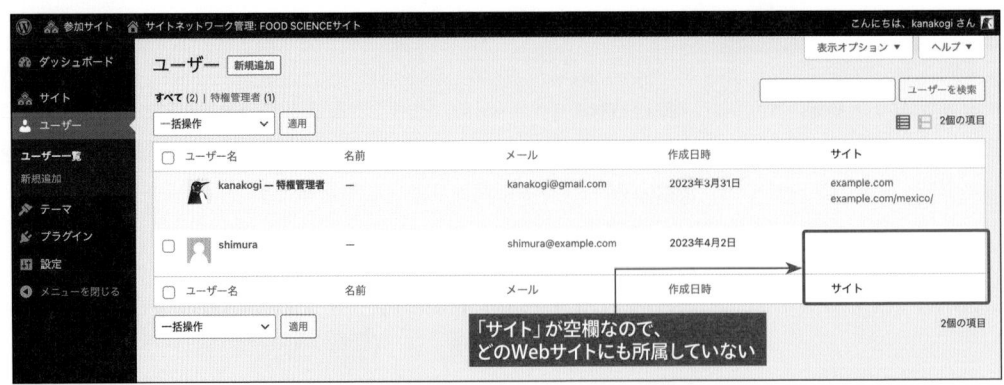

「サイト」が空欄なので、
どのWebサイトにも所属していない

では、ユーザーをWebサイトに所属させてみましょう。適切な権限を持ったユーザー（現時点では特権管理者）で、ユーザーを所属させたいWebサイトの管理画面を開きます。続いて、［ユーザー］→［新規追加］を選択します。

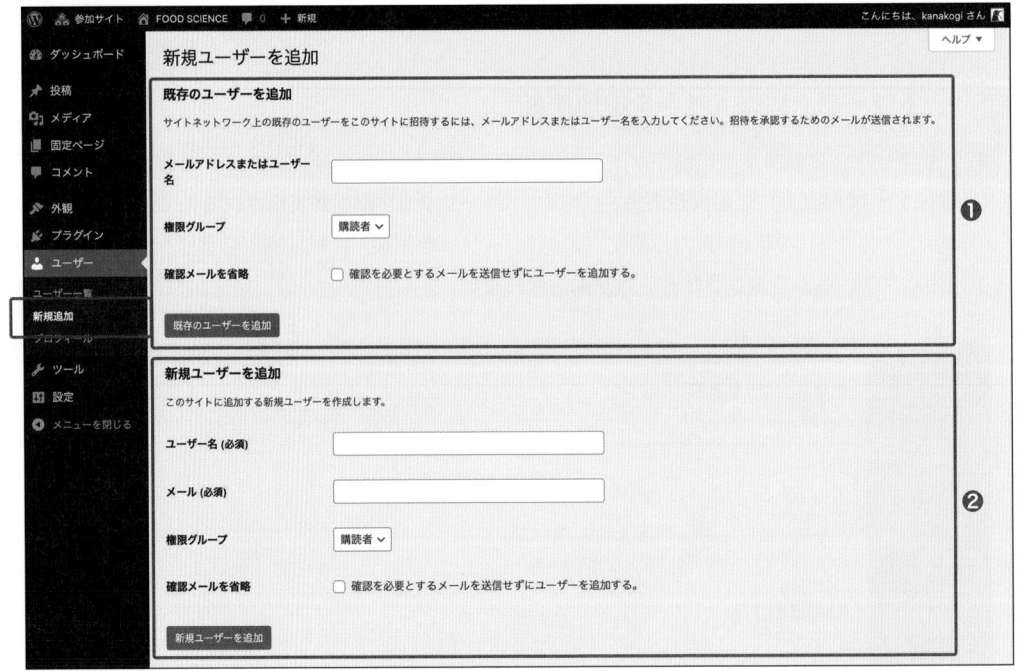

❶では、サイトネットワーク上のユーザーを追加することが可能です。先ほど追加したユーザーの「メールアドレス」もしくは「ユーザー名」を入力後、［既存のユーザーを追加］ボタンをクリックすれば、このWebサイトのユーザーとして許可されます。

❷で新規ユーザーを追加すると、このWebサイトとサイトネットワーク上の両方同時にユーザーとして追加されます。

ここでは❶から、先ほどサイトネットワーク上に追加したユーザーを登録します。登録が完了したら、サイトネットワーク管理画面に戻りユーザー一覧をあらためて確認しましょう。先ほどは空欄だった「サイト」の列に、追加したWebサイトのURLが表示されるようになりました。

このようにWordPressをマルチサイト化すると、複数のWebサイトにアクセスできるユーザーをそれぞれ設定できるようになります。

サイトネットワーク

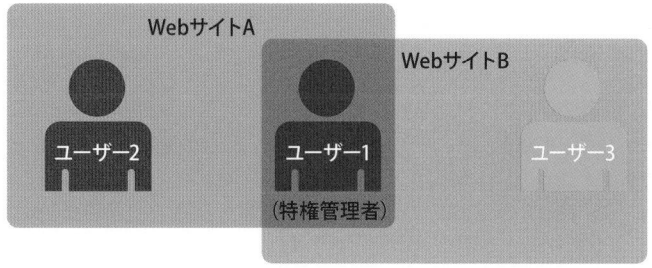

▶ テーマを管理する

マルチサイト化したWordPressでは、テーマの管理方法も少し変わります。サイトネットワーク管理画面で［テーマ］→［インストールされているテーマ］を選択すると、インストールされているテーマ一覧が表示されます。

この画面で「サイトネットワークで有効化」したテーマのみが、Webサイトで有効化できるようになります。使用したいテーマは、あらかじめサイトネットワーク上で有効化しておく必要があります。

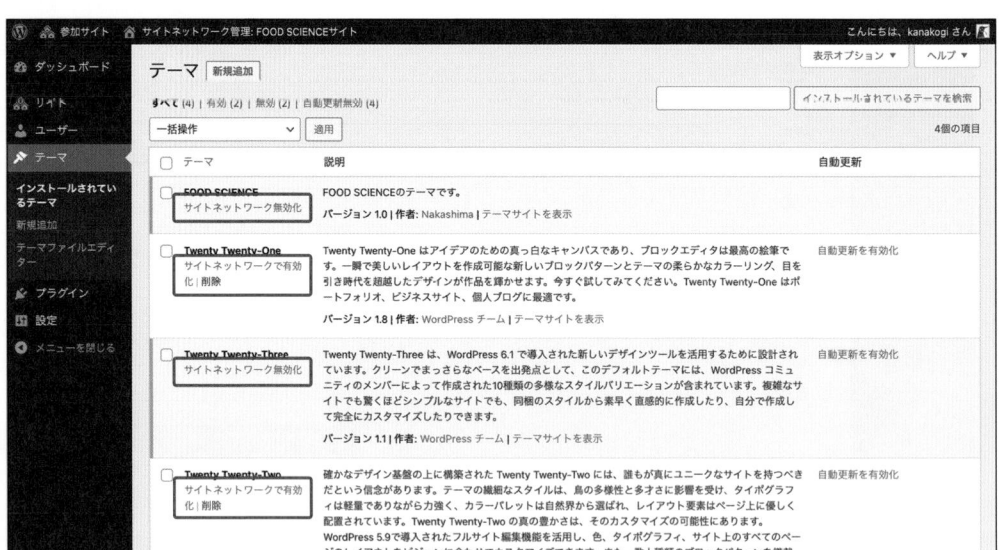

　ためしに、「https://example.com」と「https://example.com/mexico/」でそれぞれ別のテーマを有効化してみましょう。各Webサイトの管理画面を表示し、それぞれメインナビゲーションメニューの［外観］→［テーマ］から、別々のテーマを設定します。

　それぞれのWebサイトでテーマを有効化した後に、Webサイトを表示してみましょう。Webサイトごとに別々のテーマが適用されていることを確認できます。

https://example.com

https://example.com/mexico/

▶ マルチサイトでプラグインを管理する

マルチサイト化したWordPressでは、プラグインもテーマと同様に、サイトネットワーク上で管理する必要があります。新しくプラグインをインストールするには、あらかじめサイトネットワーク上でインストールしておきます。

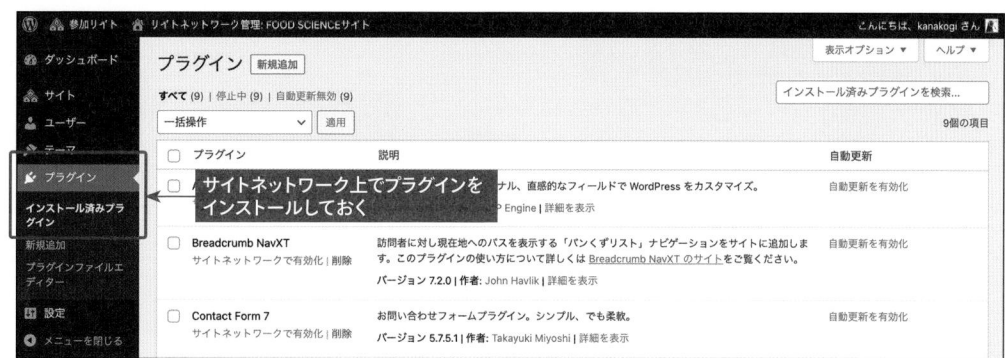

プラグインの有効化には、「サイトネットワークで有効化」と「サイトで有効化」の2つの方法があります。

サイトネットワーク管理画面のプラグイン一覧から「サイトネットワークで有効化」をすると、サイトネットワーク上のすべてのWebサイトで、そのプラグインが有効化されます。そのため、Webサイトごとに異なるプラグインを使いたいときは、それぞれのWebサイトの管理画面からプラグインを有効化する必要があります。

なお、マルチサイトに対応していないプラグインも存在しますので、もしプラグインが動作しないときは、マルチサイトにも対応しているかどうかを確認してください。

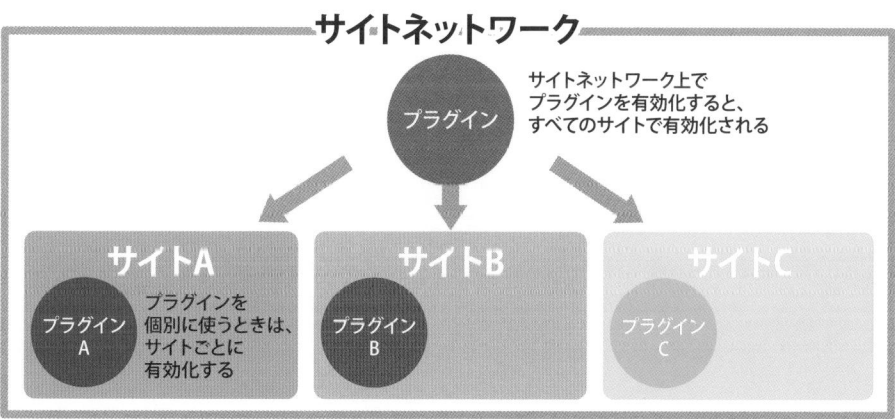

▶ 複数のサイトでデータを連携する

マルチサイト機能を使うと、複数のWebサイトの記事データを連携できます。サイトAの記事の一覧をサイトBの画面上で表示する、といったことが可能になります。

これを応用すれば、ECショップを構築する際に、サイトAでは新着情報などニュース系の記事を更新、

サイトBでは商品情報を更新してサイトAのトップページに情報を表示する、といったようなことも実現できます。複数のサイトのデータを統合した、大規模なWebサイトの構築が可能になるというわけです。

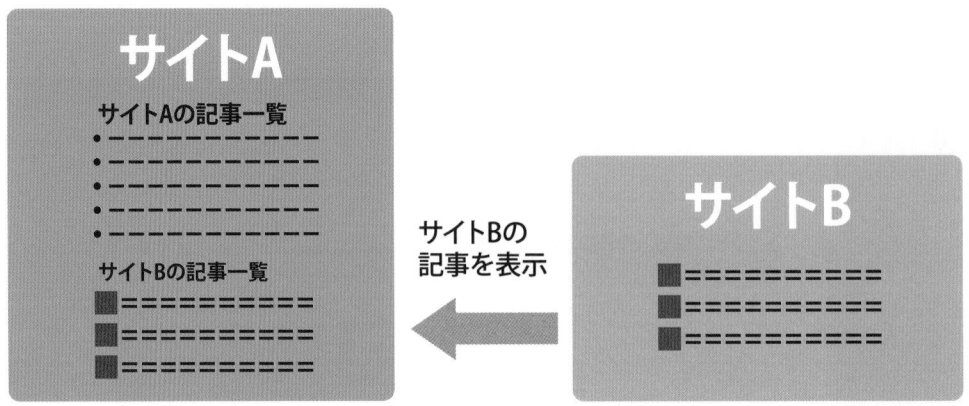

URLからブログIDを調べる

別のWebサイトの記事を表示するには、まずブログIDを調べる必要があります。

サイトネットワーク管理画面で［サイト］→［すべてのサイト］を選択します。Webサイト一覧が表示されるので、ブログIDを調べたいWebサイトを選択します。ここでは「http://example.com/mexico/」を選択しました。サイトの編集画面が表示され、URLに「?id=2」のように表示されている数字がブログIDです。

WordPress関数を使ってブログIDを取得する

ブログIDは、「get_id_from_blogname()」関数で取得することも可能です。パラメータには、ブログIDを取得したいWebサイトのスラッグを指定します。先ほどの例では「mexico」です。次のように記述すると、ブログID「2」が表示されます。

```
echo get_id_from_blogname('mexico');
```

WordPress関数 get_id_from_blogname()

get_id_from_blogname($slug)		
機能	スラッグを指定してブログIDを取得する	
主なパラメータ	$slug	ブログのスラッグを指定する

他のWebサイトの記事を表示する

他のWebサイトの記事を表示したいときには、「switch_to_blog()」関数を使用します。switch_to_blog()は、パラメータにブログIDを指定することで、そのWebサイトにスイッチし、データにアクセスできます。

switch_to_blog()を使用した後には、「restore_current_blog()」関数を使用して元のWebサイトに戻す必要があります。

```
switch_to_blog($new_blog, $validate)
```
機能　　　　現在のサイトから別のサイトへスイッチする
主なパラメータ　$new_blog　スイッチするブログID
　　　　　　　$validate　スイッチするブログの存在をチェックする（省略時はfalse）

WordPress関数 restore_current_blog()

```
restore_current_blog()
```
機能　　　　switch_to_blog()でスイッチしたサイトから元のサイトに戻す
主なパラメータ　なし

たとえば、次のようにswitch_to_blog(2)の後にテンプレートタグを使ってサイト名を表示すると、ブログIDが2のサイト名である「メキシコ姉妹店」が表示されます。

```php
<?php
switch_to_blog(2); //ブログIDを指定してスイッチ
bloginfo('name'); //ブログID2 のサイト名である「メキシコ姉妹店」が表示
restore_current_blog(); //元のブログに戻す
?>
```

また、WordPressループを使う場合には、WP_Queryを使ってクエリを定義します。ブログIDが2の記事一覧を表示するには、次のように記述します。

```php
<?php
switch_to_blog(2);
$args = [
    'posts_per_page' => 5 //表示件数を指定
];
$the_query = new WP_Query($args);
if ($the_query->have_posts()):
    while ($the_query->have_posts()):
        $the_query->the_post();
        ?>
        <div><a href="<?php the_permalink(); ?>"><?php the_title(); ?></a></div>
        <?php
    endwhile;
endif;
restore_current_blog(); //元のブログに戻す
?>
```

なお、switch_to_blog(2)の箇所は、get_id_from_blogname()関数を使用して、次のように記述することも可能です。

```php
switch_to_blog( get_id_from_blogname('mexico') );
```

CHAPTER **8** 高度な機能を活用する

04 子テーマを作成する

子テーマ機能を使うと、別のテーマを親として機能を継承し、必要な機能だけを追加・調整できます。この子テーマ機能は、とくにマルチサイト機能を使った場合にはとても便利です。

CHAPTER 8 高度な機能を活用する

▶ 子テーマ機能とは

前のSECTIONでは、マルチサイト機能について解説しました。マルチサイトでは、それぞれのサイトに別々のテーマを設定可能です。

Webサイトには、ヘッダーのような、各ページで共通のパーツが多くあります。WordPressでは、これらのパーツをテーマ内で共通化できます。しかし、マルチサイト機能を使ってサイトごとにテーマを変更した場合、同じヘッダーを使いたい場合もそれぞれファイルを用意する必要が生じます。

このような場合、子テーマ機能を利用すれば、親テーマでパーツや機能を共通化することが可能になります。

親テーマ

header.php、footer.phpなど共通パーツを管理

子テーマ	子テーマ
header.php	header.php
single.php 独自部分を管理	single.php 独自部分を管理
footer.php	footer.php
サイトA	サイトB

▶ 子テーマを作成する

子テーマの作り方は、普通のテーマと同じです。1つ違うのは、テーマディレクトリのstyle.cssのコメントに「Template」と追加し、「親テーマのディレクトリ名」を記述するということです。

たとえば、「food-science」ディレクトリにあるテーマを親として、「food-mexico」という子テーマを作るときは次のように記述します。

```
/*
Template: food-science
Theme Name: FOOD SCIENCE（メキシコ姉妹店）
Theme URI: https://example.com/mexico/
Description: FOOD SCIENCEの子テーマです。
Version: 1.0
Author: Nakashima
Author URI: https://gihyo.jp
*/
```

この時点では、子テーマディレクトリにはstyle.cssしか存在しませんが、すでに親テーマとまったく同じ機能を持ったテーマとして機能するのです。

子テーマで投稿記事ページのみを変更したいときは、子テーマディレクトリ内にsingle.phpを作成します。header.phpなどは親テーマと共通して使えるので、テーマをシンプルに管理できます。

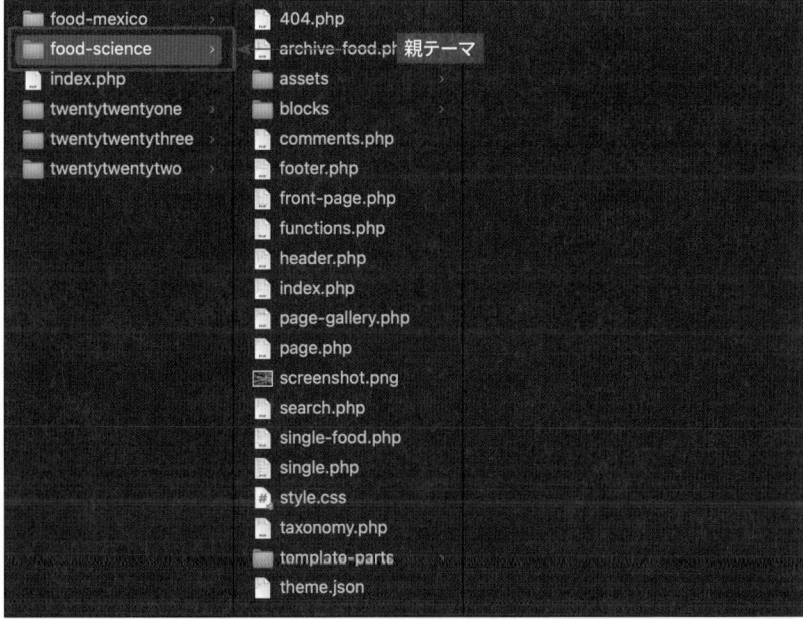

子テーマのディレクトリにないテンプレートファイルは、親テーマのテンプレートファイルを参照する

▶ 親テーマと子テーマを使い分ける

　たとえば、「FOOD SCIENCE 東京店」「メキシコ姉妹店」という2つのサイトを作成したときに、マルチサイト機能を活用すれば、FOOD SCIENCE東京店を「親テーマ」、メキシコ姉妹店を「子テーマ」としてテーマを作成できます。

　ところが、このような構成にしてしまうと、親テーマを修正したときに子テーマにも影響が出てしまいます。「FOOD SCIENCE東京店」のみに新しい機能を持たせたい場合には、どうすれば良いのでしょうか。

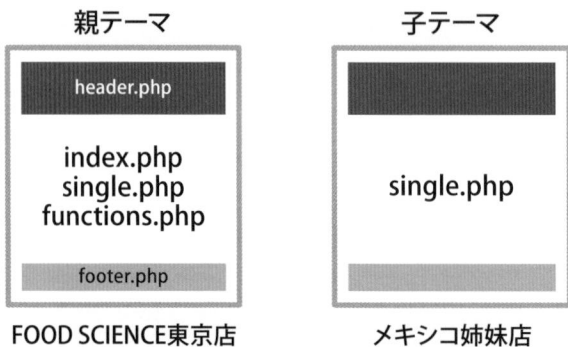

◆このような構成だと、「FOOD SCIENCE東京店」だけに機能を適用したいときに難しくなる

　そのようなときは、親テーマには各サイトに共通の機能とパーツのみを持たせるようにし、「FOOD SCIENCE 東京店」と「メキシコ姉妹店」それぞれに子テーマを用意するように設計すると、複数のサイトの管理が楽になります。

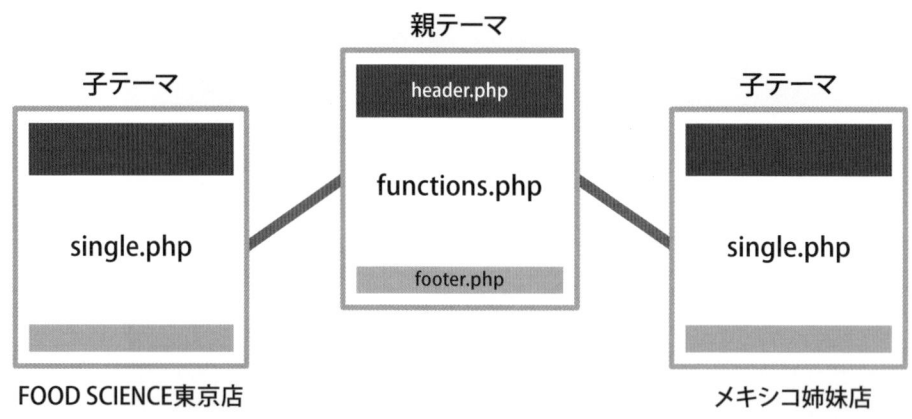

◆親テーマは、どのサイトにも有効化しない

WordPressを効率的に運用する

WordPressをインストールすると、通常はサーバーのルートディレクトリ直下にWordPressのファイル群が設置されます。しかし、WordPress以外のファイルを設置する必要がある場合などはトラブルの元になります。WordPress専用のディレクトリを作成して、そこにインストールすることも可能です。ここでは、WordPressを専用ディレクトリに新規インストールする方法を解説します。

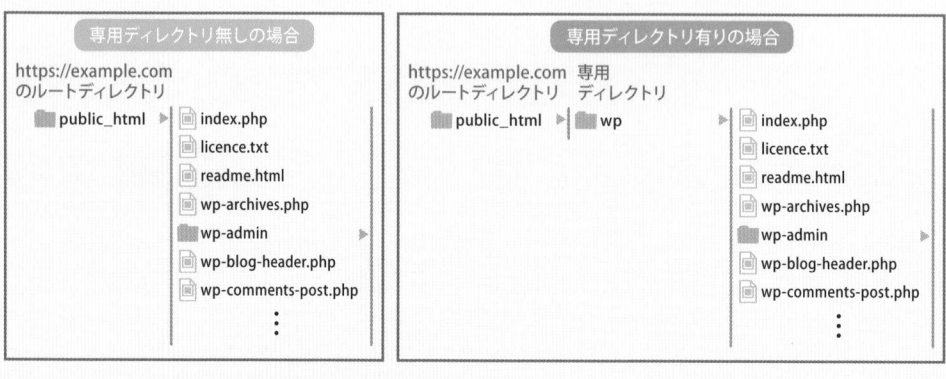

▶ 専用ディレクトリにインストールする

　専用のディレクトリを用意して、そこにWordPressをインストールしてみましょう。ディレクトリ名は自由に付けられます。ここでは「wp」というディレクトリ名で解説を進めます。

　ルートディレクトリ直下に、「wp」ディレクトリを作成します。作成したディレクトリの中に、WordPressのファイル一式をアップロードしてください。この段階で「https://example.com/wp/」にアクセスすると、インストール画面にアクセスできます。画面の表示に従って、WordPressのインストールを進めます。

CHAPTER 9 WordPressを効率的に運用する

▶ トップページを設定する

ここまでの作業で、専用ディレクトリへのインストールが完了しました。しかしながら、Webサイトの URL が「https://example.com/wp/」になってしまいました。トップページの URL は「https://example.com」にしたいところです。

この問題を解決するには、Webサイトのトップページの URL を「https://example.com」にしたうえで、管理画面は「https://example.com/wp/wp-admin/」を表示するよう設定する必要があります。

● 管理画面で設定を変更する

インストールが完了したら、管理画面にログインしてメインナビゲーションメニューの [設定] → [一般] を選択します。すると、「WordPress アドレス」（❶）と「サイトアドレス」（❷）の両方が、「https://example.com/wp」になっていることが確認できます。

このうち、❷ の「サイトアドレス」だけを「https://example.com」に修正して、トップページの URL になるよう変更します。

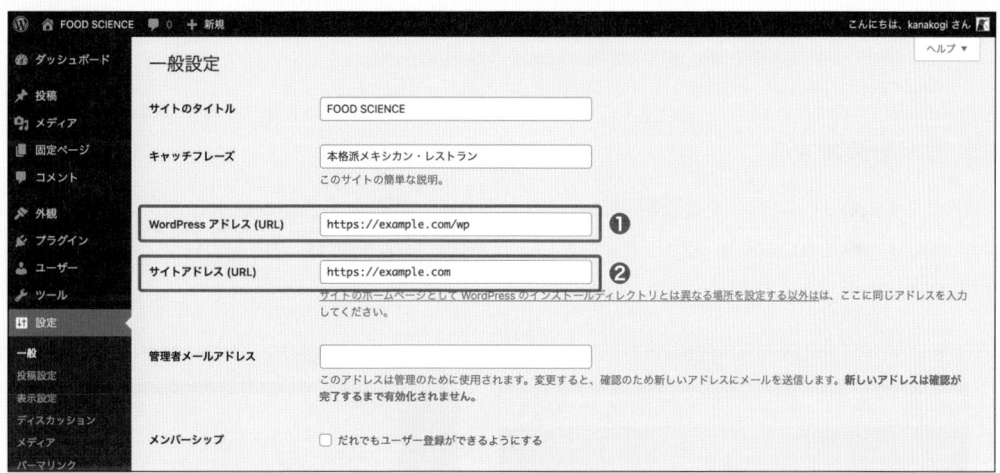

● index.php を複製・修正する

次に、サーバーの「https://example.com/wp/〜」の中にあるファイルの中から、「index.php」ファイルをルートディレクトリにコピーして移動します。

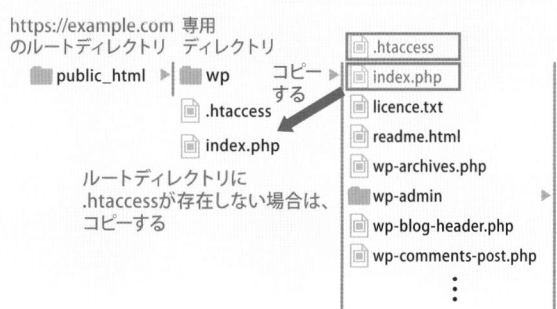

移動が完了したら、index.phpファイルを編集します。ファイルの最後にrequire(dirname(__DIR__) . '/wp-blog-header.php');という記述が確認できます。ここに、専用ディレクトリ名である「/wp」を追加して、「wp-blog-header.php」ファイルにパスが繋がるよう修正します。

リスト index.php（抜粋）

```php
<?php
/**
 * Front to the WordPress application. This file doesn't do anything, but loads
 * wp-blog-header.php which does and tells WordPress to load the theme.
 *
 * @package WordPress
 */

/**
 * Tells WordPress to load the WordPress theme and output it.
 *
 * @var bool
 */
define( 'WP_USE_THEMES', true );

/** Loads the WordPress Environment and Template */
require __DIR__ . '/wp/wp-blog-header.php';
```

表示を確認する

Webサイトのトップページと管理画面にアクセスして、問題なく表示されることを確認してください。また、そのときのURLも確認してください。これで、WordPressを専用ディレクトリにインストールできました。

● トップページ（https://example.com）

● 管理画面（https://example.com/wp/wp-admin/）

02 | 公開サーバー上で WordPress を運用する

> このSECTIONでは、サーバー上で公開されたWordPressのWebサイトに対して、構築・設定変更などの作業を行うために必要なノウハウを解説します。

▶ Webサイトをパスワード保護する

公開されたサーバー上でWordPressの構築作業中にアクセスされると、Webサイトが表示されてしまいます。Webサイトの公開前にアクセスされては困るので、Webサイトをパスワードで保護して、パスワードを入力しない限りWebサイトが見られないようにします。

◉ Password Protected を利用する

パスワード保護には「Password Protected」プラグインが便利です。Password Protectedをインストールしましょう。管理画面の［プラグイン］→［新規追加］を選択して、［プラグインを追加］画面を表示します。検索フォームから「Password Protected」を検索し（❶）、有効化します（❷）。

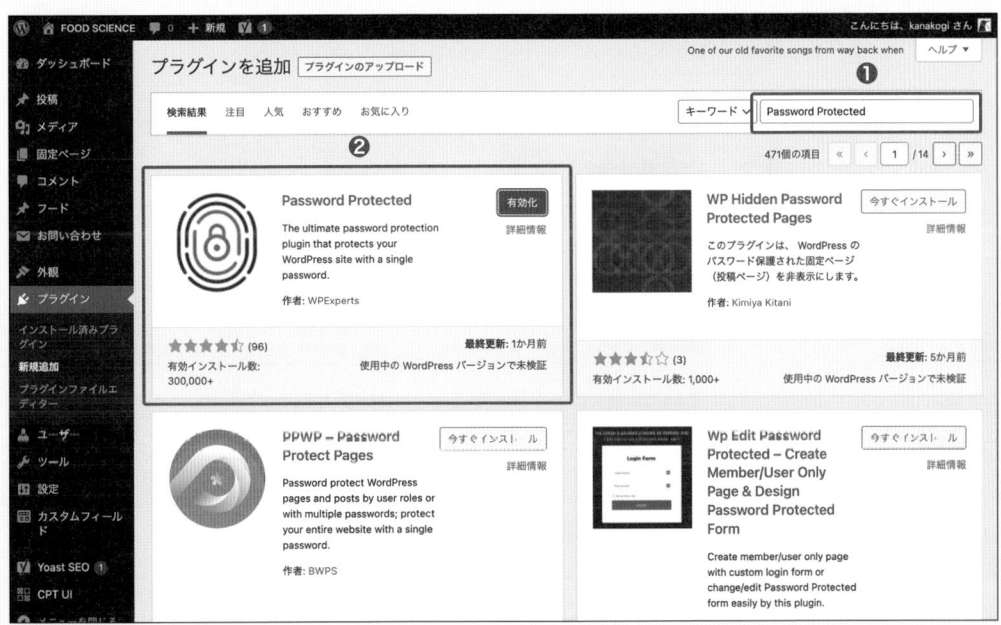

◉ パスワードを設定する

Password Protectedを有効化すると［設定］→［パスワード保護］が選択できるようになります。

❶ パスワード保護の状況

パスワード保護機能を有効にするにはチェックを付けます。

❷ 許可する権限

チェックしたユーザーは、パスワード入力せずにWebサイトを閲覧できるようになります。

❸ 新しいパスワード

パスワードを設定します。確認用のパスワードも入力します。

▶ Webサイトをリニューアルする

● 制作者からのアクセスは別のWebサーバーを表示する

Webサイトをリニューアルする際に、ドメインのDNSを変更して、Webサーバーだけを変更するという方法があります。このとき、リニューアル後のWebサイトをWordPressで構築するのであれば、DNSを変更する前にあらかじめWordPressをインストールしておく必要があります。

ところが、WordPressはブラウザを使って表示・インストールするソフトウェアです。リニューアル

前のWebサイトを止めることはできないので、ドメインのDNSを変更するわけにはいきません。

このようなケースでは、制作者のパソコンの「hosts」ファイルを書き換えます。これにより、制作者だけがリニューアル後のWebサーバー（構築中のWordPress）にアクセスし、作業できるようになります。

パソコンのhostsファイルを書き換えると、ホストとIPアドレスの対応付けを手動で行えます。たとえば、以下の2つのサーバーがあるとします。

●Aサーバー（現在のexample.com）

IPアドレス：192.168.xxx.1

●Bサーバー

IPアドレス：192.168.xxx.2

example.comのDNSはAサーバーに設定されているので、一般のユーザーが「example.com」にアクセスした場合、Aサーバーのサイトが表示されます。

制作者のパソコンのhostsファイルを書き換えることで、制作者の環境のみ、「example.com」にアクセスしたときにBサーバーを表示できるようになります。制作者は「example.com」ドメインを使い、BサーバーにWordPressをインストールできます。

⬤ hostsファイルを変更する

以下の場所にあるhostsファイルを編集します。作業前には必ずバックアップを取得しておきましょう。

●hostsファイルの場所

OS	hostsファイルの場所
Windows	C:¥Windows¥System32¥drivers¥etc¥hosts
macOS	/etc/hosts

hostsファイルを開いたら、1行ごとに「固定IPアドレス ドメイン」と記述します。固定IPアドレスとドメインの間にはスペースを入れます。先ほどの例であれば、以下のようにhostsファイルに追記します。

リスト hostsファイル

```
192.168.xxx.2 example.com
```

hostsファイルを保存後、ブラウザで「https://example.com」にアクセスすると、制作者のパソコンではBサーバーが表示されます。この状態でBサーバーにWordPressをアップロードすると、example.comドメインでインストールが可能です。

リニューアル作業が完了した後は、パソコンのhostsファイルを元に戻すことを忘れないようにしましょう。

● 専用ソフトウェアでhostsファイルを管理する

hostsファイルの変更には、専用ソフトウェアを使うこともできます。たとえば次のようなソフトウェアがあります。

●Windows用

Microsoft PowerToys
https://apps.microsoft.com/store/detail/microsoft-powertoys/XP89DCGQ3K6VLD

●macOS用

Hosts.prefpane
https://permanentmarkers.nl/software.html

▶ Webサイトのバックアップを取得する

Webサイトのバックアップを取得しておくと、何か問題が起きたときに、バックアップ時点まで戻せます。Webサイトの公開後や、公開前の作業中にも定期的にバックアップを取得しておきましょう。バックアップには「All-in-One WP Migration」プラグインが便利です。

All-in-One WP Migrationをインストールします。管理画面の［プラグイン］→［新規追加］を選択して、［プラグインを追加］画面を表示します。検索フォームから「All-in-One WP Migration」を検索し（❶）、インストールして有効化します（❷）。

CHAPTER
9
WordPressを効率的に運用する

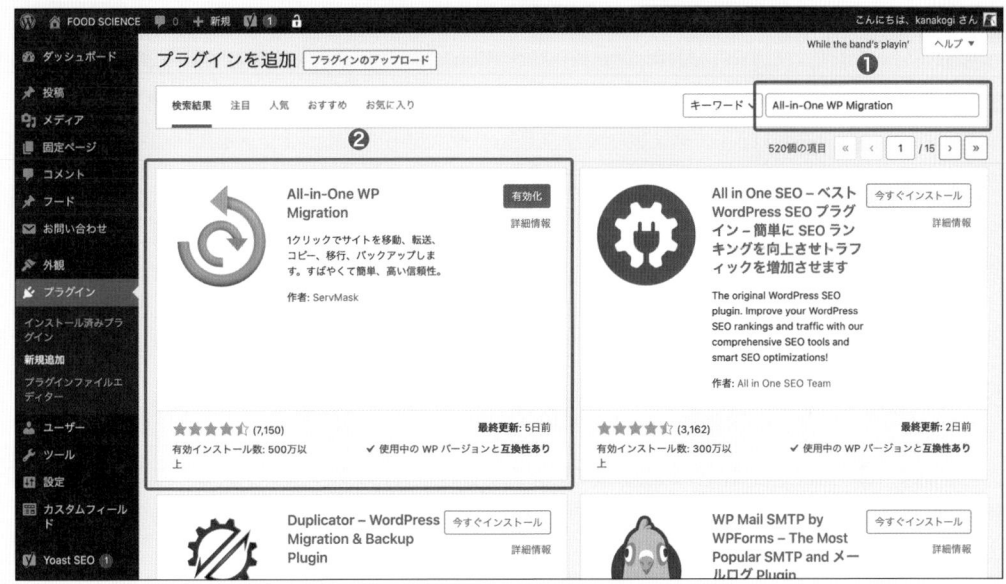

Web サイトをエクスポートする

インストールすると、メインナビゲーションメニューに「All-in-One WP Migration」が表示されます。

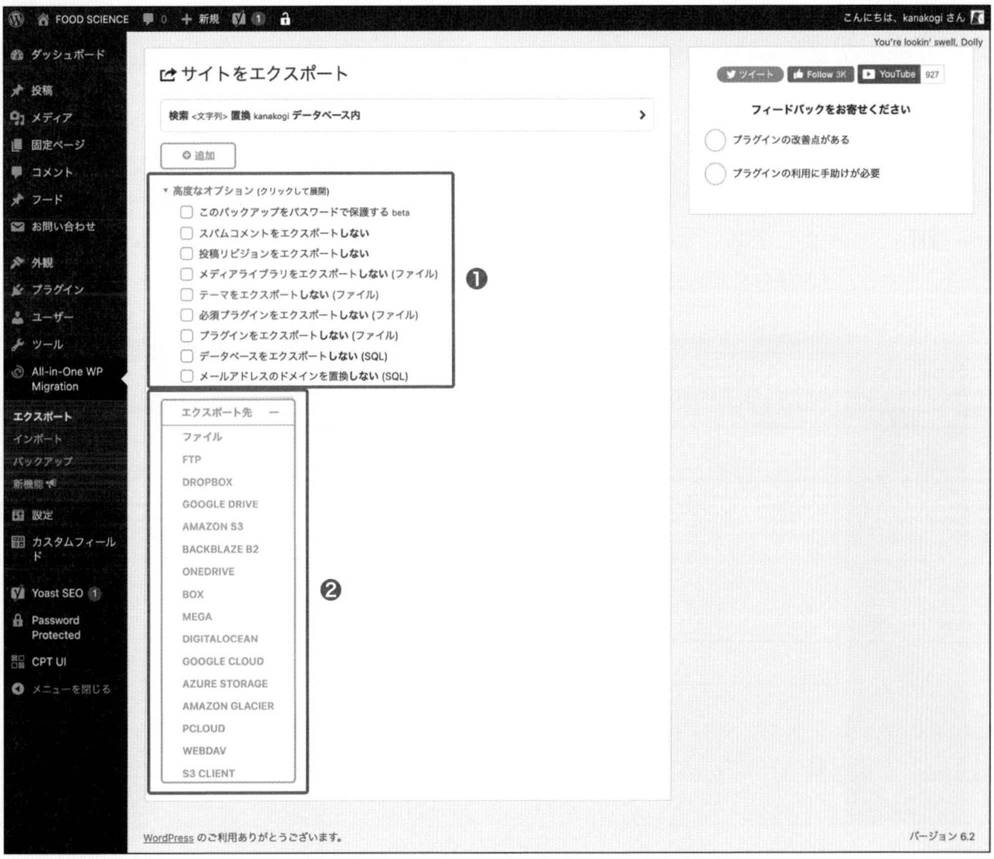

❶ 高度なオプション

　何もチェックを付けないと、All-in-One WP MigrationはWebサイトをまるごとバックアップします。そのため、バックアップのデータファイルがそれなりに大きくなります。もしも「画像ファイルのバックアップは不要」であれば、「メディアライブラリをエクスポートしない（ファイル）」にチェックを付けます。このオプションを使うと、必要なファイルだけをバックアップできます。

❷ エクスポート先

　「ファイル」を選ぶと、拡張子が「.wpress」形式のバックアップファイルをサーバー上に作成します。「ファイル」以外を使うには有料のプラグインが必要ですが、バックアップファイルを他のサーバー上に作成したいときは便利な機能です。

　エクスポート先の「ファイル」をクリックするとバックアップが始まります。このとき、ブラウザを閉じないでください。しばらくするとバックアップファイルがダウンロードできるようになります。

●バックアップ中

●バックアップ完了

● バックアップデータをインポートする

　バックアップファイルから、Webサイトを戻すのは簡単です。All-in-One WP Migrationの［インポート］（❶）をクリックします。「サイトのインポート」欄（❷）に先ほどの「.wpress」形式のファイルをアップロードすると、復帰作業が始まります。

ただし、アップロードできるファイルサイズには制限があります。バックアップファイルのデータが大きい場合は、有料のプラグインを購入する必要があります。

● 過去のバックアップを確認する

All-in-One WP Migrationの［バックアップ］（❶）をクリックすると、エクスポートしたデータの一覧が確認できます。バックアップファイルを選択すると、削除することも可能です。たくさんのバックアップを取得したままにするとサーバーの容量を圧迫するので、不要なファイルは削除しましょう。

● WordPressサイトのサーバーを移転する

All-in-One WP Migrationの機能に「データベース内に保存されているドメインを置換する」というものがあります。この機能は、たとえば「example.com」から「example.net」という違うドメインのサーバーに移転する、といった場合に便利です。

WordPressは「example.com」のようなドメイン名をデータベースに保存しています。そのため、データベースの内容を直接エクスポートして新しいサーバー側のデータベースにインポートすると、データベース内のドメインとサーバーのドメインが食い違ってしまいエラーが発生します。

All-in-One WP Migrationでエクスポートをし、新しいサイトのAll-in-One WP Migrationで拡張子が「.wpress」のファイルをインポートすると、ドメインをすべて置換するのでシームレスにデータの移行が可能です。

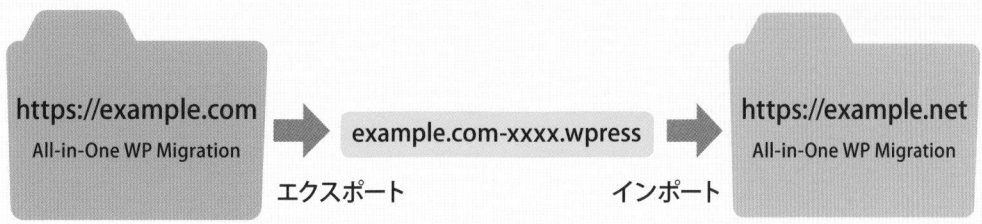

SECTION
03 プラグインを使って効率的に運用する

Webサイトは、作ったらそれで終わりではありません。その後も、新しい記事を追加・更新していくことになります。ここでは、WordPressで制作したWebサイトを効率的に運用するための、プラグインを使ったノウハウを解説します。

▶ 記事を複製する

過去の投稿と似たような記事を書くことがあります。こんなときに「Yoast Duplicate Post」プラグインを使うと、投稿や固定ページの記事を複製できます。Yoast Duplicate Postは、SEO対策でインストールした「Yoast SEO」と同じ制作者のプラグインです。

Yoast Duplicate Postプラグインのインストールは、メインナビゲーションメニューの［プラグイン］→［新規追加］から行います。「Yoast Duplicate Post」で検索し（❶）、インストールします（❷）。

● Yoast Duplicate Postプラグインの設定項目

　プラグインを有効化すると、メインナビゲーションメニューに［設定］→［Duplicate Post］が表示されるので、これを選択します。

●複製元タブ

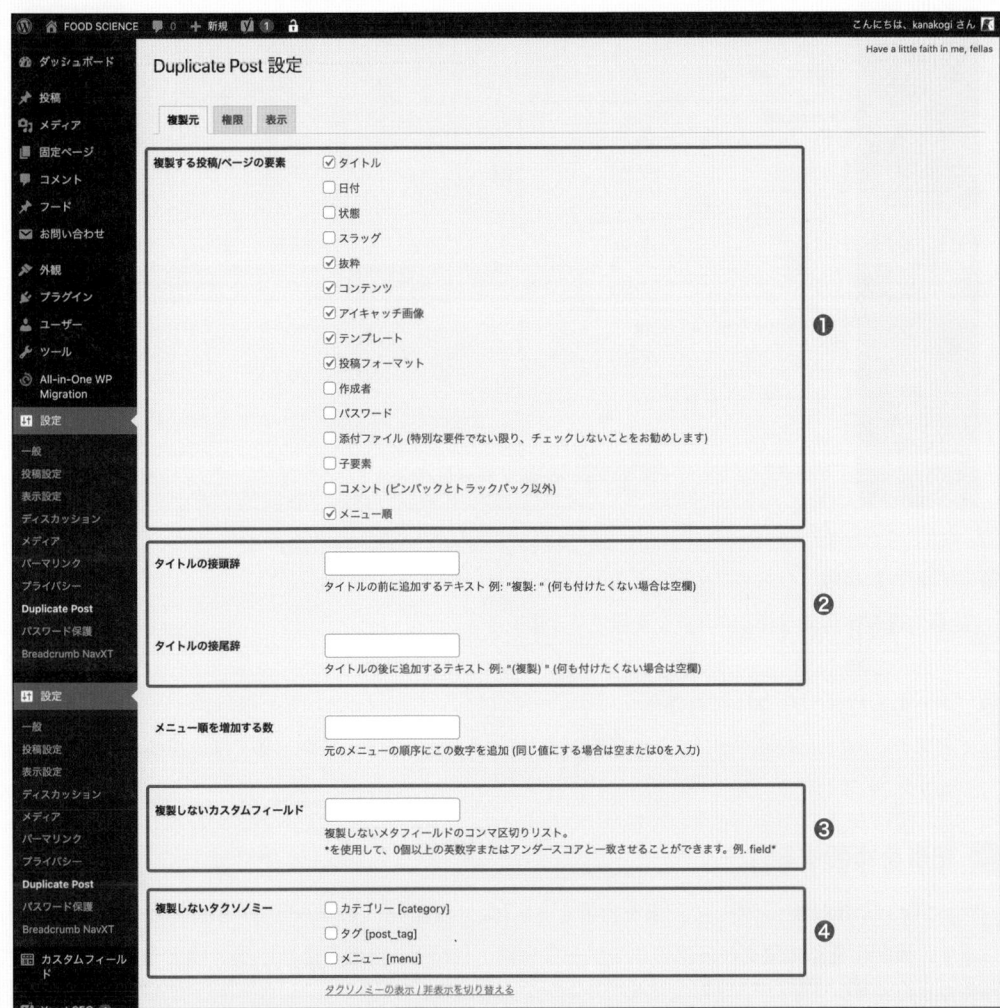

❶ 複製する投稿／ページの要素

　Duplicate Postで記事を複製すると、❶にチェックされている項目をコピーします。

❷ タイトルの接頭辞・タイトルの接尾辞

　記事を複製する際、タイトルの前後にテキストを付けたい場合に設定します。空欄にすると、複製元のタイトルと同じになります。

❸ 複製しないカスタムフィールド

　コピーしたくないカスタムフィールドがあれば、「,」（カンマ）区切りでフィールド名を入力します（例：price, calorie）。

❹ 複製しないタクソノミー

登録されているカスタムタクソノミーが表示されるので、コピーしたくない場合はチェックを付けます。

●権限タブ

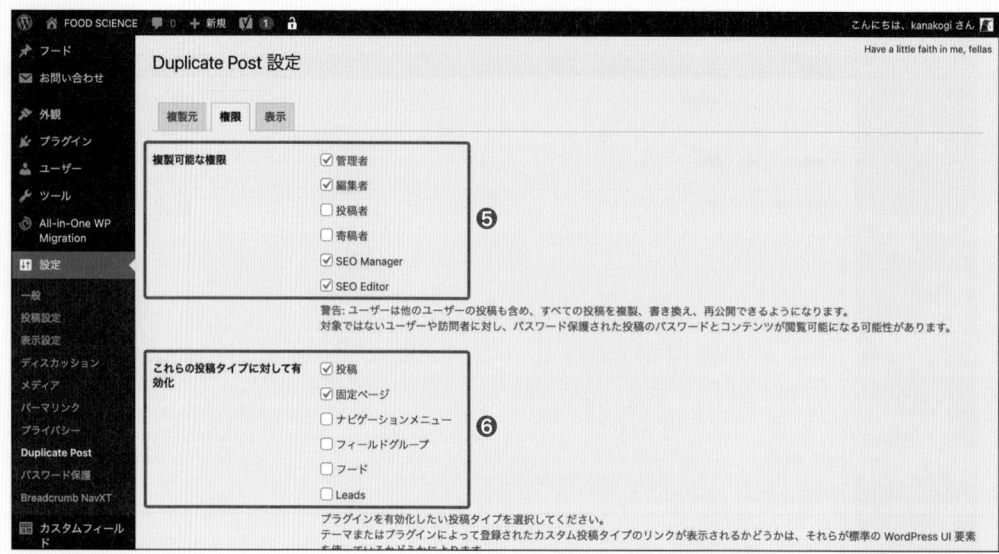

❺ 複製可能な権限

記事の複製が可能な権限グループを設定できます。

❻ これらの投稿タイプに対して有効化

ここでチェックした投稿タイプのみが複製ができるようになります。初期状態では、投稿と固定ページがチェックされています。

◉ 記事を複製する

Yoast Duplicate Postを使って記事を複製するには、[投稿]→[投稿一覧]から記事の一覧画面を表示します。複製可能な権限グループのユーザーならば、[複製][新規下書き][書き換え & 再公開]の3つが表示されます。

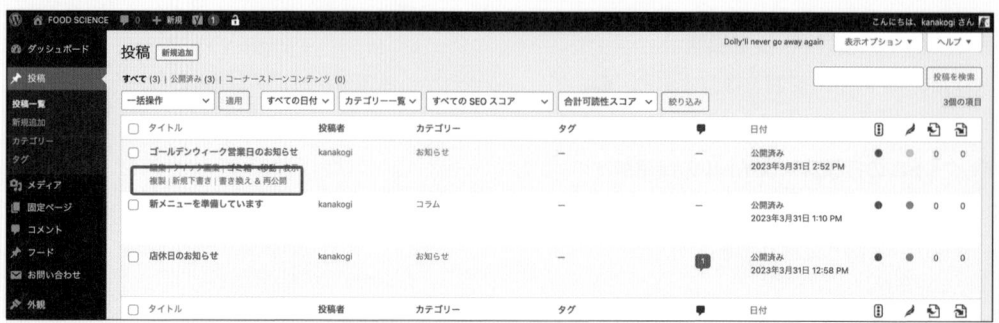

[複製]をクリックすると、設定画面の「複製する投稿／ページの要素」に合わせて記事が複製されます。[新規下書き]をクリックした場合は、記事を複製しつつ、その記事の編集画面が表示されます。

● 書き換え＆再公開

［書き換え＆再公開］は、すでに公開済みの投稿を更新するときに便利な機能です。

公開済みの投稿を「更新」すると、Webサイト上の投稿が即時に更新されてしまいます。「下書き」にすると、公開が停止されてしまいます。これでは、公開済みの投稿の更新準備をすることができません。

［書き換え＆再公開］は、公開済みの投稿を一時複製することにより、更新の準備を進められるようにします。準備が完了次第、再公開をすることで元の投稿を置き換えます。

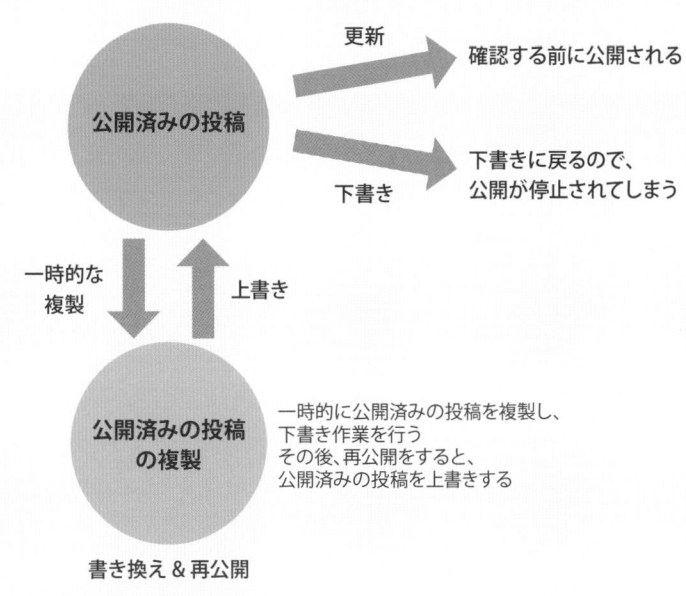

書き換え＆再公開

▶ リダイレクトの設定をする

投稿や固定ページのURLを変更すると、外部リンクから訪れたユーザーは404エラーになってしまいます。URLに変更があった場合は、新しいURLにリダイレクトする設定をすることで、ユーザーを適切なページに誘導できます。ここでは「Redirection」プラグインを使用します。

Redirectionプラグインのインストールは、メインナビゲーションメニューの［プラグイン］→［新規追加］から行います。「Redirection」で検索し（❶）、インストールします（❷）。

▶ Redirectionプラグインを設定する

プラグインを有効化したら、メインナビゲーションメニューに［ツール］→［Redirection］が表示されるので、これを選択します。

初期設定を行う

はじめてRedirectionの画面を開くと、次のように表示されます。ここで初期設定を行います。まず［セットアップを開始］（❶）をクリックします。

基本セットアップを行う

オプションの設定画面です。これらの設定は後から変更することも可能です。

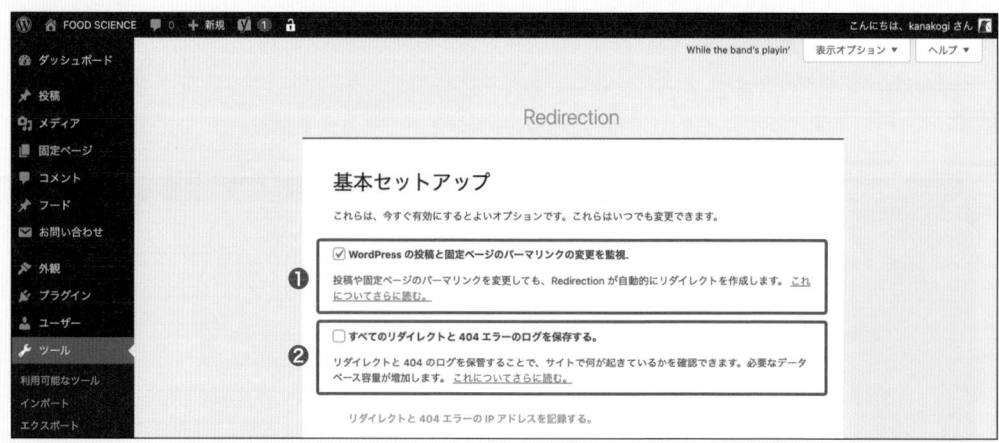

❶ WordPress の投稿と固定ページのパーマリンクの変更を監視

固定ページなどのURLが変更されたときに、自動的にリダイレクトを作成します。チェックしたほうが良いでしょう。

❷ すべてのリダイレクトと404エラーのログを保存する

ユーザーがリダイレクトを経由したら、そのたびにログに保存します。データベースの容量に余裕があればチェックします。

この後にも画面がいくつか表示されますが、基本的には［次へ］ボタンで進んで大丈夫です。

● 転送ルールを設定する

転送ルールは、画面上部の「新規追加」ボタンから設定できます。ここでは、「https://example.com/concept/」の固定ページを「https://example.com/about/」に転送するルールを例にして解説します。

「ソースURL」に「/concept/」、「ターゲットURL」に「/about/」を入力し（❶）、［転送ルールを追加］（❷）をクリックして保存します。

設定後に「https://example.com/concept/」にアクセスしてみましょう。「https://example.com/about/」のページにリダイレクトされます。

Webサイトのセキュリティを高める

WordPressは、世界で最も利用されているオープンソースのCMSです。それゆえに、悪意を持った攻撃者からの攻撃対象になりがちです。Webサイトの運営者は、常にWebサイトのセキュリティを考慮する必要があります。ここでは、WordPressでチェックすべき最低限のセキュリティ項目を解説します。

▶ セキュリティ対策においてチェックすべき項目

WordPressでチェックすべき最低限の項目をまとめました。Webサイトを公開する前には、これらの項目をチェックするようにしましょう。

WordPressのセキュリティを高める方法はこの他にもたくさんあり、できる限り対策を行うことが望ましいです。WordPress Codexページにもセキュリティ対策に関する情報が掲載されています。一度は目を通しておくと良いでしょう。

● セキュリティ対策に関する情報

日本語版	https://wpdocs.osdn.jp/WordPress_の安全性を高める
英語版	https://wordpress.org/support/article/hardening-wordpress

◉ WordPressのバージョンを常に最新版にする

WordPressも完璧なシステムではありません。脆弱性が発見されるたびに修正され、バージョンアップされていきます。最新版のWordPressのほうが安全性が高いバージョンになります。WordPressが更新された際には、使用しているWebサイトのWordPressもアップデートするようにしましょう。

◉ 信頼できるプラグインを利用する

WordPressを使ったWebサイトの構築にはプラグインの利用が欠かせません。しかし、プラグインの中には、悪意のあるプログラムが仕込まれているものがあります。

そのプラグインが信頼に値するものなのか、事前に必ず調べてください。その際、プラグインの開発が止まっていないかどうかも確認しましょう。開発が止まっているプラグインは、既知の脆弱性が残されたままになっている可能性があります。

公式プラグインは、登録時に審査されているため、脆弱性やバグが少ないプラグインだと言えます。なるべく公式プラグインを利用すると良いでしょう。

◉ ユーザー名、パスワードを簡単な文字列にしない

ユーザー名やパスワードに、たとえば「admin」「ドメインから推測できる文字列」などの簡単な文字

列を使用すると、総当たり攻撃に対して弱くなります。簡単な文字列は使わず、最低でも8文字以上で、できる限り長く推測しづらい文字列にします。

● ファイルやディレクトリのアクセスを制限する

ファイルパーミッションは、可能な限り制限するのが望ましいでしょう。とくに「wp-config.php」は最も重要なファイルで、可能ならばパーミッションを「400」、もしくは「440」に設定しておきます。

その他の重要なファイルやディレクトリは、パーミッション「700」が理想です。しかし、サーバー環境やプラグインによっては、「755」のような制限の緩いパーミッションを求められることがあります。状況に合わせて適切なパーミッションを設定します。

● wp-config.phpのディレクトリ階層を変える

WordPressをインストールした初期状態では、重要情報が記載されたwp-config.phpが公開ディレクトリに置かれています。WordPressは、1つ上のディレクトリ階層にwp-config.phpを配置しても自動的に読み込みます。可能であれば非公開ディレクトリに移動させておきましょう。

リスト 例：サーバーの/var/www/〜が公開ディレクトリの場合

● wp-config.phpの階層変更前

```
/var/www/wp-config.php
/var/www/index.php
/var/www/wp-content/〜
省略
```

● wp-config.phpの階層変更後

```
/var/wp-config.php
/var/www/index.php
/var/www/wp-content/〜
省略
```

● .htaccessでwp-config.phpへのアクセスを制限する

wp-config.phpのディレクトリ階層を変更できない場合は、wp-config.phpと同階層にある「.htaccess」ファイルに、次のように記述してアクセスを制限します。この.htaccessファイルも、パーミッションが「600」もしくは「644」になるよう設定しましょう。

リスト .htaccess（追加する内容）

```
<files wp-config.php>
order allow,deny
deny from all
</files>
```

● ファイル編集を無効にする

WordPressのダッシュボードでは、[外観] → [テーマエディター] からPHPファイルを編集することが可能です。攻撃者が不正ログインに成功すると、多くの場合、まずこの機能を利用してコードを実行します。そこで、下記のようにwp-config.phpに記述して編集機能を無効にします。これにより、いく

つかの攻撃を止められるかもしれません。

リスト wp-config.php（追加する内容）

```
define('DISALLOW_FILE_EDIT', true);
```

▶ プラグインでセキュリティ対策をする

「SiteGuard WP Plugin」プラグインを使うと、基本的なセキュリティ対策を実施できます。多くの Webサイトで導入されている、実績と人気のあるプラグインです。メインナビゲーションメニューの［プラグイン］→［新規追加］から、「SiteGuard WP Plugin」で検索し（❶）、インストールします（❷）。

● SiteGuard WP Plugin のダッシュボード

プラグインを有効化したら、メインナビゲーションメニューに［SiteGuard］（❶）が表示されるのでクリックします。すると、現時点でのセキュリティ対策状況が表示されます。SiteGuardプラグインを有効化するとセキュリティが向上するので、ここではよく使う機能のみを紹介します。

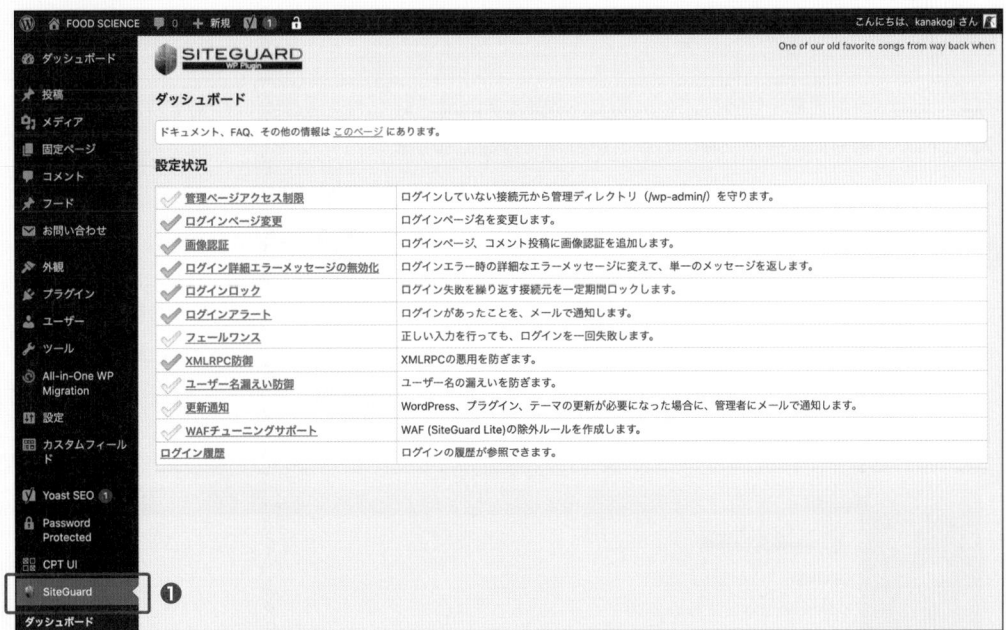

● ログインページを変更する

　管理画面のログインURLは「https://example.com/wp-login.php」のように決まっています。つまり、サイトをWordPressで構築していることがわかれば、ログイン画面のURLは容易に推測できるのです。「ログインページ変更」では管理画面のURLを変更できます。

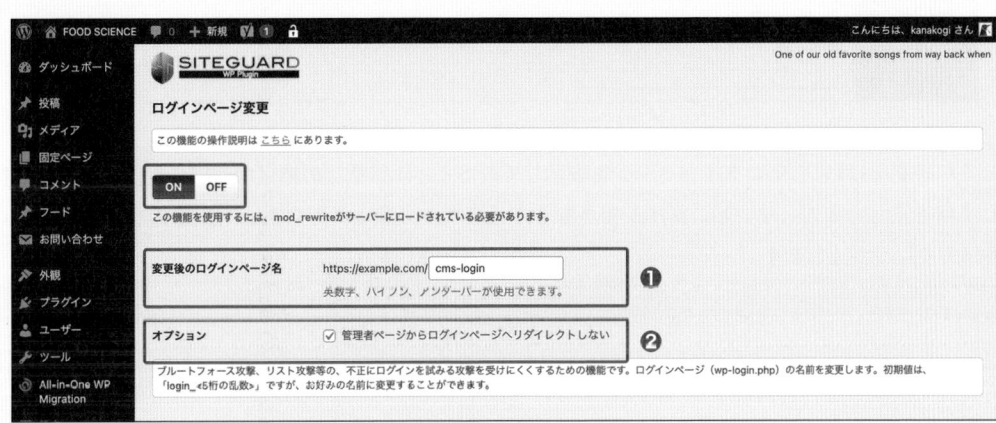

❶ 変更後のログインページ名

　新しいログイン画面のURLを設定します。たとえば「cms-login」にすると、新しいログインURLは「https://example.com/cms-login/」になります。

❷ 管理者ページからログインページへリダイレクトしない

　［オプション］の「管理者ページからログインページへリダイレクトしない」にチェックを付けると、「https://example.com/wp-login.php」というURLにアクセスしても、新しいログインURLにリダイレク

トしなくなるのでセキュリティが高まります。チェックするようにしましょう。

ログインページ変更をONにしたら、新しく設定したURLでログインできることを確認しておきましょう。これで、容易にログイン画面のURLを推測できなくなります。

画像認証を追加する

ログインページには、通常「ユーザー名またはメールアドレス」「パスワード」の入力項目が表示されますが、これに画像認証を追加で表示しましょう。設定できるのは「ログインページ」「コメントページ」「パスワード確認ページ」「ユーザー登録ページ」の4箇所です。画像認証を追加したいページに対して、「ひらがな」または「英数字」を選択します（❶）。

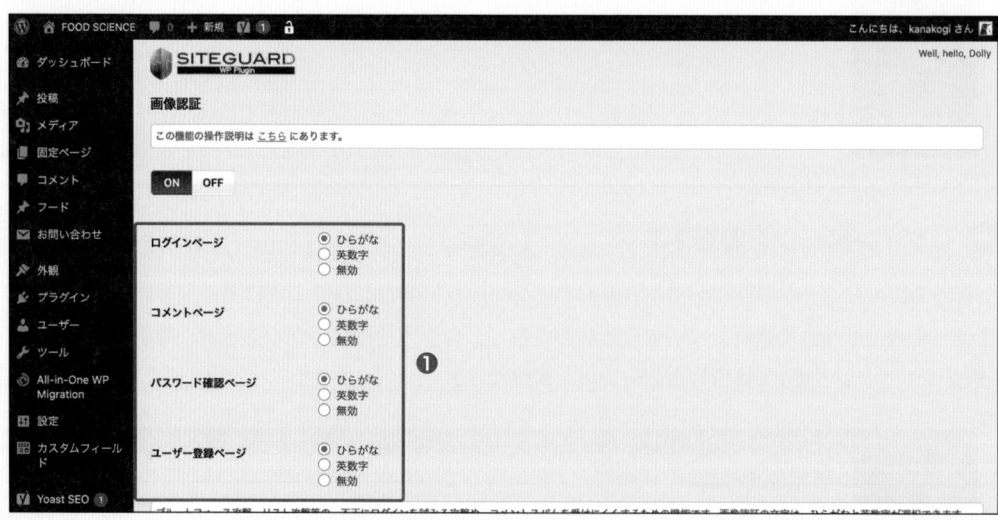

この機能をONにしてログインページを表示してみると、画像認証の項目が追加されます。表示された文字を正しく入力しないとログインできなくなるので、人間以外のロボットからの攻撃に対するセキュリティが向上します。

● ログインロックを設定する

悪意のあるロボットは、ユーザー名やパスワードを変えながら何度もログインを試みます。この機能をONにすると、ログインが失敗したときに、次のログインまでの時間や回数を制限できます。

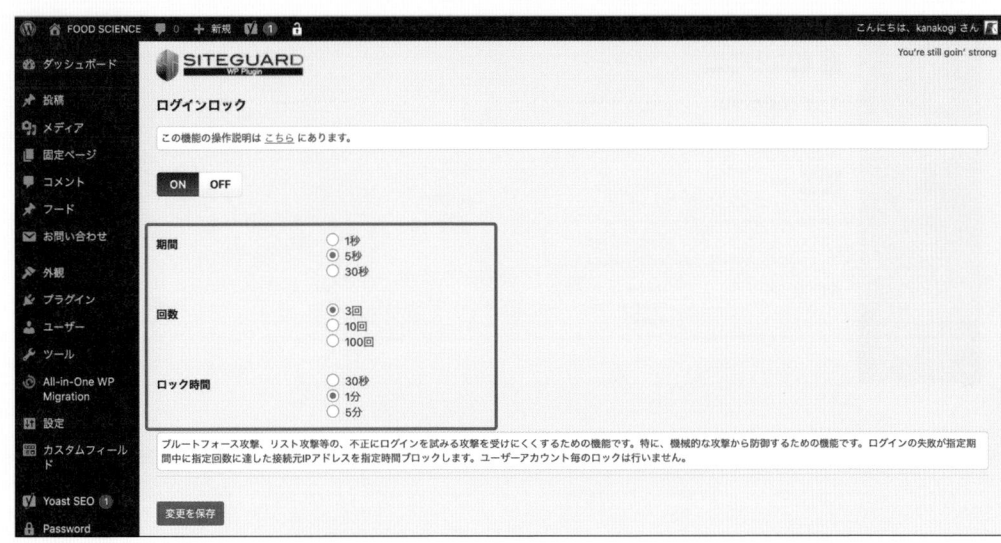

● ユーザー名漏えいを防止する

WordPressは、「https://example.com?author=ユーザーID」のURLにアクセスすると、そのユーザーページである「https://example.com/author/ユーザー名/」にリダイレクトします。たとえば、「https://example.com?author=1」にアクセスすると「https://example.com/author/nakashima/」にリダイレクトする、といった機能です。攻撃者はこの機能を悪用して、管理画面にログインする際のユーザー名を調べようとします。

通常、ログイン画面で必要な情報は「ユーザー名またはメールアドレス」「パスワード」の2つです。つまり、ユーザー名がわかってしまえば、攻撃者はパスワードの推測だけに専念できるわけです。そのため、ユーザー名は伏せておいたほうが安全です。

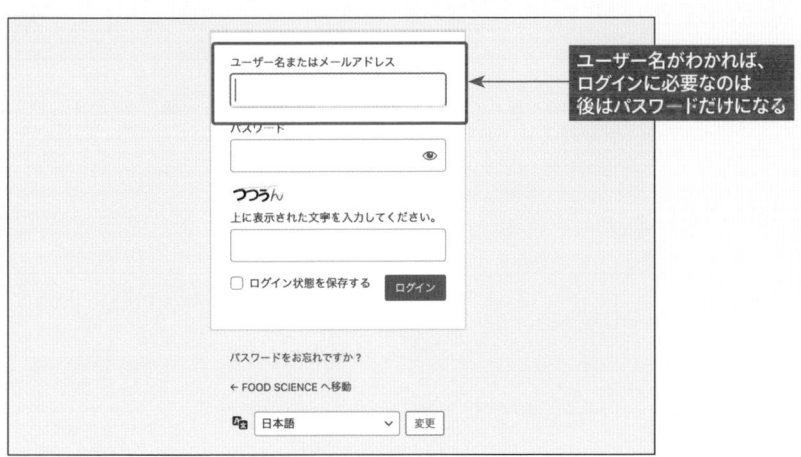

SiteGuard WP Pluginの「ユーザー名漏えい防御」をONにすると、「https://example.com?author=ユー

ザーID」にアクセスしたときにユーザーページにリダイレクトしないようになります。また、「REST API 無効化」にチェックを付けると、ユーザー取得のREST APIである「https://example.com/wp-json/wp/v2/users」が無効になります。必要ない場合はチェックしてください。

　また、CHAPTER 8のYoast SEOプラグインの解説（8-01）でも記載しましたが、ユーザーページ自体が必要ないのであれば、Yoast SEOの「投稿者アーカイブを有効化」をOFFにしましょう。

05 Webサイトを高速化する

WordPressは、PHPによって動的にページを生成します。そのため、静的なHTMLファイルで作られたページより動作が遅くなりがちです。もちろん、WordPressだから遅いということではなく、Webサイトの表示速度にはさまざまな要因が絡みます。ここでは、Webサイトを高速化するためのノウハウを解説します。

▶ Webサイトのパフォーマンスを向上する

Webサイトが遅い場合は、WordPressが原因なのか、HTMLや画像が原因なのか、サーバーが原因なのか、よく検討する必要があります。まずはどこがボトルネックになっているのかを把握することが大切です。

◉ WordPressでページが表示されるまでの仕組み

WordPressは、クライアントからのリクエストに応じてデータベースに情報を問い合わせ、取得したデータに応じてHTMLを生成し、クライアントにレスポンスを返します。

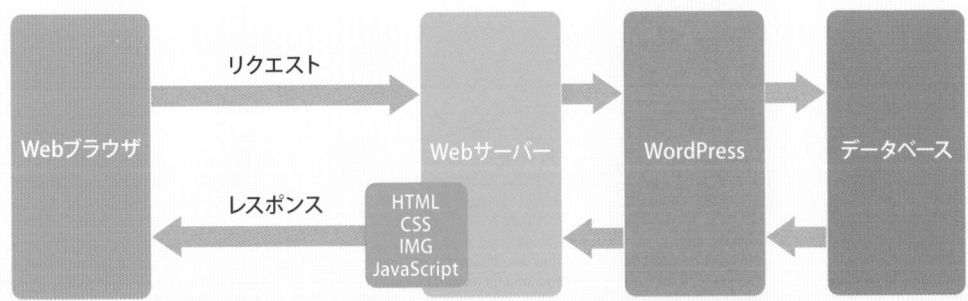

高速化を考えるときには、一連の流れの、どの部分のパフォーマンスを向上させるのかを知っておく必要があります。たとえば高速化のためのプラグインは数多く公開されていますが、同じ部分を対象にしたプラグインを複数導入しても意味がありません。むしろ、パフォーマンスが落ちてしまう可能性があります。

また、プラグインを使わずにパフォーマンスを向上させる方法もあります。どこがボトルネックなのか、どのようなパフォーマンスを改善したいのかを意識して取り組むことが大切です。

◉ プラグインを多用しない

高速化のポイントはいくつかありますが、WordPressを使っているがゆえに陥りやすいのは、プラグインを多用しすぎることです。

本書でも紹介してきたように、WordPress のプラグインは非常に便利なものです。しかし、あれもこれもとプラグインを導入すると、処理が増えパフォーマンスに影響が出る可能性があります。プラグインの導入は、運用状況やコンテンツの内容に合わせて、ケースバイケースで考えましょう。

▶ Webサイトのパフォーマンスを診断する

まずは、どこがボトルネックになっているのか調べてみましょう。パフォーマンス診断のための手軽なツールとして、Google のサービス「PageSpeed Insights」があります。URL を入力するだけで、ボトルネックの指摘と改善手段を提示してくれます。

● PageSpeed Insights

URL：https://pagespeed.web.dev/

診断したいページの URL を入力すると分析が始まります。分析が完了すると結果が表示され、修正が必要な箇所や、それぞれの修正方法も知ることができます。

改善できる項目には、診断結果から対応できるものが提案されます。たとえば、「次世代フォーマット
での画像の配信」が表示されている場合は項目をクリックします。WordPressで作られているWebサイト
ならば、導入を検討すべきWordPressプラグインページへのリンクが表示されます。

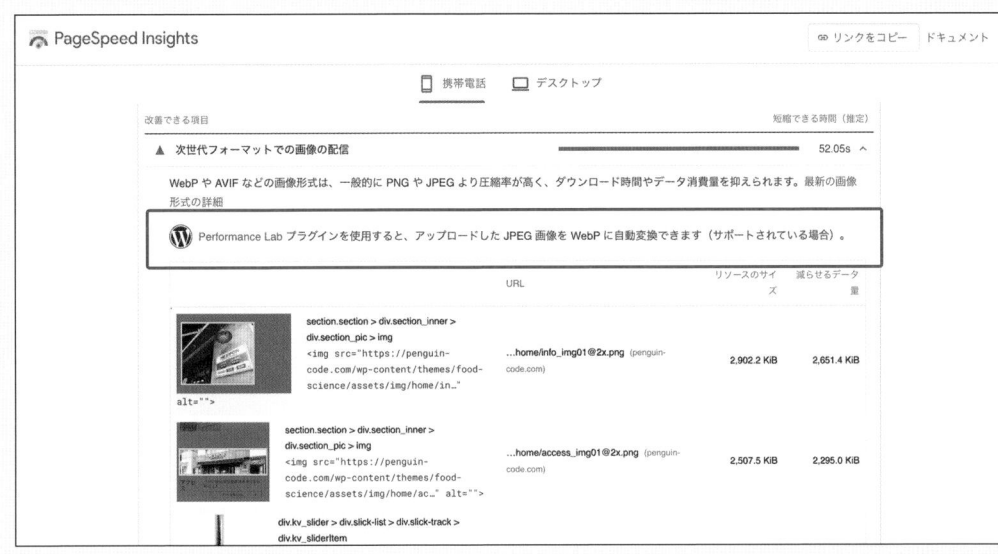

▶ 画像を最適化する

Webサイトでは、HTMLやCSS以外にもJPEGやPNGなどの画像ファイルが使われます。画像ファイ
ルは、HTMLなどに比べてファイルサイズが大きいものがほとんどです。画像ファイルを最適化すると、
サーバーからの転送時間を短くできます。

「Smush – Lazy Load Images, Optimize & Compress Images」プラグインを使うと、管理画面で画像を
アップロードするときに、自動的に画像のファイルサイズを小さくできます。インストールは、メイン
ナビゲーションメニューの［プラグイン］→［新規追加］から行います（❶）。

アップロードされている画像を圧縮する

メインナビゲーションに［Smush］が表示されるので、クリックして設定画面を開きます。「Bulk
Smush」ボックスの中にある「BULK SMUSH NOW」ボタン（❶）をクリックすると、すでにアップロード
されている画像を圧縮できます。

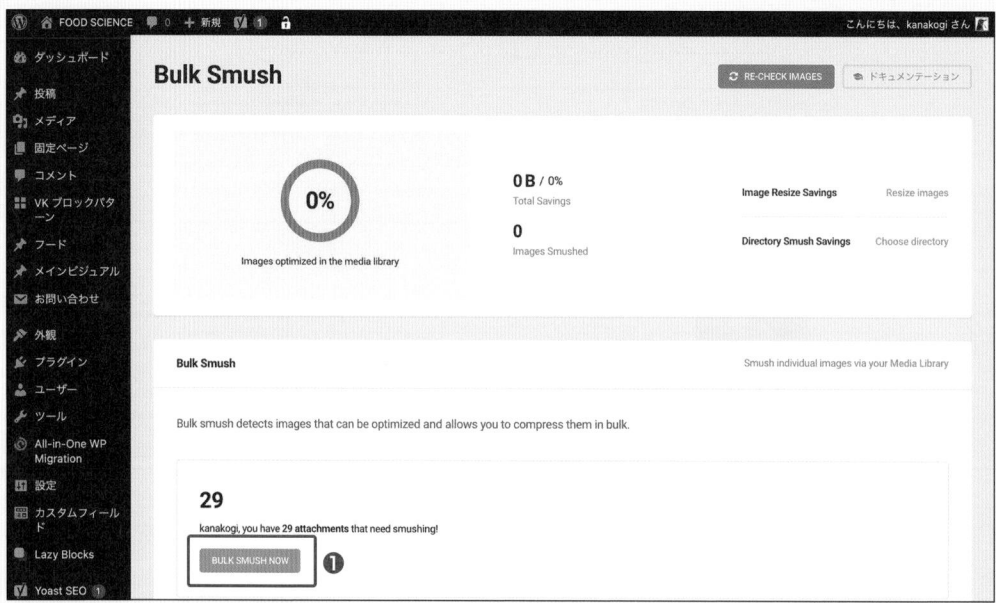

Smushプラグインの設定項目

設定ボックスを確認してみましょう。

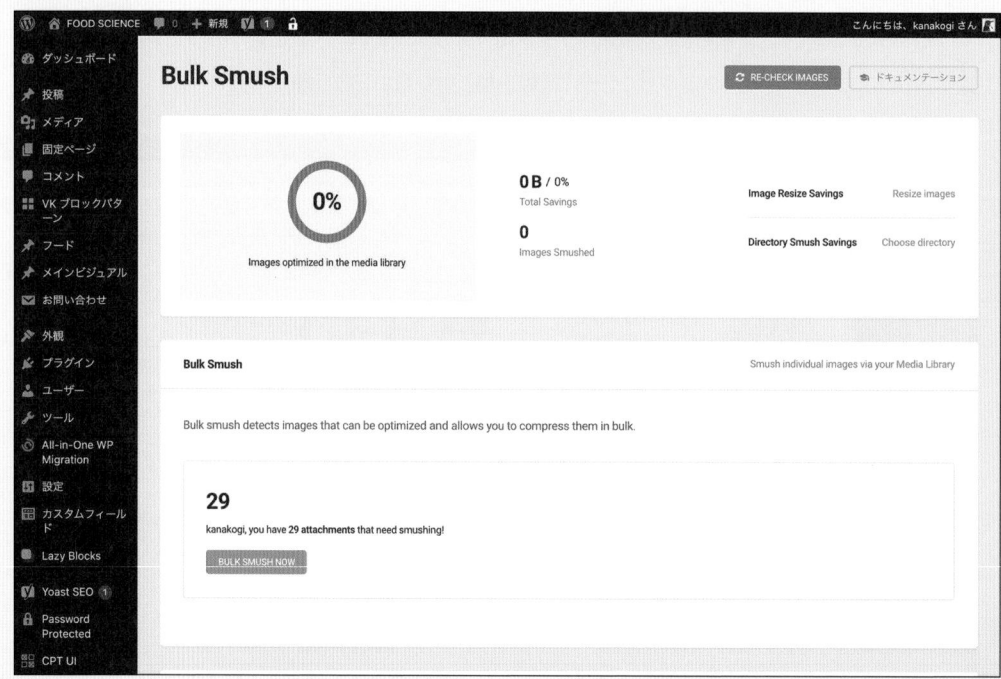

↗続く

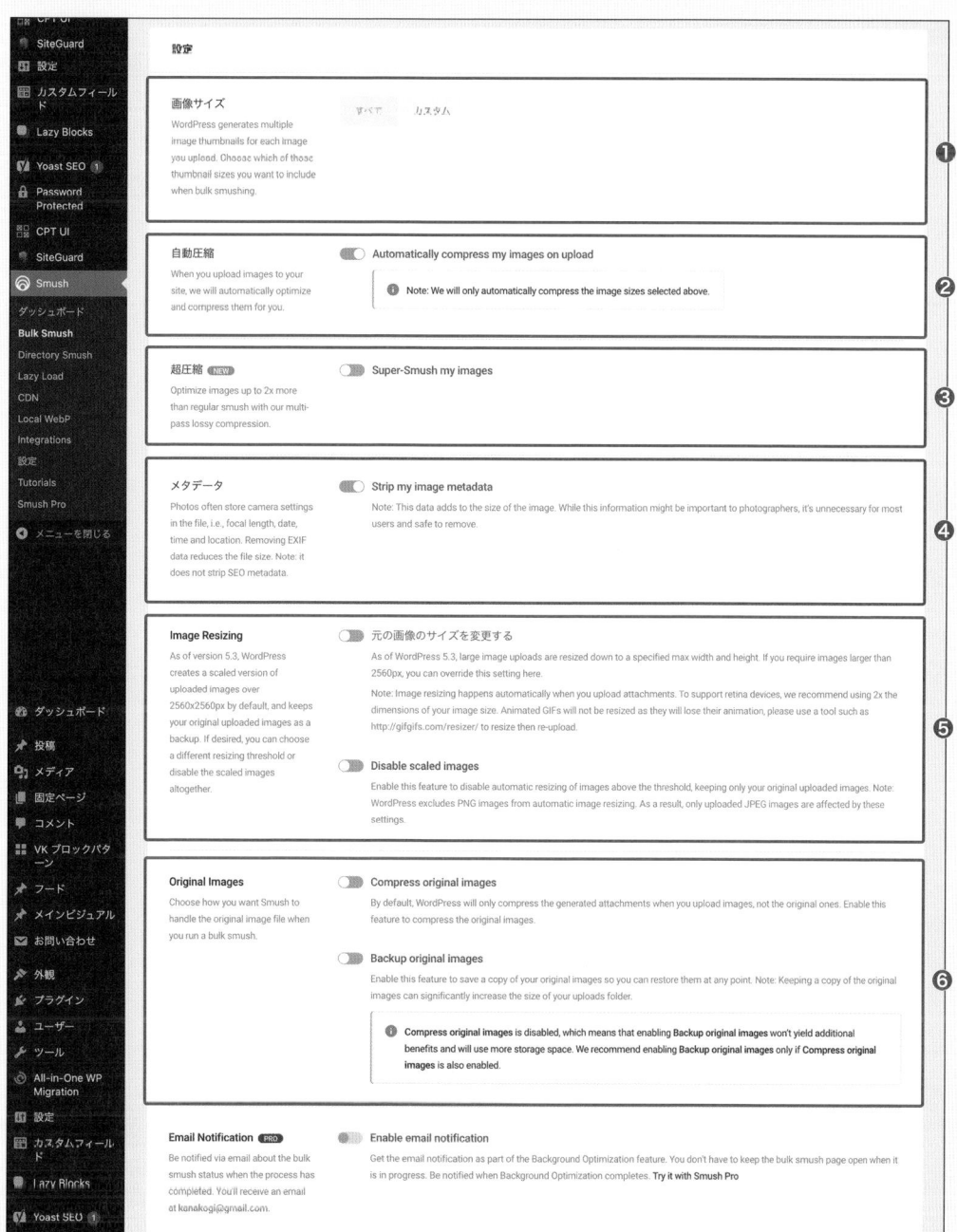

❶ 画像サイズ

　圧縮する画像の対象サイズを指定します。初期値は「すべて」ですが、「カスタム」にすると画像サイズ一覧が表示され、対象サイズを指定できます。

❷ 自動圧縮

　この機能がONになっていると、投稿から画像をアップロードしたときに自動的にファイルを最適化します。

❸ 超圧縮

非可逆圧縮により、通常よりも最大2倍画像を最適化します。運用状況を見ながら使用してください。

❹ メタデータ

JPEG画像などのファイルには、撮影時間や場所といったメタデータが付随しています。この機能をONにすると、ファイルのメタデータを削除します。

❺ Image Resizing

WordPressにアップロードされた画像は、設定されたサイズに合わせて複数のファイルが作成されます。その際にアップロードした元画像も、そのままのサイズでアップロードされています。この機能をONにすると、元画像のサイズの最大幅を指定してリサイズすることが可能です。

❻ Original Images

大きい画像をアップロードした際に、いくつかのサイズの画像が生成されますが、アップロードしたオリジナル画像の取り扱いを設定します。

●オリジナル画像の取り扱い

項目	内容
Compress original images	通常、オリジナル画像はアップロードしたときの画像のままサーバーに保存されるが、この機能をONにするとオリジナル画像も最適化される
Backup original images	この機能を有効にすると、オリジナル画像のコピーを保存して、いつでも復元できるようになる。しかし、アップロードフォルダのサイズが大幅に増加することがある

▶ ファイルをキャッシュして高速化する

WordPressは、クライアントからリクエストがあるたびに動的にページを生成します。一度表示したデータをキャッシュとして一時的に保存しておくと、次にアクセスがあったときに、動的にページを生成せずに表示できます。

ページキャッシュを行うプラグインはたくさんありますが、ここでは「WP Super Cache」プラグインを解説します。WordPress.com（https://ja.wordpress.com/）を運営しているAutomattic社がリリースしており、信頼性の高いプラグインです。インストールは、メインナビゲーションメニューの［プラグイン］→［新規追加］から行います。（❶）

WP Super Cache を設定する

有効化すると、メインナビゲーションメニューに [設定] → [WP Super Cache] が表示されます。

「キャッシング停止」を「キャッシング利用 (推奨)」(❶) に変更して [ステータスを更新] ボタン (❷) をクリックすると、WP Super Cache によるページキャッシングが始まります。

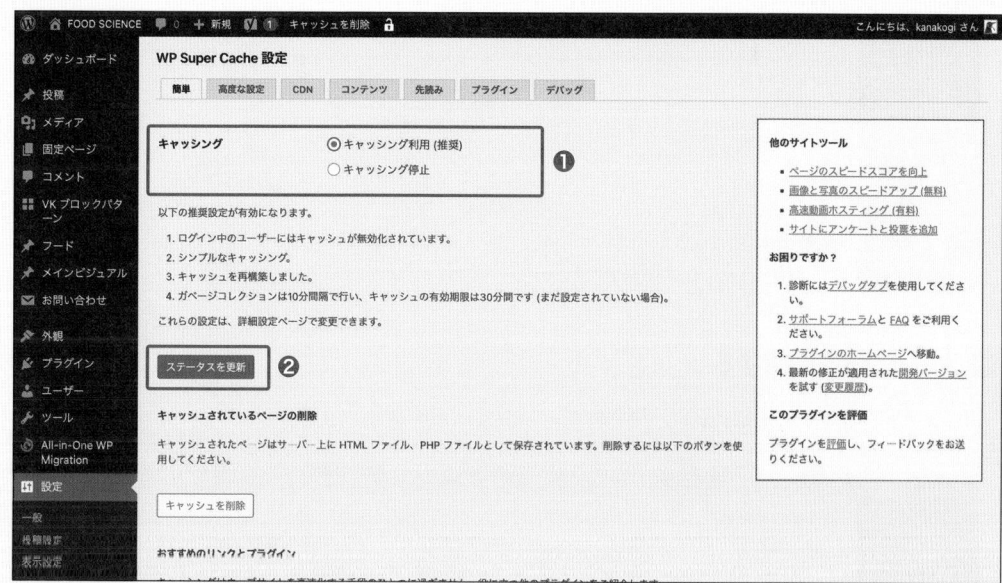

WP Super Cache の詳細設定

WP Super Cache の設定画面の [詳細] タグで設定できる項目のうち、重要なものを紹介します。

● ログイン中のユーザーはキャッシュを無効化する

「ログイン中のユーザーに対してはキャッシュを無効化する。(推奨)」(❶) にチェックを付けると、ログインユーザーに対してはキャッシュを表示しなくなります。チェックが付いていないと、ファイル更新時にもキャッシュファイルが表示されてしまい、作業者が最新ファイルを確認できなくなります。

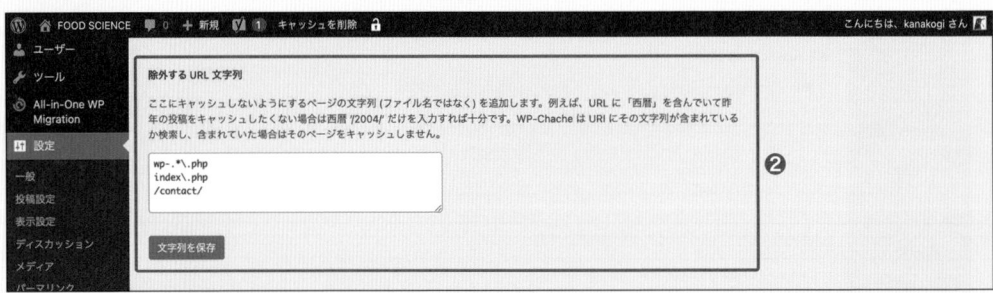

● キャッシュさせないページを設定する

画面をスクロールすると「除外する URL 文字列」エリア（**❷**）が表示されます。ここで指定したページはキャッシュしません。

お問い合わせフォームページなどの動的なページは、キャッシュさせると動作しない可能性があります。たとえば、お問い合わせフォームページの URL が「https://example.com/contact/」であれば、赤枠のテキストエリアに「/contact/」を追記します。

◎ キャッシュを削除する

［コンテンツ］タブを選択すると、現在のキャッシュ状況を確認できます。

［期限切れキャッシュを削除］ボタン（❶）をクリックすると、有効期限より古くなったファイルを削除します。有効期限は［詳細］タブで設定可能です。

［キャッシュを削除］ボタン（❷）をクリックすると、キャッシュファイルを強制的にすべて削除します。これにより、最新状態のWebサイトを確認することが可能です。

▶ CDNサービスを導入する

CDN（コンテンツ・デリバリー・ネットワーク）とは、コンテンツを複数地域の複数サーバーに配置し、ユーザーのリクエストに対して最適なサーバーからコンテンツを配布する負荷分散サービスです。

CDNサービスはいくつかありますが、大手の「Cloudflare」は無料でも使え、WordPressのプラグインもあります。本書では導入手順は解説しませんが、CDNを検討する際にはぜひ確認してみてください。

● Cloudflare

URL：https://www.cloudflare.com/ja-jp/

● 自動プラットフォーム最適化サービスとは

サーバーの負荷が大きくなりはじめたら「Cloudflare APO」サービスもお勧めします。Cloudflareの自動プラットフォーム最適化（APO）のサービスにはWordPressプラグインもあるので、比較的導入コストも低いと思います。毎月5ドルの有料サービスですが、WordPressのサーバー負荷を大きく減らせます。

● Cloudflare APO

URL：https://www.cloudflare.com/ja-jp/lp/pg-apo/

◉ COLUMN

キャッシュ系プラグインの注意点

　このSECTIONではページキャッシュのプラグイン「WP Super Cache」を紹介しましたが、キャッシュ系のプラグインを使用する前には、よく検討をするようにしてください。なぜなら、サーバー側でキャッシュ機能を提供することもできるからです。レンタルサーバーの中にもキャッシュ機能を提供するものがあります。

　また、キャッシュ機能を駆使すると、記事を更新したときにページにすぐに反映されないなどといった問題も起きやすくなります。「キャッシュを駆使するよりも、性能の高いサーバーに移ったほうが問題が起きにくい」という考え方もあります。

APPENDIX

01 | PHPの基礎

WordPressは、PHPというプログラミング言語で作られています。そのため、WordPressのテーマをカスタマイズするには、少なからずPHPの知識が必要になります。

「プログラム」と聞くと、慣れない方には抵抗があるかもしれませんが、PHPの知識があれば、エラーが出たときの対処が可能になるだけでなく、新しいアイデアが浮かぶこともあります。ここでは、WordPressのカスタマイズに必要なPHPの基礎を解説します。

▶ PHPの基本的な記述ルール

● ファイルの拡張子

PHPのファイルの拡張子は「.php」にします。WordPressのテーマを作るときも同様で、ファイル名は「single.php」のようにします。

● プログラムの開始・終了

PHPのプログラムは、<?phpから始まり、?>で終わることが必要です。この間に記述されたコードが、PHPのプログラムです。次のように、HTMLの途中にPHPを書くことも可能です。

```
<html>
<body>
<?php echo "Hello! World.";?>
</body>
</html>
```

なお、ファイルの最後がPHPのプログラムで終わるときは、最後の?>は省略できます。WordPressでは、functions.phpのようなファイルで実際に省略しています。

● コメントアウト

HTMLでは<!-- テキスト -->のようにコメントアウトしますが、PHPのプログラムでも可能です。PHPでは、2種類の書き方があります。

「/」（スラッシュ）を連続で2つ記述すると、1行のコメントになります。複数行のコメントを記述したい場合は、/*と*/で囲みます。

```
<html>
<body>

<!-- HTMLのコメント -->
```

◢続く

```
<?php
// PHPでの1行用のコメント

/* ここから
複数行用のコメント
ここまで */
?>
</body>
</html>
```

文字列の表示

PHPで文字列を出力するときはechoを使用します。文字列は、「'」(シングルクォーテーション) または は「"」(ダブルクォーテーション) で囲む必要があります。以下のように記述すると、「こんにちは」と表示されます。

```
<?php echo 'こんにちは'; ?>
```

PHPの記述で出力のみを行うときは、<?phpを<?=と省略することも可能です。次の記述は、上の echoによる書き方と同じ意味になります。

```
<?= 'こんにちは'; ?>
```

文の区切り

文の最後に「;」(セミコロン) を付ける必要があります。これは、複数の文を区切るために必要なもの です。ただし、最終行のセミコロンは省略が可能です。

```
<?php
echo 'こんにちは <br>';
echo 'こんにちは <br>';
echo 'こんにちは <br>'
?>
```

文字列の連結

文字列と文字列を連結するときは「.」(ドット) を使います。

```
<?php
echo 'みかんが' . '10個あります。';
?>
```

▶ 変数と配列

変数

変数とは、一時的に値を保存しておくための箱のようなものです。PHPの変数は、$を頭に付け、半 角英数と「_」(アンダースコア) を使って名前を付けます。ただし、変数名の頭に数字を付けることはで きません。

変数に値を入れるには、「=」（イコール）を使います。変数に値を入れることを「代入」と言います。たとえば、変数$numberに値10を代入するには、$number = 10と記述します。

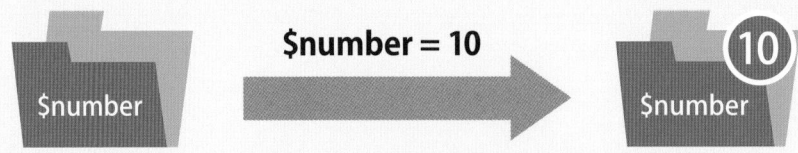

echoと組み合わせて次のように記述すると、変数に値を代入し、その値を表示できます。

```
<?php
$number = 10;
echo $number; //10と出力される
?>
```

代入済みの変数に対して新たに値を代入すると、内容が上書きされます。

```
<?php
$number = 10;
echo $number; //10と出力される
$number = 20;
echo $number; //20と出力される
?>
```

文字列の連結と組み合わせると、以下のような出力も可能です

```
<?php
$num = 8;
echo 'りんごが' . $num . '個あります。'; //「りんごが8個あります。」と出力される
?>
```

● ヒアドキュメント

長い文字列を変数に代入するときには、ヒアドキュメント構文を使うと便利です。本書でもHTMLを変数に代入するときに使っています。

ヒアドキュメントで変数に値を入れるには、IDとなる文字列を用意して、= <<< IDではじめ、ID;で終了させます。「IDとなる文字列」の箇所は、半角英数字およびアンダースコアを使用します。

```
$html = <<< EOL
    <p>パスワードを入力してください。<p>
    <form>
      <input name="post_password" type="password" />
      <input type="submit" name="送信" value="送信" />
    </form>
EOL;
echo $html;
```

上記の例ではIDを「EOL」という文字列にしています。注意点が1つあります。最後のID;で終了する箇所ですが、前にタブやスペースを入れてはいけません。必ず行の先頭に記述することが必要です。

● 配列

配列を使うと、複数の値を記憶できます。配列は「[ ]」（ブラケット）を使って作成し、値を「,」（カンマ）で区切って代入します。

```php
<?php
$food =['りんご', 'みかん', 'なし'];
?>
```

配列には、先頭から順番に値が入ります。値を取り出すには[ ]を使って順番を指定します。なお、配列の要素は0, 1, 2, ... と0から始まります。先ほどの配列は、次のようにして出力できます。

```php
<?php
$food = ['りんご', 'みかん', 'なし'];
echo $food[0]; //「りんご」と出力される
echo $food[2]; //「なし」と出力される
?>
```

$foodという配列の中に、0から順番にデータを入れていくイメージです。。

$food

| りんご 0番目 | みかん 1番目 | なし 2番目 |
| $food[0] | $food[1] | $food[2] |

他にも、次のように順序を指定して要素ごとに値を代入することも可能です。

```php
<?php
$food[0] = 'りんご';
$food[1] = 'みかん';
$food[2] = 'なし';
echo $food[1]; //「みかん」と出力される
?>
```

次のように空の[ ]を使うと、先頭から順に値が代入されます。

```php
<?php
$food[] = 'りんご';
$food[] = 'みかん';
$food[] = 'なし';
echo $food[1]; //「みかん」と出力される
?>
```

なお、配列は [] を使って作成しますが、古いPHPのバージョンではarray()を使用していました。次

の2つはまったく同じ意味になります。

```php
<?php
$food =['りんご', 'みかん', 'なし'];
$food = array('りんご', 'みかん', 'なし');
?>
```

● 連想配列

0、1、2といった数字ではなく、文字をキーにして配列を作ることもできます。これを連想配列と呼びます。連想配列は、「'文字のキー' => 値」を「,」(カンマ) で区切って指定します。

```php
<?php
$food = [
    'apple' => 'りんご',
    'orange' => 'みかん',
    'pear' => 'なし',
];
echo $food['apple']; //「りんご」と出力される
echo $food['pear']; //「なし」と出力される
?>
```

次のように、キーを指定して要素ごとに値を代入することも可能です。

```php
<?php
$food['apple'] = 'りんご';
$food['orange'] = 'みかん';
$food['pear'] = 'なし';
echo $food['apple']; //「りんご」と出力される
?>
```

● 変数を使った計算

変数には、計算結果を代入することができます。

```php
<?php
$addition = 3 + 8; //加算
echo $addition; //11と出力される

$subtraction = 6 - 2; //減算
echo $subtraction; //4と出力される

$multiplication = 4 * 7; //乗算
echo $multiplication; //28と出力される

$division = 12 / 4; //除算
echo $division; //3と出力される

$surplus = 5 % 3; //剰余
echo $surplus; //2と出力される
?>
```

また、変数に値を格納した状態で計算することが可能です。

```php
<?php
$a = 3;
$b = 8;
$c = $a + $b;
echo $c;  //11と出力される
?>
```

▶ 条件分岐

● if文を使った条件分岐

変数の値によって処理を変えたいときは、ifを使って次のように記述します。

```php
<?php
if(条件式){
    //処理を記述
}
?>
```

条件式には、さまざまな条件を記述します。この条件を満たしている場合に、内側の処理が実行されます。

● 論理値

ifの条件式は、結果が「true」（真、正しい）か「false」（偽、正しくない）のどちらかを判定しています。次のように変数$flgに「true」を代入すると、条件式が「true」になりますから、echoの処理が実行されます。

```php
<?php
$flg = true;
if($flg){
    echo '$flgは true です。';  //表示される
}
?>
```

● 比較演算子

変数に格納された値を使って、条件式を記述することも可能です。たとえば「変数$numの値が10より大きい場合」という条件は、$num > 10と記述します。

```php
<?php
$num = 15;
if($num > 10){
    echo '$numは 10より大きいです。';  //表示される
}
?>
```

「>」は比較演算子と言います。PHPの比較演算子には次のようなものがあります。

● PHPの比較演算子

比較演算子	記述例	意味
==	$a == $b	$aと$bの値が等しい
===	$a === $b	$aと$bの値が等しく、型も等しい
!=	$a != $b	$aと$bの値が等しくない
<>	$a <> $b	$aと$bの値が等しくない
!==	$a !== $b	$aと$bの値、もしくは型が等しくない
>	$a > $b	$aは$bより大きい
>=	$a >= $b	$aは$bより大きい、または等しい
<	$a < $b	$aは$bより小さい
<=	$a <= $b	$aは$bより小さい、または等しい

論理演算子

論理演算子を使うと、複数の条件を組み合わせられます。「$numが5より大きく、10より小さい場合」といった複雑な条件式を記述可能です。

```php
<?php
$num = 8;
if($num > 5 && $num < 10){
    echo '$num が 5より大きく、10より小さいです。'; //表示される
}
?>
```

PHPの論理演算子には次のようなものがあります。

● PHPの論理演算子

論理演算子	記述例	意味
&&またはand	$a && $b	$aと$bが両方ともがtrueの場合
||またはor	$a || $b	$aか$bのどちらかがtrueの場合
!	!$a	$aがtrueならばfalse

複雑な条件分岐

ifの条件式を満たさなかったときに、別の処理を実行したい場合はelseを使います。

```php
<?php
$num = 5;
if($num > 10){
    echo '$numは 10より大きいです。';
}else{
    echo '$numは 10より小さいです。'; //こちらが表示される
}
?>
```

また、条件が複数存在するときはelseifを使います。elseifは、次のように複数使うことができます。

```php
<?php
$name = '田中';
if($name == '山田'){
    echo '$nameは「山田」です。';
}elseif($name == '佐藤'){
    echo '$nameは「佐藤」です。';
}elseif($name == '田中'){
    echo '$nameは「田中」です。'; //これが表示される
}else{
    echo '$nameはどれにも当てはまりませんでした。';
}
?>
```

● if文の別の記述方法

if文は、はじめの部分をif(条件式):に、終わりの部分をendif;と書くこともできます。この記述方法は、HTMLが主体となるファイルの中にPHPのプログラムを記述したいときに使用すると、可読性が高くなります。

WordPressの場合、テーマのテンプレートファイルにはこの記述方法がよく使われています。一方で、functions.phpのようなPHPが主となるファイルには、これまでに解説した「{」と「}」を使った記述方法が多くなります。

先ほどのコードを、この記述方法に置き換えてみましょう。

```php
<?php
$name = '田中';
if($name == '山田'):
?>
    $nameは「山田」です。
<?php elseif($name == '佐藤'): ?>
    $nameは「佐藤」です。
<?php elseif($name == '田中'): ?>
    $nameは「田中」です。<!-- これが表示される -->
<?php else: ?>
    $nameはどれにも当てはまりませんでした。
<?php endif; ?>
```

▶ 繰り返し処理

PHPには、処理を繰り返す方法が複数用意されています。ここでは、WordPressでよく使われる「while」と「foreach」を解説します。

● while文

whileは、WordPressで最もよく使う繰り返し処理です。指定した条件式を満たす間、ブロック内の処理を繰り返し実行します。

```php
<?php
while(条件式){
    //実行する処理
}
?>
```

whileは、条件式がfalseにならない限り処理を続けます。そのため、ブロック内で条件式が変化するようになっていないと、処理がずっと続いてしまいます（無限ループ）。たとえば以下のコードを見てください。

```php
<?php
$num = 0;
while($num < 3){
    echo $num;
    $num ++; //ループごとに$numに1を加算
}
?>
```

このようにすると、ループするたびに$numに1が加算されます（++は変数の値に1を加えます）。3になると条件式を満たさなくなるので、繰り返しが終了します。なお、ifと同様に、「{」と「}」ではなく、endwhileを使った記述方法も用意されています。

WordPressでは、記事を表示するときにwhileをよく使用します。条件式にWordPress関数のhave_posts()を使用し、次のようにします。

```php
<?php
while (have_posts()) :
    the_post();
?>
    <h1><?php the_title(); ?></h1>
<?php endwhile; ?>
```

● foreach文

foreachは、配列の中身を表示するときに便利です。以下のように記述します。

```php
<?php
foreach(配列 as 要素){
    //実行する処理
}
?>
```

要素にはループ時の配列の値が格納されます。以下のように記述すると、「りんご」「みかん」「なし」が順に表示されます。

```php
<?php
$food = ['りんご', 'みかん', 'なし'];
foreach($food as $value){
    echo $value;
}
?>
```

foreachは連想配列でも使うことができます。キーには、ループ時の配列のキーが格納されます。

```php
<?php
foreach(配列 as キー => 要素){
    //実行する処理
}
?>
```

次のように記述すると、「appleは、りんごです。」のように順に表示されます。

```php
<?php
$food = [
    'apple' => 'りんご',
    'orange' => 'みかん',
    'pear' => 'なし',
];
foreach($food as $key => $value){
    echo $key . 'は、' . $value . 'です。<br>';
}
?>
```

▶ ユーザー定義関数

● 関数

　関数を用いると、再利用できるコードやひと固まりのロジックをまとめることができます。関数を定義するには、functionを使って関数名を記述します。引数（パラメータ）を使うと、関数にデータを渡すことが可能ですが、必須ではありません。

```php
<?php
function 関数名(引数){
    //処理を記述
}
?>
```

　関数を呼び出すには「関数名()」の書式を使います。ためしに「WordPress」という文字列を出力する簡単な関数を作ってみましょう。次のように記述するとdisplay_wordpress()の箇所で「WordPress」と表示されます。

```php
<?php
function display_wordpress(){
    echo 'WordPress';
}

display_wordpress(); //ここで表示される
?>
```

◉ 引数

引数（パラメータ）を使うと、関数にデータを渡すことが可能です。先ほどはechoで文字列を出力しましたが、returnを使うと結果を返すことができます。この関数から返ってきた値を「戻り値」と呼びます。

次のサンプルコードは、引数の2つの数値を足して返す関数です。

```php
<?php
function add($n1, $n2){
    $answer = $n1 + $n2;
    return $answer;
}

$num = add(4, 5);
echo $num; // 9 が表示される
?>
```

上のサンプルコードでは、戻り値を$numに代入した後にechoで表示しましたが、戻り値を直接echoで表示することも可能です。

```php
<?php
function add($n1, $n2){
    $answer = $n1 + $n2;
    return $answer;
}
echo add(3, 4); // 7 が表示される
?>
```

WordPressのテーマ作成でも、うまく関数を定義することで作業効率が格段に高まります。

APPENDIX

02 よく使うコードを関数にまとめる

テンプレートファイルに同じコードを何度も記述していると、修正する手間がどんどん増え、作業効率が悪くなります。よく記述するコードは、functions.phpにまとめて記述しておくと保守性が高まります。

▶ No Image 画像を表示する関数を作成する

次の例は、ループ内でアイキャッチ画像がなかったときに「No Image画像」を表示するコードです。

```
<?php if (have_posts()): ?>
  <?php while (have_posts()): the_post(); ?>
    <a href="<?php the_permalink(); ?>">
      <div class="card_pic">
        <?php if (has_post_thumbnail()): ?>
          <?php the_post_thumbnail('medium'); ?>
        <?php else: ?>
          <img src="<?php echo get_template_directory_uri(); ?>/assets/img/common ↵
/noimage.png" alt="">
        <?php endif; ?>
      </div>
    </a>
  <?php endwhile; ?>
<?php endif; ?>
```

このコードを関数にまとめてみましょう。functions.phpに次のコードを追加します。

リスト functions.php（追加する内容）

```
function display_thumbnail(){
  if ( has_post_thumbnail() ){
    the_post_thumbnail('medium');
  } else {
    echo '<img src="'.get_template_directory_uri().'/assets/img/common/noimage. ↵
png" alt="">';
  }
}
```

関数としてまとめたことにより、テンプレートファイルの記述が次のようにすっきりします。最初に挙げたコードと比較してみましょう。

```
<?php if (have_posts()): ?>
  <?php while (have_posts()): the_post(); ?>
    <a href="<?php the_permalink(); ?>">
      <div class="card_pic">
        <?php display_thumbnail(); ?>
      </div>
    </a>
  <?php endwhile; ?>
<?php endif; ?>
```

なぜ関数にまとめるのかと言うと、修正する際の手間を減らすためです。もし、No Image画像が別のファイルに変更された場合も、functions.phpの記述だけを修正すれば対応が完了します。

処理の内容に合わせて、「display_○○○」のような名前からイメージしやすい関数名を付けるようにしましょう。

▶ functions.php を整理する

テーマをカスタマイズするうえで、functions.phpは非常に便利なファイルです。しかし、機能を追加・拡張していくとfunctions.phpのコードが膨大になり、見通しが悪くなっていきます。そこで、機能ごとにfunctions.phpを分割して、管理しやすいようにしましょう。

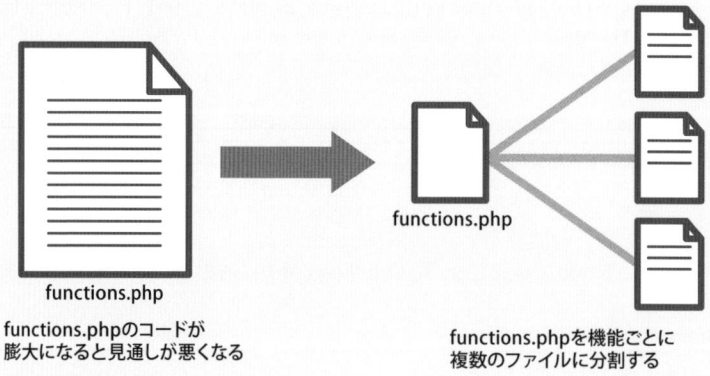

functions.php
functions.phpのコードが
膨大になると見通しが悪くなる

functions.php
functions.phpを機能ごとに
複数のファイルに分割する

● 管理するディレクトリ名を決める

functions.phpを複数のファイルに分割した場合は、ファイルを1つのディレクトリにまとめておきます。ディレクトリ名に決まりはありませんが、以下のようなものが考えられます。

● includes

● inc

● functions

本書では、「includes」というディレクトリ名を使用します。

ファイルを分割する

次に、記述されているコードの内容に合わせて、functions.phpを分割していきます。たとえば、管理画面の設定に関する記述は「admin.php」にまとめる、といった方針がわかりやすいでしょう。ファイル名の付け方にも決まりはありません。ここでは次のようにファイルを分割することにします。

● functions.phpを分割する際のファイル名と内容（例）

ファイル名	内容
config.php	定数などのテーマ内で規定の情報
setting.php	WordPressの基本設定に関するコード
admin.php	管理画面に関するコード
loop.php	WordPressループに関するコード

functions.phpから分割したファイルを読み込む

最後に、functions.phpから分割したファイルを読み込みます。先ほどファイルを分割したので、テーマディレクトリの中は次のような構成になっているはずです。

```
wp-content/themes/テーマ/functions.php
wp-content/themes/テーマ/includes/config.php
wp-content/themes/テーマ/includes/setting.php
wp-content/themes/テーマ/includes/admin.php
wp-content/themes/テーマ/includes/loop.php
```

functions.phpでは、get_template_part()インクルードタグを使って次のように記述し、分割したファイルを読み込みます。

リスト 分割したファイルを読み込むための記述（functions.php）

```php
<?php
get_template_part('includes/config');
get_template_part('includes/setting');
get_template_part('includes/admin');
get_template_part('includes/loop');
```

APPENDIX 03 | WP_Query のパラメータ

> ここでは、WordPressループをカスタマイズするときに使用する、WP_Queryの主なパラメータ
> を紹介します。

▶ WP_Queryパラメータの使用方法

　ここで紹介するパラメータは、次のように使用します。詳しい使い方についてはCHAPTER 4の4-01
を参考にしてください。

リスト pre_get_postsの場合

```php
<?php
add_action('pre_get_posts', 'my_pre_get_posts');
function my_pre_get_posts($query)
{
                if (is_admin() || !$query->is_main_query()) {
        return;
    }
    if ($query->is_home()) {
        $query->set('category__and', [2, 6]);
        $query->set('post_status', ['draft']);
        return;
    }
}
```

リスト WP_Queryの場合

```php
$args = [
    'category__and' => [2, 6],
    'post_status' => ['draft'],
];
$the_query = new WP_Query($args);
if ($the_query->have_posts()) :
  while ($the_query->have_posts()) : $the_query->the_post();
    省略
  endwhile;
  wp_reset_postdata();
endif;
```

●投稿データの主なパラメーター一覧

パラメータ	値の例	解説
p	3	投稿ID
name	'hello-world'	投稿のスラッグ
page_id	5	固定ページのID
pagename	'sample-page'	固定ページのスラッグ。子ページを指定するには、「/」（スラッシュ）を使用する 例：「contact/canada」
post_parent	1	親ページID
post_parent__in	[1, 2, 3]	複数の親ページID（配列で指定）
post_parent__not_in	[1, 2, 3]	属さない複数の親ページID（配列で指定）
post__in	[1, 2, 3]	取得する投稿ID（配列で指定）
post__not_in	[1, 2, 3]	省く投稿のID（配列で指定）
s	（検索キーワード）	search.phpなどで使用する検索キーワードを指定

●投稿タイプ＆ステータス関連のパラメータ

パラメータ	値の例	解説
post_type	[　'post', 　'page', 　'custom-post-type',]	投稿タイプ（配列で指定、初期値は'post'）
post_type	'any'	'any'はすべての投稿タイプ（リビジョンと'exclude_from_search'がtrueのものは省かれる）
post_status	[　'publish', 　'pending', 　'draft', 　'auto-draft', 　'future', 　'private', 　'inherit', 　'trash', 　'any',]	投稿のステータス（初期値は'publish'） publish：公開 pending：レビュー待ち draft：下書き auto-draft：自動保存 future：予約公開設定された投稿 private：ログインしていないユーザーには見えない投稿 inherit：保存されたリビジョン trash：ゴミ箱に入った投稿 any：すべてのステータス（'exclude_from_search'がtrueのものは省かれる）

APPENDIX

APPENDIX

↗続く

● カテゴリー関連のパラメータ

パラメータ	値の例	解説
cat	5	カテゴリー ID。「12,34,56」のように、複数のIDを指定することも可能
category_name	'staff'	カテゴリースラッグ。「'staff', 'news'」のように複数のスラッグを指定することも可能
category__and	[2, 6]	複数のカテゴリーに属する記事を絞り込む（カテゴリーIDを配列で指定）
category__in	[2, 6]	複数のカテゴリーのいずれかに属する記事を絞り込む（カテゴリーIDを配列で指定）
category__not_in	[2, 6]	指定したカテゴリーに属さない記事を絞り込む（カテゴリーIDを配列で指定）

● タグ関連のパラメータ

パラメータ	値の例	解説
tag	'cooking'	タグのスラッグ
tag_id	5	タグID
tag__and	[2, 6]	複数のタグに属する記事を絞り込む（タグIDを配列で指定）
tag__in	[2, 6]	複数のタグのいずれかに属する記事を絞り込む（タグIDを配列で指定）
tag__not_in	[2, 6]	指定したタグに属さない記事を絞り込む（タグIDを配列で指定）
tag_slug__and	['red', 'blue']	複数のタグに属する記事を絞り込む（スラッグを配列で指定）
tag_slug__in	['red', 'blue']	複数のタグのいずれかに属する記事を絞り込む（スラッグを配列で指定）

● カスタムフィールド関連のパラメータ

パラメータ	値の例	解説
meta_key	'key'	カスタムフィールドのキー
meta_value	'value'	カスタムフィールドの値
meta_value_num	10	カスタムフィールドの値
meta_compare	'='	'meta_value'をどう比較するか。使用可能な値は'!='、'>'、'>='、'<'、'='（初期値は'='）

meta_query	<pre>[
	  'relation' => 'AND',
	  [
	    'key' => 'color',
	    'value' => 'blue',
	    'type' => 'CHAR',
	    'compare' => '='
	  ],
	  [
	    'key' => 'price',
	    'value' => [1, 200],
	    'compare' => 'NOT LIKE'
	  ],
	];</pre>
		カスタムフィールドパラメータ
		relation：'AND'または'OR'を指定
		key：カスタムフィールドのキー
		value：カスタムフィールドの値
		type：カスタムフィールドタイプ。使える値は'NUMERIC'（数値）、'BINARY'（バイナリ）、'CHAR'（文字列）、'DATE'（日付）、'DATETIME'（日時）、'DECIMAL'（小数）、'SIGNED'（符号付き整数）、'TIME'（時間）、'UNSIGNED'（符号なし整数）。デフォルト値は'CHAR'
		compare：比較する演算子。使える値は'='、'!='、'>'、'>='、'<'、'<='、'LIKE'、'NOT LIKE'、'IN'、'NOT IN'、'BETWEEN'、'NOT BETWEEN'、'EXISTS'、'NOT EXISTS'。デフォルト値は'='

● タクソノミー関連のパラメータ

パラメータ	値の例	解説

tax_query	<pre>[
	  'relation' => 'AND',
	  [
	    'taxonomy' => 'color',
	    'field' => 'slug',
	    'terms' => ['red', 'blue'],
	    'include_children' => true,
	    'operator' => 'IN'
	  ],
	  [
	    'taxonomy' => 'actor',
	    'field' => 'id',
	    'terms' => [103, 115, 206],
	    'include_children' => false,
	    'operator' => 'NOT IN'
	  ],
	];</pre>
		タクソノミーに関連する条件。'relation'の指定に従って配列で指定（複数指定が可能）
		relation：'OR'または'AND'のいずれかを指定（初期値は'AND'）
		taxonomy：'category'などのタクソノミー名
		terms：タクソノミーの値（配列で指定）
		field：'term_id'、'slug'などのフィールド名
		include_children：階層構造を持ったタクソノミーの場合に、子タクソノミー項を含めるかどうか（初期値はtrue）
		operator：'AND'、'IN'、'NOT IN'のいずれか

● 投稿者関連のパラメータ

パラメータ	値の例	解説
author	1,2,3	ユーザー ID（数値）。マイナスで指定すると、特定のユーザーを省くことが可能
author_name	'tanaka'	ニックネーム（ユーザー名ではない）
author__in	[2, 6]	表示するユーザーのID（配列で指定）
author__not_in	[2, 6]	省くユーザーのID（配列で指定）

● パスワード関連のパラメータ

パラメータ	値の例	解説
has_password	true	**true**はパスワード付きの投稿に絞り込む。**false**はパスワードなしの投稿に絞り込む
post_password	'password'	特定のパスワードが付いた投稿

● ページ送り関連のパラメータ

パラメータ	値の例	解説
posts_per_page	10	1ページに表示する投稿数
posts_per_archive_page	10	アーカイブページでの、1ページに表示する投稿数
nopaging	false	すべての投稿を表示する場合はtrue（またはpost_per_pageを-1に設定）。falseのときはページ送りを使用（初期値はfalse）
paged	get_query_var('paged')	ページ送りのときのページ番号。ページ送りを有効にするにはget_query_var('paged')を指定
offset	3	ずらして省く投稿数
ignore_sticky_posts	false	先頭固定の投稿を無視するかどうか（初期値はfalse）

● 並び替え関連のパラメータ

パラメータ	値の例	解説
order	'DESC'	**'ASC'**で昇順、**'DESC'**で降順（初期値は**'DESC'**）
orderby	'date'	どのパラメータ値で並び替えるか（初期値は**'date'**） 'none'：並び替えない 'ID'：記事IDで並び替え 'author'：投稿者で並び替え 'title'：タイトルで並び替え 'name'：ユーザー名で並び替え 'date'：日付で並び替え 'modified'：更新日で並び替え 'parent'：親ページのIDで並び替え 'rand'：ランダム順 'comment_count'：コメント数で並び替え 'menu_order'：ページの表示順 'meta_value'：'meta_key=keyname' が必要。文字列として並び替え 'meta_value_num'：'meta_key=keyname'が必要。数値として並び替え 'post__in'：配列で指定された記事IDの並び順を維持

●日付関連のパラメータ

パラメータ	値の例	解説
year	2014	**4桁の年**
monthnum	4	**月（1〜12）**
w	25	**年内の週（0〜53）**
day	17	**月内の日（1〜31）**
hour	13	**時間（0〜23）**
minute	19	**分（0〜59）**
second	30	**秒（0〜59）**
m	201404	**4桁の年と月**

date_query	`[`
	`  [`
	`    'year' => 2014,`
	`    'month' => 4,`
	`    'week' => 31,`
	`    'day' => 5,`
	`    'hour' => 2,`
	`    'minute' => 3,`
	`    'second' => 36,`
	`    'after' => 'January 1st, 2013',`
	`    'before' => [`
	`        'year' => 2013,`
	`        'month' => 2,`
	`        'day' => 28,`
	`    ],`
	`    'inclusive' => true,`
	`    'compare' => '=',`
	`    'column' => 'post_date',`
	`    'relation' => 'AND',`
	`  ]`
	`];`
		日付をパラメータで指定
		after：指定した日付以降の投稿を取得する。strtotime()と互換性のある文字列、または'year'、'month'、'day'の配列
		before：指定した日付以前の投稿を取得する。strtotime()と互換性のある文字列、または'year'、'month'、'day'の配列
		inclusive：afterまたはbeforeパラメータで指定された値を含むかどうか
		compare：どう比較するか。使用可能な値は'='、'!='、'>'、'>='、'<'、'<='、'LIKE'、'NOT LIKE'、'IN'、'NOT IN'、'BETWEEN'、'NOT BETWEEN'、'EXISTS'、'NOT EXISTS'
		column：照会するカラム
		relation：どう比較するか。ORまたはANDを指定

APPENDIX **03** **WP_Query のパラメータ** 377

⊡ *APPENDIX*
04 ┃ テンプレート階層

> ここでは、WordPressのテンプレートファイルの階層構造を表にまとめました。ページの種類
> ごとに、テンプレートファイルのファイル名と優先順位を確認できます。

●テンプレートファイルの階層構造

ページ	優先順位	テンプレートファイル名	備考
トップページ表示	1	front-page.php	―
	2	固定ページ表示ルール	［設定］→［表示設定］の「フロントページの表示」が「固定ページ」に設定されている場合
	3	home.php	―
	4	index.php	―
個別投稿表示	1	single-{post_type}.php	例：投稿タイプがvideoの場合はsingle-video.php
	2	single.php	投稿ページ
	3	singular.php	投稿や固定ページ、カスタム投稿タイプの個別ページ
	4	index.php	―
固定ページ表示	1	カスタムテンプレート名.php	ページ作成画面の「テンプレート」ドロップダウンメニューで選択したテンプレート名
	2	page-{slug}.php	例：固定ページのスラッグがaboutなら、page-about.php
	3	page-{ID}.php	例：固定ページのIDが6なら、page-6.php
	4	page.php	
	5	singular.php	投稿や固定ページ、カスタム投稿タイプの個別ページ
	6	index.php	―
カテゴリー表示	1	category-{slug}.php	例：カテゴリーのスラッグが"news"の場合はcategory-news.php
	2	category-{ID}.php	例：カテゴリーIDが6用のテンプレートならばcategory-6.php
	3	category.php	
	4	archive.php	―
	5	index.php	―
タグ表示	1	tag-{slug}.php	―
	2	tag-{ID}.php	―
	3	tag.php	―
	4	archive.php	―
	5	index.php	―

⬏続く

カスタム タクソノミー表示	1	taxonomy-{taxonomy}-{term}.php	例：タクソノミー名が"sometax"、スラッグが"someterm"の場合はtaxonomy-sometax-someterm.php
	2	taxonomy-{taxonomy}.php	例：タクソノミー名が"sometax"の場合はtaxonomy-sometax.php
	3	taxonomy.php	
	4	archive.php	—
	5	index.php	—
カスタム 投稿タイプ表示	1	archive-{post_type}.php	例：投稿タイプ名が"product"の場合はarchive-product.php
	2	archive.php	—
	3	index.php	—
作成者表示	1	author-{nicename}.php	例：作成者のnicenameが"hanako"の場合はauthor-hanako.php
	2	author-{ID}.php	例：作成者のIDが6の場合はauthor-6.php
	3	author.php	—
	4	archive.php	—
	5	index.php	—
日付別表示	1	date.php	—
	2	archive.php	—
	3	index.php	—
検索結果表示	1	search.php	—
	2	index.php	—
404エラー表示	1	404.php	—
	2	index.php	—
添付ファイル表示※	1	MIME_TYPE.php	例：image.php、video.php、audio.php、application.php、その他MIME typeの最初の部分のファイル名
	2	attachment.php	—
	3	single.php	—
	4	index.php	—

※記事本文への画像挿入で「添付ファイルのページ」を選んだ際の画像のリンク先のページ

05 | 主なブロック一覧

CHAPTER6-03で「allowed_block_types_all」フィルターを使用して、ブロックを配列形式で指定しました。その際などに指定するブロックの名前（name）の一覧です。

● 「テキスト」カテゴリー

title	name
段落	core/paragraph
見出し	core/heading
リスト	core/list
引用	core/quote
クラシック	core/freeform
コード	core/code
整形済みテキスト	core/preformatted
プルクオート	core/pullquote
テーブル	core/table
詩	core/verse

● 「メディア」カテゴリー

title	name
画像	core/image
ギャラリー	core/gallery
音声	core/audio
カバー	core/cover
ファイル	core/file
メディアとテキスト	core/media-text
動画	core/video

● 「デザイン」カテゴリー

title	name
ボタン	core/button、core/buttons
カラム	core/column、core/columns
グループ（横並び 縦積み）	core/group
続き	core/more
ページ区切り	core/nextpage
区切り	core/separator
スペーサー	core/spacer

● 「ウィジェット」カテゴリー

title	name
アーカイブ	core/archives
カレンダー	core/calendar
カテゴリー一覧	core/categories
カスタムHTML	core/html
最新のコメント	core/latest-comments
最新の投稿	core/latest-posts
固定ページリスト	core/page-list
RSS	core/rss
検索	core/search
ショートコード	core/shortcode
ソーシャルアイコン	core/social-links、core/social-link
タグクラウド	core/tag-cloud

● 「テーマ」カテゴリー

title	name
ナビゲーション	core/navigation
サイトロゴ	core/site-logo
サイトのタイトル	core/site-title
サイトのキャッチフレーズ	core/site-tagline
クエリループ 投稿一覧	core/query
アバター	core/avatar
投稿タイトル	core/post-title
投稿の抜粋	core/post-excerpt
投稿のアイキャッチ画像	core/post-featured-image
投稿コンテンツ	core/post-content
投稿者	core/post-author
投稿者名	core/post-author-name
投稿日	core/post-date
カテゴリー タグ	core/post-terms
次の投稿	core/query-pagination-next
前の投稿	core/query-pagination-previous
続きを読む	core/read-more
コメント	core/comments
投稿コメントフォーム	core/comments-form
ログイン／ログアウト	core/loginout
タームの説明	core/term-description
アーカイブタイトル 検索結果のタイトル	core/query-title
投稿者のプロフィール情報	core/post-author-biography

● 「埋め込み」カテゴリー

title	name
埋め込み SNS などのサービス	core/embed

06 | 主要なオブジェクト

WordPressでは、投稿のデータは$postオブジェクトに格納されており、必要に応じてアクセスすることがあります。オブジェクトは、print_r()やvar_dump()を使うことで情報を表示可能です。ここではオブジェクトの主要なパラメータを紹介します。

▶ オブジェクトの使用例

● 投稿情報

投稿データを取得してタイトルを出力します。

```
$post = get_post();
echo $post->post_title;// タイトルを表示
print_r($post); // 全情報を表示
```

● タクソノミー情報

カテゴリーデータを取得して説明文を出力します。

```
$cat = get_taxonomy( 'category' );
echo $cat->description;
```

● ターム情報

カテゴリーのスラッグがnewsのデータを取得して名前を出力します。

```
$term = get_term_by('slug', 'news', 'category' );
echo $term->name;
```

▶ 主なパラメーター一覧

● 投稿データの主なパラメーター一覧

パラメータ	種類	説明
ID	整数	投稿の ID
post_author	文字列	投稿者のユーザー ID（数字列）
post_name	文字列	投稿のスラッグ
post_type	文字列	投稿タイプ
post_title	文字列	投稿のタイトル
post_date	文字列	フォーマット：0000-00-00 00:00:00
post_date_gmt	文字列	フォーマット：0000-00-00 00:00:00
post_content	文字列	投稿の本文全体
post_excerpt	文字列	ユーザーが定義した投稿の抜粋
post_status	文字列	投稿のステータス 'publish'：公開 'pending'：レビュー待ち 'draft'：下書き 'auto-draft'：まだコンテンツがない新規作成された投稿 'future'：予約公開設定された投稿 'private'：ログインしていないユーザーには見えない投稿 'inherit'：保存されたリビジョン 'trash'：ゴミ箱に入った投稿
comment_status	文字列	コメントのステータス 戻り値：open, closed
post_password	文字列	パスワードがない場合は空の文字列を返す
post_parent	整数	親投稿の ID（デフォルトは 0）
post_modified	文字列	フォーマット：0000-00-00 00:00:00
post_modified_gmt	文字列	フォーマット：0000-00-00 00:00:00
comment_count	文字列	投稿のコメント数（数字列）
menu_order	文字列	並び順

● タクソノミーデータの主なパラメーター一覧

パラメータ	種類	説明
name	文字列	タクソノミー名
label	文字列	タクソノミーラベル
labels	オブジェクト	タクソノミー登録時に連想配列で指定した内容のオブジェクト
description	文字列	タクソノミーの説明
public	真偽値	公開の場合は true
hierarchical	真偽値	親子関係がある場合は true
show_ui	真偽値	投稿ページでウィジェットを表示するかどうか
show_in_menu	真偽値	管理画面メニューに表示するかどうか

↗続く

show_admin_column	真偽値	管理画面で複数指定されている場合にカンマで区切って表示するかどうか
query_var	文字列	クエリ変数名
object_type	配列	関連する投稿タイプ名の配列

● タームデータの主なパラメーター一覧

パラメータ	種類	説明
term_id	整数	ID
name	文字列	名前
slug	文字列	スラッグ
term_group	整数	グループID
term_taxonomy_id	整数	タクソノミーID
taxonomy	文字列	タクソノミー名
description	文字列	タームの説明
parent	整数	親
count	整数	投稿数

07 | 日付と時刻の書式

ここでは、the_time()テンプレートタグ（P.068）で、日付と書式のフォーマットを指定するための書式を一覧にしています。

● 日付と時刻のフォーマット書式

分類	書式	概要	値
日	d	日。先頭にゼロを付ける	01〜31
	j	日。先頭にゼロを付けない	1〜31
	S	英語形式の序数を表す2文字のサフィックス。jと一緒に使用可能	1stのst、2ndのndなど
曜日	l	フルスペル形式（小文字のL）	Sunday〜Saturday
	D	3文字のテキスト形式	Mon〜Sun
月	m	数字。先頭にゼロを付ける	01〜12
	n	数字。先頭にゼロを付けない	1〜12
	F	フルスペルの文字	January〜December
	M	3文字形式	Jan〜Dec
年	Y	4桁の数字	1999、2003など
	y	2桁の数字	99、03など
時刻	a	午前または午後（小文字）	am、pm
	A	午前または午後（大文字）	AM、PM
	g	時。12時間単位。先頭にゼロを付けない	1〜12
	h	時。12時間単位。先頭にゼロを付ける	01〜12
	G	時。24時間単位。先頭にゼロを付けない	0〜23
	H	時。24時間単位。先頭にゼロを付ける	00〜23
	i	分。先頭にゼロを付ける	00〜59
	s	秒。先頭にゼロを付ける	00〜59
	T	タイムゾーンの略称	EST、MDTなど
すべての日付／時刻	c	ISO 8601	2004-02-12T15:19:21+00:00
	r	RFC 2822	Thu, 21 Dec 2000 16:01:07 +0200

INDEX

[著者略歴]
中島真洋（なかしま　まさひろ）
HTML、CSS、JavaScriptなどフロントエンドから、PHPやサーバー構築などサーバーサイドまでWebサイト制作業務全般に携わる。Webサイト制作を中心に行う株式会社FlipClap 代表取締役。ミャンマー現地法人 Innovasia MJ Co.,Ltd. 所属。
https://flipclap.co.jp
https://innovasia-mj.com

■お問い合わせについて
本書の内容に関するご質問は、下記の宛先までFAXまたは書面にてお送りください。下記のサポートページでも、問い合わせフォームを用意しております。電話によるご質問、および本書に記載されている内容以外の事柄に関するご質問にはお答えできません。あらかじめご了承ください。

〒162-0846
東京都新宿区市谷左内町21-13
株式会社技術評論社　第5編集部
「[改訂第3版] WordPress　仕事の現場でサッと使える! デザイン教科書
　[WordPress 6.x 対応版]」質問係
FAX 番号　03-3513-6173

なお、ご質問の際に記載いただいた個人情報は、ご質問の返答以外の目的には使用しません。また、ご質問の返答後は速やかに破棄いたします。

●カバー　　　　菊池祐（ライラック）
●本文デザイン　菊池祐（ライラック）
●DTP　　　　　スタジオ・キャロット
●編集　　　　　鷹見成一郎
●撮影協力
MEXIPON TOKYO 幡ヶ谷店
〒151-0072
東京都渋谷区幡ヶ谷2丁目47－1
ダイショービル 1F
京王線幡ヶ谷駅北口から徒歩5分
https://www.mexipon.jp/
03-6300-0406
MEXIPON

[改訂第3版] WordPress
仕事の現場でサッと使える! デザイン教科書
[WordPress 6.x対応版]

2015年7月25日　初　版　第1刷発行
2023年7月6日　第3版　第1刷発行
2024年9月14日　第3版　第2刷発行

著者　　　　中島真洋
監修　　　　ロクナナワークショップ
発行者　　　片岡　巌
発行所　　　株式会社技術評論社
　　　　　　東京都新宿区市谷左内町21-13
　　　　　　電話　03-3513-6150　販売促進部
　　　　　　　　　03-3513-6177　第5編集部
印刷／製本　株式会社加藤文明社

定価はカバーに表示してあります。

造本には細心の注意を払っておりますが、万一、乱丁（ページの乱れ）や落丁（ページの抜け）がございましたら、小社販売促進部までお送りください。送料小社負担にてお取り替えいたします。

ISBN 978-4-297-13577-5　C3055
Printed in Japan

監修者 ロクナナワークショップ 67WS

Web制作の学校「ロクナナワークショップ」では、デザインや
プログラミングのオンライン講座、Web・IT・プログラミング、
Adobe Photoshop・Illustratorなどの企業や学校への出張開講、
個人やグループでの貸し切り受講、各種イベントへの講師派遣を
おこなっています。

IT教育の教科書や副読本の選定、執筆、監修などもお気軽にお問い
合わせください。

また、起業家の「志」を具体的な「形」にするスタートアップ
スタジオ GINZA SCRATCH（ギンザ スクラッチ）では、IT・起業
関連のイベントも毎週開催中です。

https://ginzascratch.jp/

＊お問い合わせ

株式会社ロクナナ・ロクナナワークショップ

〒150-0001 東京都渋谷区神宮前1-1-12 原宿ニュースカイハイツ203

E-mail : workshop@67.org

https://67.org/ws/

https://www.rokunana.co.jp/

ロクナナワークショップはアドビ認定トレーニングセンター（AATC）です。

AUTHORIZED
Training Center